キチン・キトサンの
最新科学技術

機能性ファイバーと先端医療材料

一般社団法人 **日本キチン・キトサン学会** 編

技報堂出版

書籍のコピー,スキャン,デジタル化等による複製は,
著作権法上での例外を除き禁じられています。

序

　日本キチン・キトサン学会は1997年に設立され，その前身であるキチン・キトサン研究会は1989年に設立されている。合わせると本学会は，今年で27年目となる。キチン，キトサンの研究集会には，化学，生化学，医学・薬学の視点から膨大な知見が集約される。第1回キチン・キトサンシンポジウムが大阪で開催されたのは，1981年のことである。2015年8月には熊本で日本キチン・キトサン学会による大会が行われた。第1回シンポジウムから数えて，29回目の研究集会となる。

　ところで，キチン・キトサン研究会は，キチン，キトサンに関する4冊の専門書を刊行した。まず，1988年に『最後のバイオマス，キチン，キトサン』（矢吹 稔編，技報堂出版）が刊行された。その内容は，化学，生化学，および生物学の立場からキチン，キトサンの基礎的知識の全体像を表すものであった。2年後の1990年には，『キチン，キトサンの応用』（矢吹 稔編，技報堂出版）が刊行された。この本では，応用面に視点を置き，フイルム，ファイバー，ゲル粒子などの機能性材料，医用材料，生理活性物質への応用から物質のろ過・分別，濃縮用担体などへの応用と多岐にわたる研究が紹介されている。1991年には，『キチン，キトサン実験マニュアル』（大宝 明，矢吹 稔編，技報堂出版）が刊行され，キチン，キトサンを広くかつ容易に利用できるように，キチン，キトサンを取り扱うための実験技法が解説されている。4年間で立て続けに刊行された3冊は，キチン，キトサンの基礎知識，応用，そして実験技法を修得するための，まさに，バイブルとしての役割をもち，今日まで多くのキチン，キトサン研究者の愛読書として利用されてきた。さらには，これら3冊を網羅した『キチン，キトサンハンドブック』（矢吹 稔編集代表，技報堂出版）が1995年に刊行された。

　4冊の本が発刊されたころに比べ，キチン，キトサン研究は，今日，益々学問的に飛躍的に発展を遂げていると考える。例えば，キチン，キトサンナ

序

ノファイバーの発見と製造法の確立は，医薬品素材や基礎化粧品などへの利用を可能にしたものである。また，キチン，キトサンオリゴ糖は，キチナーゼやキトサナーゼの新たな機能発現とともに，植物成長剤や抗菌剤としての商品化を可能にした。さらには，キトサンは生理的機能の解明が進められ，生活習慣病の予防や治療のための健康食品や医薬品素材としての利用が注目されている。

4冊の本が刊行されて以来20年を過ぎた今，日本キチン・キトサン学会は，5冊目となる，『キチン・キトサンの最新科学技術―機能性ファイバーと先端医療材料』を発刊する。キチン，キトサンの最先端の機能性ファイバーと先端医療材料に特化したものである。本研究分野の第一線の研究者による執筆であり，その内容は世界をリードする日本のキチン，キトサン研究の頂点に君臨するものであると自負している。

本書は2編からなる。第1編では，「ファイバーイノベーション」と題し，第1章から第8章にわたって，キチン，キトサンを素材とする繊維とナノファイバーの製造，構造，開発について最新の知見を解説している。本編はキチン，キトサンの基礎研究にとどまらず，応用研究としての新知見を提供するものとなっている。第2編では，「メディカルイノベーション」と題して，第9章から第16章からなり，生化学，医薬学の視点から最新の研究成果を解説したものであり，キチン，キトサンの医用材料，医薬品素材としての利用について，最新の研究開発の知見を提供している。

本書を刊行できることは，本学会の誇りであり，この分野の研究者に役に立つことを心から信じるものである。今回の出版にあたり，著者の方々に多忙ななかで快く執筆をいただいた。深く感謝するものである。また，編集委員長で元日本キチン・キトサン学会会長の相羽誠一先生をはじめ，編集委員の皆様にも心から感謝したい。最後に，本書の企画・刊行を推進された技報堂出版（株）石井洋平氏にも厚く感謝するものである。

2016年6月

日本キチン・キトサン学会会長
草桶秀夫（福井工業大学環境情報学部）

目　　次

第 1 編　ファイバーイノベーション

第 1 章　キチン・キトサンの繊維化と応用　　3

 1.1　はじめに ………………………………………………………… 3
 1.2　キチンの繊維化 ………………………………………………… 5
 1.3　キトサンの繊維化 ……………………………………………… 12
 1.4　おわりに ………………………………………………………… 17

第 2 章　キトサン濃厚溶液のレオロジー特性と繊維形成　　19

 2.1　緒　　言 ………………………………………………………… 19
 2.2　キトサン濃厚溶液のレオロジー的性質 ……………………… 21
 2.3　キトサン濃厚溶液の曳糸性 …………………………………… 24
 2.4　酸水溶液からのキトサンの湿式紡糸 ………………………… 25
 2.5　結　　言 ………………………………………………………… 29

第 3 章　エレクトロスピニングによるキトサンナノファイバーの製造と応用　　31

 3.1　はじめに——キトサン - 微細繊維不織布の作成は不可能か？ ……………………………… 31
 3.2　CS-ESNW——最初の報告 ………………………………… 32

- 3.3 CS-ESNW——水溶性から耐水性へ ……………… 34
- 3.4 CS-ESNW——機械特性に関する若干のデータ … 36
- 3.5 キトサン／セルロース複合 ESNW
  ——耐水処理の別法に関する試み ……………… 39
- 3.6 CS-ESNW——徐放剤応用の試み ……………… 41
- 3.7 CS-ESNW——関連研究・応用について ………… 43
- 3.8 おわりに——CS-ESNW の今後の展望 ………… 47

第4章　電界紡糸法による高分子量キトサン単一成分ナノファイバー　53

- 4.1 はじめに ………………………………………… 53
- 4.2 単一成分での電界紡糸 ………………………… 56
- 4.3 複数成分での電界紡糸 ………………………… 59
- 4.4 高分子量キトサンのカソード電界紡糸 ………… 61
- 4.5 おわりに ………………………………………… 72

第5章　イカ中骨由来 β-キチンナノファイバーの製造と物性　75

- 5.1 はじめに ………………………………………… 75
- 5.2 キチンの前処理技術と物性，酵素分解 ………… 76
- 5.3 β-キチンナノファイバーの製造と物性 ………… 82

第6章　ウォータージェット解繊法によるキチン・キトサンナノファイバーの製造と応用展開　93

- 6.1 はじめに ………………………………………… 93
- 6.2 ウォータージェット解繊法について …………… 94
- 6.3 キチン・キトサンナノファイバーの特性 ……… 96

6.4 キチン・キトサンナノファイバーの応用事例 ……… 100
6.5 おわりに …………………………………………………… 105

第7章　キチンナノファイバーの構造と機能
── セルロースナノファイバーとの比較　　　　　107

7.1 はじめに …………………………………………………… 107
7.2 木材セルロースのナノファイバー化 ………………… 108
7.3 キチンの構造 …………………………………………… 111
7.4 キチンのナノ分散化と特性解析 ……………………… 112
7.5 ナノファイバー化キチンキャスト
　　──乾燥フィルムの特性解析 ………………………… 118
7.6 部分脱アセチル化 α - キチンの
　　対イオンによるナノ分散性の差異 …………………… 122
7.7 まとめ …………………………………………………… 124

第8章　キチンナノファイバーの製造と応用開発　125

8.1 はじめに …………………………………………………… 125
8.2 カニ，エビ，キノコからの
　　キチンナノファイバーの製造 ………………………… 125
8.3 キチンナノファイバーを配合した
　　透明シートの開発 ……………………………………… 128
8.4 キチンナノファイバーのゲル化 ……………………… 129
8.5 キチンナノファイバーによる
　　植物の病害防除・成長促進効果 ……………………… 134
8.6 キチンナノファイバー添加による
　　小麦粉生地強度の増強効果 …………………………… 137
8.7 おわりに …………………………………………………… 139

目　次

第2編　メディカルイノベーション

第9章　キチン・キトサンヒドロゲルを活用した生体適合材料　143

9.1　はじめに ………………………………………………… 143
9.2　キチン複合膜 …………………………………………… 144
9.3　キトサン複合膜 ………………………………………… 151
9.4　キチンスポンジ ………………………………………… 156
9.5　おわりに ………………………………………………… 157

第10章　キチン・キトサンの止血・創傷治癒促進・抗菌効果を活用した医療材料の開発　159

10.1　はじめに ……………………………………………… 159
10.2　止血剤（材）の開発 ………………………………… 159
10.3　創傷治癒促進材の開発 ……………………………… 164
10.4　抗菌材の開発 ………………………………………… 168

第11章　キトサン複合体による薬物放出制御　175

11.1　はじめに ……………………………………………… 175
11.2　キトサン複合体と剤形 ……………………………… 176
11.3　キトサン複合体による放出制御 …………………… 177
11.4　キトサン複合体研究の動向と展望 ………………… 188

第12章　キトサンの抗酸化作用を利用した酸化ストレス関連疾患への応用　193

12.1　はじめに ……………………………………………… 193

12.2 *In vitro* における各分子量キトサンの抗酸化作用 …… 194
12.3 メタボリックシンドロームモデルラット
における各分子量キトサンの抗酸化作用 ………… 197
12.4 メタボリックシンドローム予備軍における
各分子量キトサンの抗酸化作用 ………………… 200
12.5 慢性腎不全モデルラットにおける
キトサンの抗酸化作用 …………………………… 202
12.6 透析患者におけるキトサンの抗酸化作用 ……… 204
12.7 おわりに ………………………………………… 206

第13章　キトサンを用いたナノ粒子による遺伝子デリバリーシステム　209

13.1 はじめに ………………………………………… 209
13.2 キトサンを用いた遺伝子デリバリー …………… 210
13.3 遺伝子デリバリーに適したキトサン …………… 212
13.4 糖修飾キトサンによる遺伝子デリバリー ……… 218
13.5 pDNA／キトサン複合体の表面をアニオン性の多糖
で被覆した三元複合体による遺伝子デリバリー … 222
13.6 まとめ …………………………………………… 225

第14章　天然生理活性素材キトサンをジーンデリバリーシステムに活用した硬組織（象牙質）再生療法の開発　227

14.1 遺伝子治療 ……………………………………… 227
14.2 ジーンデリバリーシステム ……………………… 230
14.3 硬組織（象牙質）再生療法へのキトサンの応用 … 234
14.4 結　論 …………………………………………… 236

第15章　キチンナノファイバーの生体機能　　239

- 15.1 はじめに …………………………………… 239
- 15.2 *in vitro* でのキチンナノファイバーおよび
  キトサンナノファイバーの生体機能評価 ………… 240
- 15.3 キチンナノファイバーの皮膚に対する効果 ……… 241
- 15.4 キチンナノファイバーの創傷治癒に対する効果 … 241
- 15.5 キチンナノファイバーの食品としての効果 ……… 244
- 15.6 まとめ ……………………………………… 249

第16章　キチン・キトサンの獣医臨床領域への適用　　253

- 16.1 はじめに …………………………………… 253
- 16.2 動物の外傷治療に対する
  キチン，キトサン製材の開発 ……………………… 253
- 16.3 キチン，キトサンの創傷治癒促進機構 …………… 265
- 16.4 おわりに …………………………………… 269

編集委員会・執筆者 …………………………………… 271
索　　引 ………………………………………………… 273

第 **1** 編

ファイバー
イノベーション

fiber innovation

第1章
キチン・キトサンの繊維化と応用

1.1 はじめに

　キチンは N-アセチル-D-グルコサミン（GlcNAc）が β-1,4 結合した直鎖状多糖類であり，**図 1.1** に示したようにセルロースによく似た化学構造ならびに結晶構造を持つムコ多糖である[1]。キチンはカニ，エビなどの甲殻類の殻あるいはイカの背骨から熱希アルカリ水溶液による除タンパク，希塩酸水溶液による脱カルシウム操作を経て調製される。さらに熱濃アルカリ水溶液で処理して得られるキトサンへと変換される。キチンは生体内消化性，生体適合性，表皮細胞成長促進因子刺激作用を示す低毒性な物質であるにもかかわらず，ほとんど利用されておらず，もっぱらキトサン調製のための中間製造物として位置づけられているのは，一般の溶媒に不溶で不融なため成形加

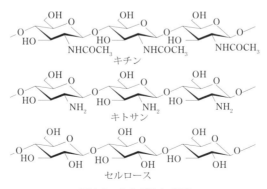

図 1.1　さまざまな多糖

工に困難を伴うからである。

　キチンが溶媒に難溶性を示すのは、キチンを構成する GlcNAc 残基のアセトアミド基同士あるいはアセトアミド基と水酸基間に作られる強固な水素結合によって、キチンが固い結晶構造を持つことであると説明されている。キチンの結晶構造には、キチン分子が逆平行に並んだ α-キチンと分子が同一方向に平行にならんだ β-キチンが知られている（**図 1.2**）。カニやエビの殻由来の α-キチンは最も安定な固い結晶構造を、イカの背骨由来の β-キチンは比較的ルーズな結晶構造を示す。化学反応性では β-キチンが最も反応性が高く、水に懸濁したイカの背骨キチンを一般家庭のミキサーなどで粉砕するだけで膨潤するようになる。この特性は β-キチンのみにあり、強固な結晶構造を持つ α-キチンには見られない。

　一方、キトサンはキチンの脱アセチル化誘導体で、主に β-D-グルコサミン残基からなり、ギ酸、酢酸、プロピオン酸、グルタミン酸、アスパラギン酸、アスコルビン酸のような有機酸と塩を形成して水溶性になる。キトサンには**図 1.1** にあるように C-6 位の第一級水酸基、C-3 位の第二級水酸基に加えて C-2 位にアミノ基とそれぞれ反応性の異なる官能基があり、キチンに比べてはるかに反応性が高いので、化学修飾例が多数ある。特にキトサンのア

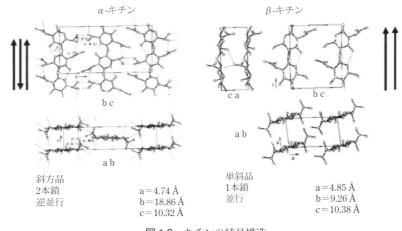

図 1.2　キチンの結晶構造

ミノ基は pKa が 6.4 で，通常のアミノ基とは比較にならない程低い解離定数を持っている。

キチン・キトサンにはさまざまな応用例があるが，ここでは繊維化を中心に紹介する。

1.2 キチンの繊維化

キチンは GlcNAc 残基のアセトアミド基を中心とした強固な水素結合に由来する硬い結晶構造を持つので，この構造を崩しかつグリコシド結合が安定で低毒性の溶媒を見つけることは難しい。これまでに報告されたキチンの溶媒としては，ギ酸やメタンスルホン酸[2]のような強酸が代表的なものであるが，溶解・成形過程での分子量の低下は避けられない。生分解性縫合糸を目指したキチン繊維についてはキチンをセルロースビスコースと同じ条件でキチンビスコース化し，これを紡糸した野口ら[3]の先駆的な試みがある。また，戸倉らはキチンをギ酸に溶かしたドープ液を用いる方法[4]や，凍結－解凍を繰り返してキチンをギ酸とジクロロ酢酸の混合溶液に溶かし，有機溶媒中で繊維化した方法[5]を提案した。しかし，強酸を用いているので，分子量低下のため十分な強度は得られなかった。直接繊維化されたこれらムコ多糖の繊維は湿強度と結節強度に難点がありなかなか改善されていない。

一方，N,N-ジメチルアセトアミド（DMAc）-塩化リチウム（LiCl），N-メチルピロリドン（NMP）-LiCl，DMAc-NMP-LiCl などの溶媒系でキチンを溶解すると，分子量の低下が少ないと報告されているが，これら有機溶媒の中には爆発性を示すものがあり，LiCl は特異な生理活性を示し，さらに高価である。ユニチカ社が 30％脱アセチル化したキチンを繊維化し，ポリビニルアルコールをバインダーにした不織布を創傷被覆材としてキチン系製品として世界に先駆けて上市している例がある[6]。

過塩素酸を触媒にして N,N-ジメチルホルムアミド（DMF）に対して可溶性の 3,6-O-ブチロイル化キチンを合成し，この DMF 溶液を冷水中に押し出して紡糸後，アルカリ鹸化して細くしなやかなキチン繊維に再生すると，前

記の欠点が改善されるという報告があるのみである[7]。

　ギ酸がナイロンの良溶媒であることから，ナイロン類の溶媒をキチンの溶媒として検討したところ，塩化カルシウム・2水和物飽和メタノール（以下，Ca-MeOHと略す）がキチンの良溶媒であることがわかった[8]。詳しく調べたところ，キチンのアセチル化度が高いほど溶解度が高く，アセチル化度が低いキトサンでは全く溶解性は認められなかった。また，分子量が高くなると溶解度が低下する傾向も見られた。さらに，高濃度のカルシウムと一定量の水が必要であることもわかった。一方，緩い結晶構造を持つβ-キチンはα-キチンに比べて高い溶解度を示すと予想されるが，さほど高い溶解度は示さなかった。しかし，医用材料を目指す場合，除去可能とはいえメタノールの使用はできるだけ避けたい。その点については現在検討中である。

　先に示したように，Ca-MeOHはキチンの温和な溶媒であることから，キチンのCa-MeOH溶液をドープ液とし，メタノールを主体とした凝固液を用いてαおよびβ-キチン繊維を直接紡糸することができた。α-キチン繊維の紡糸はα-キチンのCa-MeOH溶液をドープ液とし，アセトン／メタノール混合溶媒を凝固液として行った。凝固浴にV字管を使用することで，自然落下を利用し，糸に他の力を加えることなく凝固させることができた（図1.3）。一方，イカ背骨由来のβ-キチンCa-MeOH溶液は，α-キチンとは全く違った粘性を示す。この特異な粘性を生かして$\phi 0.5$ mmの1ホールのノズルを用いて約50 cmのエアギャップを設け，α-キチン繊維と同様の凝固液を用いて紡糸した。引張強度に比べて結節強度に問題点を残しているが，両繊維ともキチン濃度が1 wt％以下の非常に希薄な溶液から紡糸できたことは興味深い。得られた繊維は白色で，繊度はαおよびβ-キチン繊維でそれぞれ8.33および15.62 dtexで，いずれも光沢に富み，しなやかな繊維であった。これらの繊維の電界放出型走査電子顕微鏡（FE-SEM）写真を図1.4に示す。乾燥状態での引張強度はαおよびβ-キチン繊維それぞれ2.67および1.13 cN/dtexを示し，ギ酸を用いた繊維（引張強度：1-1.5 cN/dtex，伸度：3-8％）よりはるかに強度も伸度も優れており，綿に匹敵するほどの強い繊維が得られた。しかしながら，繊維軸方向に対する力には強いが，繊維軸に対して垂直方向の力（結節強度）には非常に弱いという欠点が判明した。こ

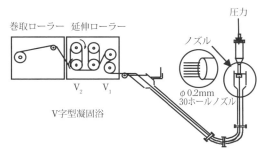

図 1.3　キチン繊維紡糸用の湿式紡糸機

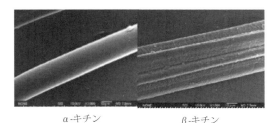

図 1.4　α および β-キチン繊維の FE-SEM 写真

れは溶液を凝固させた後，カルシウムを除去することで水素結合が再生し繊維が得られるが，この水素結合再生が溶解前のキチンと比較して不十分であったことが原因と考えられた。

　そこで，キチンの特性でもある生体吸収性，生体適合性を生かせるバイオマテリアル（手術用縫合糸）を創製するため，キチン繊維に適度な柔軟性を持たせ，かつ繊維軸方向に対する繊維強度の向上およびその垂直方向に対する強度（結節強度）の改善を目的とし，α-キチンおよびβ-キチンにヒドロキシル基やアミノ基を有するゼラチンを導入した新規キチンコンポジット繊維を調製した。さらに，その調製された繊維の表面および内部構造，繊維強度などの物性および生分解性の関係についてα-キチンおよびβ-キチンベースのコンポジット繊維について比較検討した。

　α-キチン／ゼラチンコンポジット繊維の調製法として，ゼラチンを50℃の温水に膨潤溶解させたゼラチン水溶液を Ca-MeOH 中に入れ 30 分攪拌した後，α-キチンを加え 24 時間攪拌し α-キチン／ゼラチン混合溶液を調製

した。なお，キチンに対するゼラチンの重量％は1，2，5，10，20 w/w％であり，キチンの濃度は1 wt％である。その溶液を加圧濾過して不溶部を除去し，得られた濾液（ドープ液）をステンレス製カラムに入れた。その後，カラムを図1.3と同様の紡糸装置に取り付け，コンプレッサーで圧力を加え，直径0.2 mm，30ホールのステンレス製ノズルから押し出し，凝固液（アセトン／メタノール＝1/1（v/v）の混合溶液）中で凝固させ，第1ローラー，そして第2ローラーを経由しカセットに巻き取った。巻き取った繊維をメタノール中に1週間浸し，洗浄および脱カルシウム処理を行った。一方，β-キチン／ゼラチンコンポジット繊維の紡糸は，α-キチンの系で行ったノズルを直接凝固液に浸す湿式紡糸法では行うことができなかった。これはβ-キチンベースのドープ液の粘度が高いため，ノズルから吐出されたドープ液が凝固液に接触した際に固化して連続的な紡糸が実施できなかったからである。そこで，内径0.5 mmのシングルホールノズルを凝固液上部に設置し，約50 cmのエアギャップを設けて紡糸した。紡糸条件としてすべての系で温度はかけずに圧力0.6 kgf/cm^2，延伸倍率1.07～1.49で紡糸が可能であった。さらに，調製した繊維の物性はFE-SEM，X-線回折（XRD），引張試験などにより評価した。

　α-キチンコンポジット繊維の表面のSEM写真を図1.5に示す。比較のためセリシンを含有したコンポジット繊維も示す。その結果，キチン繊維と比較しても両コンポジット繊維の表面も滑らかであったことから，均一にキチン中にゼラチンがコンポジットされていると示唆された。β-キチンコンポジット繊維においても同様の結果であった。

　α-キチン／ゼラチンコンポジット繊維の断面のSEM写真を図1.6に示す。

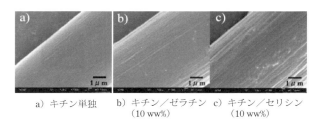

a) キチン単独　b) キチン／ゼラチン　c) キチン／セリシン
　　　　　　　　（10 ww％）　　　　（10 ww％）

図1.5　キチンおよびキチンコンポジット繊維のFE-SEM写真

1.2 キチンの繊維化

ゼラチン含有量
20 ww%

ゼラチン含有量
5ww%

図1.6 キチン／ゼラチンコンポジット繊維のFE-SEM写真

　その結果，キチン繊維系では内部構造中には1μm程度の空洞がかなり存在していた。それに対してコンポジット繊維系ではゼラチンの割合に依存してその空洞は小さくなり，内部構造は微細で密になった。別途行ったセリシンの系でも同様であった。これはキチン繊維系では，紡糸直後から徐々に繊維を洗浄していくうちに多量のカルシウムが内部から溶出したのに対して，キチンコンポジット繊維系では，キチン内部中にポリマーを導入したことで内部に存在するカルシウム量が減少し，より密な内部構造をとることができたと考えられる。

　α-キチン／ゼラチンコンポジット繊維の乾燥および湿潤状態における引張試験では（図1.7），ゼラチンの割合が増加するにつれて乾燥，湿潤状態とも繊維強度は2倍以上に増加した。また，乾燥状態と湿潤状態の応力の比を乾湿強力比というが，ゼラチンを含有しないキチン繊維では約2であったが，ゼラチンの割合が増加することで乾湿強力比はほぼ1になった。一般に繊維は湿潤状態のほうが乾燥状態よりも繊維強度が低下するのが普通であることから，この結果は興味深い。また，本コンポジット繊維を95℃の熱水に入れたが，水相にゼラチンはほとんど抽出されなかった。これらの事実はキチンコンポジット繊維において，キチンとゼラチン間で強い相互作用が生じたためであると考えられる。また，キチンのみからなる繊維では不可能であった結節試験が，コンポジット繊維においては乾燥，湿潤状態とも可能であり，ゼラチン含有量が増すにつれ徐々に強度も向上した。

　一方，β-キチン／ゼラチンコンポジット繊維の引張試験の結果，繊維強度は乾燥，湿潤状態においてゼラチンの添加量の増加に伴い向上した（図

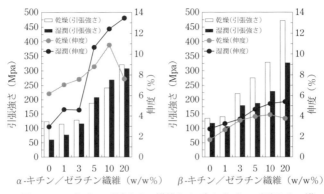

図 1.7　α-キチン／ゼラチン繊維およびβ-キチン／ゼラチン繊維の繊維物性の比較

1.7)。一方，伸度は湿潤状態ではゼラチンの割合に依存して増加したが，乾燥状態ではゼラチンを 20 w/w％導入した系で減少した。このように乾燥状態でゼラチンの割合をかなり多くした系で伸度が減少した理由としては，キチンとゼラチン間で相互作用を生じ，分子鎖の柔軟さがなくなったためと考えられる。なお，繊維の結節強度試験も行ったが，乾燥，湿潤状態共に全系で試験開始直後に繊維が切れたため結節強度を測定することができなかった。α-キチン／ゼラチンコンポジット系では結節強度を示したが，β-キチン系において示さなかった原因としては，繊維軸方向への分子の配向性が関与していると思われる。

　α-キチン系とβ-キチン系の膨潤率試験結果を図 1.8 に示す。その結果，α-キチン系と同様の傾向をβ-キチン系も示すことが確認された。また，β-キチン系では膨潤率は上昇したが，これは多数の水素結合に起因する強固な結晶構造を持つα-キチンと比較して，β-キチンは水素結合が一定面内にしか存在しないため結晶性が低く，水分子を取り込みやすい結晶構造をしているためと考えられる。

　繊維の分解性を検討するため，卵白由来のリゾチームを用いて酵素加水分解試験を行った。その結果を図 1.9 にリゾチームによる酵素加水分解後の各繊維の重量減少率として示す。比較として，α-キチン系の結果も示した。その結果，酵素分解速度はキチン繊維系に比べてキチンコンポジット繊維の

1.2 キチンの繊維化

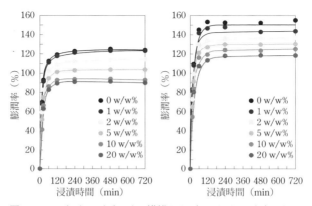

図 1.8　α-キチン／ゼラチン繊維および β-キチン／ゼラチン繊維の膨潤性の比較

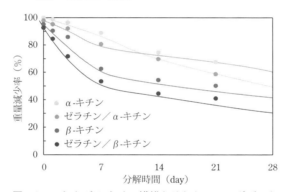

図 1.9　α および β-キチン繊維とそれらのコンポジット繊維のリゾチーム加水分解による分解挙動（ゼラチン含有率 20%）

ほうが速く分解する傾向を示した。さらに，最終的に繊維が分解する日数が 2 週間程度コンポジット繊維のほうが速いという結果が得られた。これはキチン構造中にゼラチンを導入したことで，繊維が分解していく際にキチン成分とそれらのポリマーが同時に溶出していくことで繊維全体の分解を促進させていると考えられる。この新規キチンコンポジット繊維が完成した際のメリットとしては，天然素材系の縫合糸として利用でき，さらには，手術用縫合糸として現在使用されている合成糸（ナイロン，ポリ-L-乳酸，ポリグリコール酸）と併用して用いることで人体中での各部位によって使用する選択

11

肢も増え，より効率の良い治療ができると考えられる。

1.3 キトサンの繊維化

　キチンの脱アセチル誘導体であるキトサンは有機溶媒には溶けにくいが，有機酸類や塩酸と塩を作り水溶性になるので繊維化の研究は数多い。キトサン繊維の調製では，キトサン酢酸塩水溶液を強アルカリ液中に押し出して紡糸する方法[9]，銅アンモニア溶液中に押し出す方法[10]などがある。これらのキトサン繊維紡糸条件の中で銅－アンモニア溶液にキトサン酢酸塩水溶液を押し出して紡糸すると，キトサンのアミノ基が繊維表面に露出した繊維になり，酵素などの機能性物質を固定化できるようになることが報告されている。ウイルスや細菌などの病原性微生物が感染する際，宿主細胞表面にある特殊な糖鎖を認識して結合することで感染が始まる。そこで，キトサン繊維の表面に露出したアミノ基に化学的手法と酵素反応で宿主細胞表面にある特殊糖鎖を結合させ，病原性微生物を選択的に吸着除去して感染を抑える目的で，ヒトA型インフルエンザウイルスやレクチンと特異的に結合する繊維の合成が報告されている[11]。

　キチンの脱アセチル誘導体であるキトサンはCa-MeOHに全く溶解しないので，カルシウム系溶液を凝固系に用いてキトサン単独またはキトサンを各種担体表面にコーティングした繊維，フィルム，ビーズの作成が可能である。3-5％のキトサン酢酸溶液をメタノール，エタノール，イソプロパノールなどと水の混合溶液に塩化カルシウムを飽和させた凝固浴を使うと（**図 1.10**），キトサンは簡単に紡糸ができる[12]。得られたキトサン繊維はカルシウムを含量しているが，低濃度の水酸化ナトリウムアルコール水溶液で処理すると，カルシウムフリーな繊維が調製できる。繊維直径は約20 μmで表面は滑らかである。未処理のキトサン繊維に比べて，水酸化ナトリウムで処理してカルシウムを完全に除去した繊維の伸度は低下したものの，強度は1.2 cN/dtexと未処理のものに比べて約3倍の向上が認められた。それに伴い，ヤング率も1.4 GPaと未処理のものに比べて約3倍向上した。

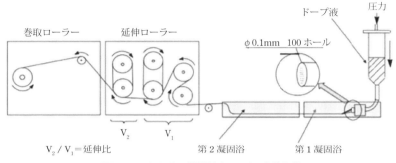

図1.10 キトサン繊維紡糸用の湿式紡糸機

キトサンはアミノ基を有するカチオン性多糖であり,一方,海藻多糖のアルギン酸はカルボキシル基を有するアニオン性多糖であることから,両者は静電相互作用により高分子複合体を形成することが予想される。アルギン酸は塩化カルシウム水溶液で容易に凝固するので,これを凝固液としてビーズ,フィルム,繊維などが作製されている。さらに,キトサンはCa-MeOHによって凝固するが,低濃度であればキトサンは溶解する。以上の点を考慮すると,キトサンを低濃度含んだ塩化カルシウム水溶液中にアルギン酸ドープを押し出せば,アルギン酸が凝固すると同時にその繊維表面に静電相互作用によりキトサンがコーティングされると予想される。この原理によれば,キトサンの繊維表面へのコーティングは両者間の静電相互作用によって起こるので非常に強固であり,凝固液中のキトサン濃度も低いので,膜厚も非常に薄くなると思われる。[13]。アルギン酸のみの繊維の表面は平滑であるが,キトサンを含む凝固液で作製した繊維表面は繊維軸方向に筋状に組織が存在していることがわかる。これは凝固速度が凝固液中のキトサン濃度に依存しているからであると思われる。キトサンコーティング繊維をニンヒドリン染色したところ,繊維表面に発色が認められたことから,繊維表面にキトサンがコーティングされていることが確認された。繊維の引張,結節強度を乾燥,湿潤状態で測定した結果を図1.11に示す。乾燥状態における引張強度は1.0〜1.5 cN/dTexとなりキトサン濃度に依存したが,湿強度はいずれも0.4 cN/dTexとなった。一方,結節強度は乾燥状態よりも湿潤状態のほうが高くなるという

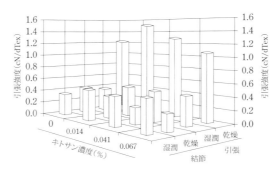

図1.11 キトサンコーティングアルギン酸繊維の繊維物性

特異な性質を示した。これはキトサンがアルギン酸繊維の表面に静電相互作用によって強固に結合していることに起因するものと思われる。

このように作製したキトサン繊維やキトサンコーティングアルギン酸繊維はイオン交換能もあるので，重金属イオン除去や抗菌効果持続にも応用可能であると予想され，さらに組紐化することにより実用性はさらに高まると思われる（図1.12）[14]。

現在までに図1.13に示すように，アルギン酸を主体としたキトサンオリゴマー混合繊維，キトサンコーティング繊維，ヒアルロン酸コーティング繊維などを紡糸している。また，これらの繊維は軟骨細胞培養基材として評価されている[15-19]。

なお，最近筆者らは回収ポリエチレンテレフタレート繊維表面にキトサンをコーティングする技術を開発し[20]，抗菌性カーペットとして上市中である。

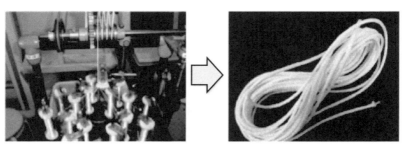

図1.12 組紐の調製

1.3 キトサンの繊維化

アルギン酸　　　キトサン　　　キトサンオリゴマー　　キトサンコーティング
　　　　　　　　　　　　　　　アルギン酸　　　　　　アルギン酸

図 1.13　多糖ベースのさまざまな繊維

　大腸菌（*Escherichia coli, E. coli*）に対するキトサンの抗菌効果については，内田らによって綿密な研究がされていて，キトサン濃度依存性，脱アセチル化度との関連性についても調べられている[21]。このキトサンによる抗菌性には種依存性があり，効果的に制菌できる種とできない種がある。キトサンが種々のバクテリアや細菌類に抗菌作用を持つことはよく知られているが，抗菌性がキトサンの分子量に依存することについてはあまり知られていない。キトサンは分子量が 2 000 以下になると *E. coli* 類への抗菌性は示さず，逆に増殖促進作用がでてくる。蛍光性を示す FITC 化キトサンを使った研究では，分子量が高いと *E. coli* の表面にキトサンが吸着して栄養補給をブロックしているように見えるが，分子量が低いと細胞内に入り込んでしまい栄養補給のブロックどころか供給側に立っているように見える（図 1.14）。したがって抗菌性が期待できるのは，細胞膜透過性のない分子量が 9 000 以上のキトサンのようである[22]。

　ポリ乳酸（PLA）は乳酸の重合体であり，乳酸自体は糖の代謝生成物であり，体内でも生成・吸収されている。さらに，バイオマス原料からでも調製できる合成高分子であり，分解性・耐熱性・強度・良成形性も持ち合わせて

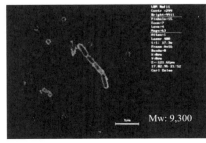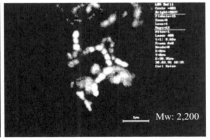

図 1.14　FITC ラベル化キトサンオリゴマー中で培養した *E. coli* の蛍光顕微鏡写真

いるため食品容器，衣類，医療分野といったさまざまな用途に使用されている。本研究では，その優れた性質を持つ PLA 繊維の表面に抗菌性や生分解性を有するキトサンをコーティングし，得られた修飾繊維をさらに組紐化することにより抗菌性縫合糸の調製を試みた[23]。

　まず，各繊維にアルカリ処理またはプラズマ処理装置を用いて，一定出力（50 W, 100 W, 200 W），一定時間（30 秒, 1 分, 5 分）でプラズマ処理を行った。次に 0.5% キトサン -0.5 M 酢酸溶液に 1 分間浸漬し，純水で洗浄後，室温で自然乾燥した。PLA 繊維の表面はアルカリ処理によって加水分解されることが観察された。また，引張試験でも応力や伸びがアルカリ処理に応じて低下した。アミドブラック 10 B での呈色反応，X 線光電子分光（XPS）による PLA のエステル基やアミノ基などのピーク強度比の変化（図 1.15）により，アルカリ処理によるポリエステルの加水分解やキトサンコーティングによるキトサンの存在が確認された。また，リン酸緩衝生理食塩水（PBS）中の 7 日間浸漬処理やオートクレーブ処理や酸処理後でも，XPS でのアミノ基強度比の大きな減少変化がないことから，コーティングの保持性が示唆される。また PBS 中で 6 ヶ月間浸漬したコーティング繊維の分解率は，未処理の繊維の分解率よりも著しく高かったことから，キトサンコーティングによる PLA 繊維の親水性の付与および分解性の促進が示唆された。また，コーティング処理した PLA 繊維を組紐にしたところ，組み方に応じて大幅に強

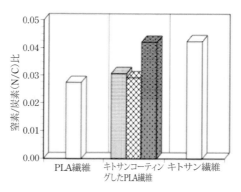

図 1.15　PLA 繊維の（N/C）比
　　　　キトサンコーティングした PLA 繊維は，
　　　　左からプラズマ処理時間 30 秒, 1 分, 5 分

度が向上したので，用途に合わせて自由に繊維の強度が調節できることが予想される。この組紐にしたサンプルの細胞成長を評価したところ，細胞の接着率や細胞成長挙動について，コーティングしたPLA繊維のほうが高いことがわかった（図 1.16）。以上より，このPLAにキトサンをコーティングした組紐はバイオマテリアルとして人工腱などへ応用展開できることが期待できる。

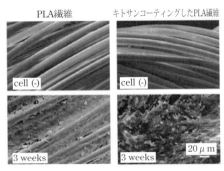

図 1.16　PLA 繊維での細胞培養結果

1.4　おわりに

　キチン，キトサンの繊維化に関する研究は，それらの性質を生かす観点から生医学分野への応用が多く見受けられるが，それ以外の分野への応用研究が今後さらに望まれる。

《参考引用文献》
1) Tokura, S., Tamura, H.: Chitin and Chitosan, Comprehensive Glycoscience, 2, 449-475 (2007).
2) Nishi, N., *et al.*: *Int. J. Biol. Macromol.*, 5, 249 (1984).
3) 野口順蔵, 和田　理, 瀬尾　寛, 戸倉清一, 西　則雄: 高分子化学, 30, 302 (1972).
4) Tokura, S., *et al.*: *Polym. J.*, 11, 781-786 (1979).
5) Tokura, S., Nishi, N., Noguchi, J.: *Polym. J.*, 11, 781 (1979)
6) Machinami, R., Kifune, K., Kawaide, A., Tsurutani, R.: *Medical Sci. Res.*, 19, 391 (1991)
7) Szosland, L.: Chitin and Chitin Derivatives-Preparations, Structures and Properties, Eds. by Tokura, S. and Dutkiewicz, J., Lodz Technical University Press, 80 (1993).
8) Tamura, H., Nagahama, H., Tokura, S.: *Cellulose*, 13, 357-364 (2006).
9) Tokura, S., Nishi, N., Nishimura, S-I., Somorin, O.: *Sen-i Gakkaishi* (繊維と工業), 39 (12), 45 (1983).
10) Tokura, S., Nishimura, S-I., Nishi, N., Nakamura, K., Hasegawa, O., Sashiwa, H., Seo H.:

Sen-i Gakkaishi, 15, 288 (1986).
11) 李　学兵, 鈴木　隆, 鈴木康夫, 門出健次, 西村紳一郎：高分子討論会予稿集, 52 (14), 4233 (2004).
12) Tamura, H., Tsuruta, Y., Itoyama, K., Wannasiri Worakitkanchanakul, Ratana Rujiravanit, Tokura, S.: *Carbohydrate Polymers*, 56 (2), 205-211 (2004).
13) Tamura, H., Tsuruta, Y., Tokura, S.: Preparation, *Mat. Sci. & Eng. C*, 20, 143-147 (2002).
14) Nagahama, H., Yamasaki, M., Nitar Nwe, J. Rangasamy, Seo, H., Furuike, T., Tamura, H.: Preparation of braided rope with chitosan-coated alginate filament, Asian Chitin J., 3, 49-54 (2007).
15) Iwasaki, N., Yamane, S., Majima, T., Minami, A., Harada, K., Nonaka, S., Maekawa, N., Tamura, H., Tokura, S., Monde, K., and Nishimura, S.: Biomacromolecules, 5 (3), 828-833 (2004).
16) 戸倉清一, 西村紳一郎, 岩崎倫政, 田村　裕：軟骨細胞培養方法および軟骨組織再生基材, 特許 3616344.
17) Abe, M., Takahashi, M., Tokura, S., Tamura, H., Nagano, A.: Cartilage-scaffold composites produced by bioresorbable β-chitin sponge with cultured rabbit chondrocytes, *Tissue Engineering*, 10 (4), 585-594 (2004).
18) Funakoshi, T., Majima, T., Iwasaki, N., Yamane, S., Masuko, T., Minami, A., Harada, K., Tamura, H., Tokura, S., Nishimura, S-I.: Novel chitosan-based hyaluronan hybrid polymer fibers as a scaffold in ligament tissue engineering. Journal of Biomedical Materials Research, Part A, 74A (3), 338-346 (2005).
19) Suzuki, D., Takahashi, M., Abe, M., Saruhashi, J., Tamura, H., Tokura, S., Kurahashi, Y., Nagano, A.: Comparison of various mixtures of chitin and chitosan as a scaffold for three-dimentional culture of rabbit chondrocytes, J. Material Science: Material Medicine, 19 (3), 1307-1315 (2008).
20) 戸倉清一, 田村　裕：キトサンを含む抗菌組成物, 特願 2005-81928.
21) 内田　泰：フードケミカル, 2, 9 (1988).
22) Tokura, S., Ueno, K., Miyazaki, S., Nishi, N.: *Macromol. Symp.*, 120, 1-9 (1997).
23) Furuike, T., Nagahama, H., Chaochai, T., Tamura, H.: Preparation and Characterization of Chitosan-Coated Poly (L-Lactic Acid) Fibers and Their Braided Rope, Fiber, 3, 380-393 (2015).

第2章
キトサン濃厚溶液のレオロジー特性と繊維形成

2.1 緒　言

　キチンは N-アセチル-D-グルコサミン（2-acetamino-2-deoxy-D-glucose）が β-(1,4) 結合した直鎖状のアミノ多糖である。主として細菌や昆虫の外皮，カニやエビのなどの甲殻類の外郭に蛋白質や炭酸カルシウムとの複合体の形で存在する[1]，セルロースに次いで豊富に存在する天然高分子であり，毎年約1千億トン生産されるといわれている。このキチンを脱アセチル化した D-グルコサミン（2-amino-2-deoxy-D-glucose）の β-(1,4) 重合体がキトサンで，その分子鎖を構成するグルコサミン基が遊離のアミノ基を有している高分子電解質である。種々の N-アセチル基置換度を有するキトサンが得られるが，通常入手できるキトサンの脱アセチル化度は 0.7～0.95 である[2]。図2.1にキチンおよびキトサンの化学構造を示す。

　キチンは C-2 位にアセトアミド基，C-3 位に第二級水酸基が存在し，官能基間で強固な水素結合が形成されている。さらに水分子を介することで C-6 位の第一級水酸基が他の残基と水素結合を形成しているため，キチン分子全体が強固な結晶構造を有し，一般の酸，塩基，有機溶媒に対する溶解性は低く[1]，ジメチルアセトアミド／塩化リチウム，ヘキサフルオロイソプロパノール，ギ酸などにしか溶解しない。しかしながら，セルロースと類似の化学構造を有するため，濃アルカリへの浸漬によりアルカリキチンとし，さらに二硫化炭素との反応によりキチンビスコースの粘稠溶液とすることができる。これとセルロースビスコースとの混合溶液を紡糸原液として 10 % H_2SO_4，

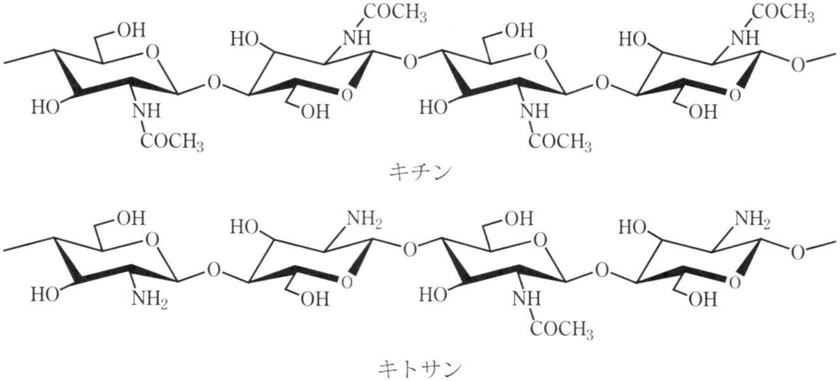

図 2.1 キチンおよびキトサンの化学構造

32 % Na_2SO_4，1.3 % $ZnSO_4$ 混合凝固浴中に湿式紡糸することにより，セルロース／キチンハイブリッド繊維が得られる。

一方，キトサンはC-2位の置換基がアミノ基であり，酸性水溶液に溶解するため，水系キトサン濃厚溶液を紡糸原液として湿式紡糸することが可能である。平野は，キチン，キトサンおよびその誘導体，それらと他の多糖との混合物を湿式紡糸し，**表 2.1** に示すような種々の機能性繊維を得ており，次のような種々の生物機能を示すことを明らかにしている[3]。

① マクロファージ，Tリンパ球細胞とBリンパ球細胞とを活性化する免疫賦活性
② 縮物や動物を細胞レベルで賦活
③ キチナーゼやリゾチーム酵素の誘導活性とそれらによる菌細胞壁の分解による抗菌活性
④ キトサンアミノ基のイオン結合や分子親和力による抗菌活性
⑤ 血小板細胞の活性化による血栓形成の促進
⑥ 動植物の創傷治癒促進と皮膚保全
⑦ アレルギーの解消

キトサンはキチンより溶解性が高く，希酸水溶液に溶解するため，紡糸原液の調製は比較的容易である。しかしながら，濃厚溶液中に会合体が形成されることが知られており[4]，曳糸性は必ずしも良好ではない[5]。ここでは，

表 2.1　キチン，キトサンおよびそれらの誘導体繊維 [3]

試　料	溶　媒	凝固浴	繊度 d	引張強度 g/d	伸び %
キトサン	2% 酢酸	10% NaOH/30% Na$_2$SO$_4$	33	1.14	11.6
キトサン(脱アセチル化度57%)	2% 酢酸	10% NaOH/30% Na$_2$SO$_4$	116	0.74	11.2
キチン	14% 水酸化ナトリウム	10% H$_2$SO$_4$/32% Na$_2$SO$_4$/1.3% ZnSO$_4$	3.75	1.25	8.4
トロポコラーゲン/キトサン(1/1)	2% 酢酸	5% NH$_3$/40-43% (NH$_4$)$_2$SO$_4$	17.7	1.15	10.9
シルクフィブロイン/キチン(6/94)	14% 水酸化ナトリウム	10% H$_2$SO$_4$/40-43% (NH$_4$)$_2$SO$_4$	3.24	1.05	8.4
ヒアルロン酸/キチン(32/68)	14% 水酸化ナトリウム	10% H$_2$SO$_4$/40-43% (NH$_4$)$_2$SO$_4$	9.9	0.69	8.6
ヘパリン/キチン(32/68)	14% 水酸化ナトリウム	10% H$_2$SO$_4$/40-43% (NH$_4$)$_2$SO$_4$	4.87	0.48	6.7

キトサン濃度，酸濃度および酸の種類がどのようにキトサン酸性濃厚溶液のレオロジー的性質や紡糸原液の曳糸性に影響するかについて解説し，さらに湿式紡糸により得られたキトサン繊維の性質についても解説する。

2.2　キトサン濃厚溶液のレオロジー的性質 [6]

　高分子液体からの繊維形成の際には，ノズルから押出された高分子液体を押出し速度より高速度で引き伸ばす必要があり，繊維の巻取り点に加えられた張力は分子鎖の絡み合いによりノズル出口にまで伝達される。このように，分子鎖の絡み合いは，繊維形成に必要であるが，一方高分子液体に弾性を付与するため高速での引き伸ばしを困難にする。さらにキトサン溶液に形成される会合構造は，溶液の伸長流動を阻害する可能性がある。

　カニ殻由来のキトサンを種々の希酸に溶解し，そのレオロジー的性質と曳糸性（繊維形成性）との関係を調べた。キトサンの分子量は約9万であり，脱アセチル化度は約 80 mol% である。

図 2.2[7)] に酢酸水溶液に溶解したキトサン溶液の貯蔵弾性率(G')の周波数依存性を示す。G' はキトサン濃度に大きな影響を受け,キトサン濃度の上昇とともに G' が増大し,キトサン濃度が 10 wt% 以上になると G' の低周波数領域に平坦部が現れている。これはキトサン溶液中に分子鎖に比べ比較的大きな会合体あるいは物理的架橋からなる内部構造が存在することを示唆している[8,9)]。キトサン濃度が 6 wt% と 8 wt% では低周波数領域の G' の傾きがほぼ 2 であるのに対し,10 wt% と 12 wt% の間でそれが 2 よりも小さくなり,流動性が低下している。したがって,この濃度域で溶液中の会合構造に変化が起こっているものと思われる[6)]。

図 2.3[10)] に種々の酸濃度に調整した酢酸水溶液にキトサンを 10 wt% 溶解した溶液の貯蔵弾性率(G')の周波数依存性を示した。高周波数領域での G' は酸の濃度にはあまり影響を受けないよ

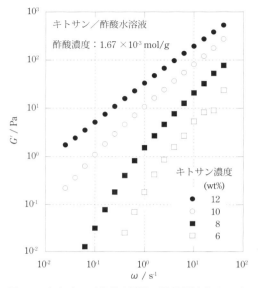

図 2.2 キトサン／酢酸水溶液の貯蔵弾性率 G' とキトサン濃度との関係[7)]

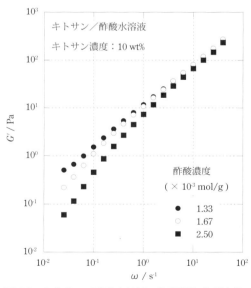

図 2.3 キトサン／酢酸水溶液の貯蔵弾性率 G' と酢酸濃度との関係[10)]

うに見えるが，低周波数領域では酸の濃度の低下に伴い，平坦部が現れるようになる。すなわち，酸濃度の低い溶媒中では会合体が形成されやすいものと思われる。

上記のようなキトサン溶液中に存在する会合構造は，酢酸以外の水溶液を溶媒とした場合にはどのように変化するのであろうか。図 2.4 [11)] に酸濃度一定で異なる酸水溶液にキトサンを 12 wt% 溶解した溶液の G' と複素粘性係数の絶対値 $|\eta^*|$ を示した。プロピオン酸水溶液では他の溶媒を用いた場合より G' が高く，より多くの会合体が形成されていると考えられる。逆にギ酸水溶液では G' が低く，会合体単位の大きさが小さい，あるいは会合が弱いように思われる。これはギ酸の pk_a が最も低く，プロピオン酸の pk_a が最も高いことから，強い酸の存在下では凝集体が形成しにくいことがわかる。また，$|\eta^*|$ も弱い酸水溶液に溶解した溶液では，低周波数領域に不均一構造に由来する立ち上がりが観察される。弱い酸の存在下ではより多くの会合体が形成されているものと思われる [12)]。

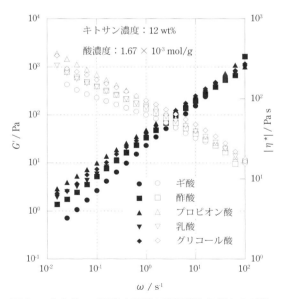

図 2.4 キトサン／希酸水溶液の貯蔵弾性率 G' および複素粘性係数の絶対値 $|\eta^*|$ と酸の種類との関係 [11)]

●第2章●キトサン濃厚溶液のレオロジー特性と繊維形成

2.3 キトサン濃厚溶液の曳糸性[6]

キトサン溶液に注射針の先端を5 mm浸した後，速度300 mm/minで引き上げ，そのときの溶液の伸びを曳糸性の評価値とした。図2.5（a）[13]に種々の酸水溶液を用いたキトサン溶液の曳糸性に与えるキトサン濃度の影響を，図2.5（b）[13]に溶液中の酸濃度の影響を示した。キトサン濃度の影響を見ると，どの溶媒でもキトサン濃度8 wt%から10 wt%で最も高い曳糸性を示している。また，酢酸を除いてはキトサン濃度10 wt%でどの溶液も溶液の伸びがほぼ同じ値をとっている。キトサン濃度12 wt%で曳糸性が低下しているのは，前項で示した動的粘弾性から明らかなように，溶液の流動性が下がり，伸張流動下で液柱が破壊したためである。8 wt%のキトサンをギ酸水溶液に溶解した試料では，他の酸水溶液を用いた試料よりも曳糸性が低い。この溶液は，粘弾性測定でも G'，$|\eta^*|$ ともに低い値を示し，表面を小さく

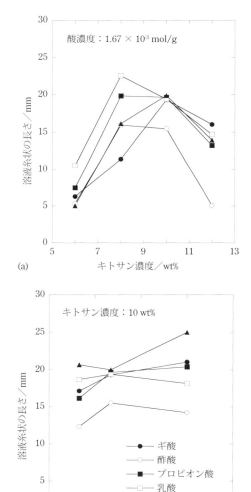

図2.5 キトサン溶液の曳糸性（a）キトサン濃度の影響と（b）酸濃度の影響[13]

しようとする表面張力の効果が，糸の形状を保持しようとする粘性の効果を上回ったために液滴となったものと考えられる。一方，酸濃度の影響を見ると，濃度の増大とともに曳糸性が向上している。最も酸濃度の低い試料（酸濃度 $1.33×10^{-3}$ mol/g）はどの酸を使用した場合でも低い曳糸性を示す傾向にある。これらの溶液は低周波数領域に G' の平坦部を示すことより，溶液中に比較的大きな会合体あるいは物理的架橋からなる内部構造が形成されていることを示唆している。この内部構造が伸張流動性を低下させたために曳糸性が低下したものと思われる。

2.4　酸水溶液からのキトサンの湿式紡糸[5]

　キトサンは高分子電解質であり，塩基性あるいは中性の水には溶解しないが，弱酸性水溶液に溶解する。得られたキトサンの酢酸水溶液を紡糸原液とし，ノズルから押出した後，凝固浴内で固化させる湿式紡糸法により繊維を得ることができる。この凝固浴中では，中和による不溶化と脱溶媒が起きる。図 2.6[5] にキトサン湿式紡糸プロセスの概略を示す。第一凝固浴は 10 wt% NaOH 水溶液あるいは 10 wt% NaOH／飽和 Na_2SO_4 水溶液であり，ここでキトサン溶液の中和と脱溶媒が起き，固化したキトサン繊維は第 2 凝固浴の水中で洗浄される。

　種々のキトサン濃度に調製した紡糸原液を用いて湿式紡糸を試みた結果，キトサン濃度 4 wt% では粘度が低く，ノズルから出た押出物は液滴となり，繊維とならなかった。それ以上の濃度では濃度が高いドープほど高い巻き取

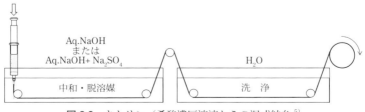

図 2.6　キトサン／希酸濃厚溶液からの湿式紡糸[5]

り速度で繊維を作成することができ,細い繊維が得られた。なお,濃度12 wt%では粘度が高くなり,ノズルから押し出すことができなかった。得られたキトサン繊維のSEM写真を図2.7(a)～(c)[5]に示すが,キトサン濃度の影響は見られず,すべての繊維で滑らかな表面が得られた。キトサン繊維の複屈折率および力学的性質を図2.8[5]に示す。キトサン分子鎖の配向度を示す複屈折率はキトサン濃度の上昇に伴いわずかに上昇している。これはキトサン濃度とともに繊維形成性が向上し,より高い速度で巻き取りが可能であったことによるものと思われる。力学的性質はほぼキトサン濃度の増加とともにより良好となっており,キトサン濃度の増加とともに強度,弾性率と

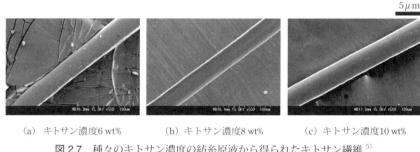

(a) キトサン濃度6 wt%　　(b) キトサン濃度8 wt%　　(c) キトサン濃度10 wt%

図2.7　種々のキトサン濃度の紡糸原液から得られたキトサン繊維[5]

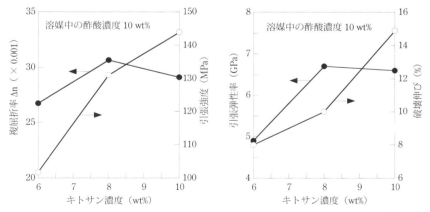

図2.8　キトサン繊維の複屈折率および力学的性質とキトサン濃度との関係[5]

も上昇し，伸びも増大している。

溶媒の酢酸濃度を変化させた場合の繊維形成性はどうであろうか。酢酸濃度を3 wt％から20 wt％まで変化させて紡糸原液の作成を試みたが，3 wt％ではキトサンを完全に溶解することができなかった。酢酸濃度5から15 wt％で調整したドープでは酸濃度の上昇につれて安定した紡糸を行うことが可能であったが，酸濃度20 wt％のドープでは使用した長さの中和槽では中和が完了せず紡糸は不可能であった。繊維表面のSEM写真を図2.9（a）〜（e）[5]に示す。すべての酸濃度で調整した繊維は概ね滑らかな表面を有していた。繊維直径の均一性は最も高い15 wt％の酸を添加し場合に最も良好であり，酸濃度の低下とともに均一性は低下している。なお，酸濃度5 wt％の繊維は繊維軸に沿って傷が生じており，これが力学的性質に影響する。キトサン繊維の複屈折率および力学的性質を図2.10[5]に示す。複屈折率は添加した酸の濃度にあまり依存していないが，酸濃度とともにやや低下しているようである。これは酸濃度が高い場合には使用した凝固浴中で中和が完了

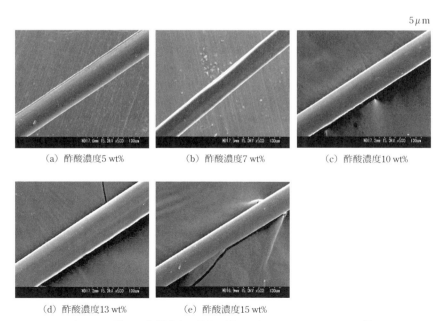

5 μm

（a）酢酸濃度5 wt％　　（b）酢酸濃度7 wt％　　（c）酢酸濃度10 wt％

（d）酢酸濃度13 wt％　　（e）酢酸濃度15 wt％

図2.9　種々の酢酸濃度の紡糸原液から得られたキトサン繊維[5]

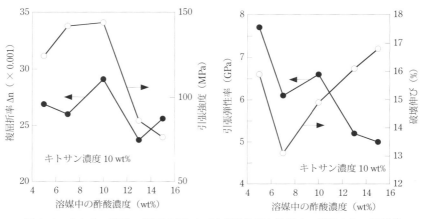

図2.10 キトサン繊維の複屈折率および力学的性質と溶媒中の酸濃度との関係[5]

せず，分子鎖の易動度が残っているために，紡糸中に形成された分子鎖の配向度が低下したものと思われる。繊維の形成性は酸濃度が高いほど良好であるが，得られた繊維内の分子の配向はキトサンの中和および凝固の速度に依存しているものと思われる。キトサン繊維の弾性率，強度は酸の濃度とともにやや低下する傾向を示した。これは酸濃度の増加とともに繊維の形成はより容易となるが，中和が速やかに進行しないために，分子配向が緩和したためであると思われる。また，表面に傷が観察された酸濃度5

図2.11 湿式紡糸したキトサン繊維

wt％で調製した繊維はやや低い力学的性質を示している。巻き取られたキトサン繊維の写真を図2.11[5]に示す。

2.5 結　言

　キトサンは有機酸水溶液に溶解するが，強い分子鎖間相互作用により溶液内に会合体を形成する傾向がある。キトサン濃厚溶液の曳糸性は，会合体を作らないような比較的低濃度，強い酸の存在下で高くなるが，濃度が低すぎると界面張力の効果が粘度の効果を上回り，液滴となる傾向がある。また，会合体単位を小さくするような溶解方法を用いることにより，曳糸性を向上させることができる。

《参考引用文献》
1) Sannan, T., Kurita, K., Iwakura, Y.: Makromol. Chem., 177, 3589-3600 (1976).
2) 栗田恵輔:生分解性プラスチックハンドブック, 生分解性プラスチック研究会編, NTS, 153 (1995).
3) 平野茂博:バイオインダストリー, 4月号, 62 (2002).
4) 松本孝芳, 善光洋文:日本レオロジー学会誌, 17, 43-47 (1989).
5) 杉山静子:京都工芸繊維大学工芸科学研究科修士論文 (2003).
6) 山根秀樹, 高野雅之ほか:日本レオロジー学会誌, 34, 223-228 (2006).
7) 山根秀樹, 高野雅之ほか:日本レオロジー学会誌, 34, 224 Fig. 2 (2006).
8) 日本レオロジー学会編:講座レオロジー, 高分子刊行会, 149-177 (1992).
9) 松本孝芳:分散系のレオロジー, 高分子刊行会, 75-92 (1997).
10) 山根秀樹, 高野雅之ほか:日本レオロジー学会誌, 34, 225 Fig. 3 (2006).
11) 山根秀樹, 高野雅之ほか:日本レオロジー学会誌, 34, 225 Fig. 4 (2006).
12) Watase, M., Nishinari, K.: Colloid Polym. Sci., 260, 971-975 (1982).
13) 山根秀樹, 高野雅之ほか:日本レオロジー学会誌, 34, 227 Fig. 9 (2006).

第3章
エレクトロスピニングによるキトサンナノファイバーの製造と応用

3.1 はじめに—キトサン - 微細繊維不織布の作成は不可能か？

　エレクトロスピニング（Electrospinning, ES）という用語，手法の原理，および，ES を経て得られ微細繊維不織布（Electospun Non-woven Fabrics, ESNWs）の用途開発研究については，特に 2000 年以降，多数の総説が出版されているので，本稿の読者は文献 1-3 などを参照していただきたい。ES 法の原典は Hormhal による 1938 年の特許文章 4 であるが，当時はあまり注目されず，その後 1990 年代ごろから発展するナノテクノロジー研究ブームのなかで再発見され，米国およびアジアの研究者が盛んに基礎・応用研究を展開した。1990 年代後半くらいからは，ES 法を用いるキトサン-ESNW（CS-ESNW）の作成が試みられてきたようであるが，2004 年以前には CS-ESNW 作成に関する原著論文を含む記載はほとんどない。

　ES 装置のデモンストレーションによく用いられるのは，ポリビニルアルコール（PVA）あるいはポリエチレンオキシド（PEO）水溶液である。これらの高分子溶液をシリンジポンプに装填し，電極を挿入・装着後，約 10-15 kV 程度の電圧印可をすると，シリンジ針の先端から帯電した微小液滴が飛散し，これが微細繊維に変形しながら固化し，コレクタと呼ばれる金属板上に ESNW が形成される。キトサンの場合を考えると，5 ％酢酸，あるいは希塩酸などの酸性水溶液は安価な媒質である。ES 法の原理に基づくと，キトサンを含む高分子電解質水溶液に対する電圧印可時の挙動は，大抵の場合，

上記のデモンストレーションのような，ESNWを作ろうとする操作者の期待のとおりにはならない。

　CS-ESNWの作成が試みられた2000年代前半では，酸性水溶液をES溶媒として用いる試行例の中には，PEO共存下において，CS/PEO-ESNWが作成可能という報告もあったが，同時に，複合成分を用いず，単一溶質成分としてのCS-ESNWの作成は非常に困難であると見られていた。このような帰結は当然のように思われる。ESNWが形成される原理は，身近な電子部品であるコンデンサの動作原理とほぼ等価と見なせる。コンデンサの静電（蓄電）容量は，絶縁層を挟む2枚の電極版の面積に依存する。高分子溶液への電圧印可時には，微小液滴表面の気液界面に静電気が溜まる。高分子溶液はその表面積を広げるように変形し（静電容量を高くする変形），その結果，微細繊維として固化する。コンデンサ動作原理が「絶縁層を挟む導電帯という構造」に基づくのであるから，高分子溶液内部は電気的に中性な条件が求められる。キトサンのような高分子電解質を5％酢酸水溶液などの低分子電解質を含む媒質に溶解しても，電圧印可時には絶縁層がないために，静電気が高分子水溶液界面に溜まっても，水溶液表面積を広げるという「仕事」には変換されにくい。他方で，PVAあるいはPEOのような中性高分子溶質の水溶液は，ES装置のデモンストレーション用として格好な組み合わせなのである。CS/PEO-ESNWが弱酸性水溶液から形成されるという現象は，気液界面に集合したPEO分子が絶縁層として作用していたためである。

3.2　CS-ESNW―最初の報告[5]

　脱アセチル化度を考慮しないのであれば，ポリ（β-1,4-2-デオキシ-2-アミノ-D-グルコピラノシド）はキトサン分子を記述するための理想的な化学構造である。アミノ基の存在のために，キトサンは水中においてプロトン化し高分子カチオンとなる。このカチオン性高分子電界質は3.1に記述したように，原理上ES工程には適さない。仮に水溶液ではなく，absolute（＝水を含まない状態。ここでは解離平衡のない状態を指す。酢酸の場合には

3.2 CS-ESNW—最初の報告

$CH_3COOH <-> CH_3COO^- + H^+$ のような平衡が，中性分子である左辺に著しく偏る状態）な有機酸に溶解できるなら，キトサン単独の ESNW は作成できるかもしれないと，2003 年ごろに筆者らは思案していた。なぜなら，absolute な有機酸は電気的に中性であり，同時にキトサンを構成する単位のアミノ基と塩を形成して中和するからである。

　上で例示した absolute 酢酸（＝氷酢酸；酢酸無水物あるいは無水酢酸ではない）にはキトサンは溶解しない。筆者らは種々の有機酸とそれらの混和物を含め CS-ESNW が作成可能か否か，試行を繰り返した。その結果，キトサンをトリフルオロ酢酸（trifluoroacetic acid, TFA; CF_3COOH）に溶解し，その溶液に電圧印可したところ，CS/TFA 溶液がシリンジ先端からジェット状に飛散した。金属板コレクタに回収された試料を走査型電子顕微鏡観察した結果，平均繊維直径およそ 300-350 nm の CS-ESNW であることが確認された。TFA を ES 溶媒とする CS-ESNW 作成手法および CS/PVA の弱酸性水溶液から作成した CS/PVA-ESNW の試作結果を併せて，2004 年に "Electrospinning of chitosan" という題名の論文を発表した。当初，オリジナルタイトル" Chitosan Nanofiber *via* Electrospinning" として投稿したが，査読者から「平均繊維直径およそ 300-350 nm では "Nanofiber" とは呼べない」と指示され，左記の題名に改訂した。Nanofiber の定義は，平均繊維直径 100 nm 以下の微細繊維を指すものであるから，査読者の指摘のとおりである。その後，筆者らは主に粘度平均分子量の異なるキトサン標品（市販試薬）の TFA 溶液を ES 工程に用いて試験を行い，平均繊維直径 100 nm 以下の CS-ESNW の作成手法を見いだした。筆者らはこの成果をまとめ，2006 年に題目 "Chitosan Nanofiber" として論文発表した[6]。この報告では，当時市販のキトサン標品の中で粘度平均分子量の異なる 4 種を用いた。平板ではなく，ホーン状に加工した金属板を用いて ES 操作を実施すると，真綿のような CS-ESNW を得ることができる（図 3.1）。

図3.1　ESNW作成に用いられるキトサンの化学構造と諸性質（左）およびESNW作成装置の概要と作成例（右）

3.3　CS-ESNW—水溶性から耐水性へ

　TFAを溶媒として作成したCS-ESNWの応用を考慮する場合，その最大の難点は，紡糸しただけの状態のCS-ESNWが水中で微細繊維構造を保持できないということである。紡糸溶媒のTFA分子がキトサンの単位構造におけるアミノ基と塩を形成していることは，紡糸直後のCS-ESNWの赤外スペクトルから証拠づけられ，TFAに由来するC＝O伸縮振動（1 670 cm^{-1}）およびC-F伸縮（836 cm^{-1}，809 cm^{-1}，721 cm^{-1}）が明瞭に観察される（図3.2）。紡糸直後のCS-ESNWからのTFA塩の除去法は，最初，2006年に論文発表された[7]。筆者らは追試を試みたが，論文7記載の結果は再現できず，微細繊維構造は部分的に崩壊していた。この原因は，文献7の手法が塩基性無機塩水溶液を用いていたことにある。水酸化ナトリウムのエタノール溶液（NaOH/EtOH）を使用すれば，微細繊維構造を保持しながらTFAを除去可能である。この処理の後，TFAに由来する上記2種の伸縮振動吸収は見られなくなる。キトサンはpH 6.5程度の弱酸性水溶液に可溶であるので，

3.3 CS-ESNW—水溶性から耐水性へ

TFA塩除去後のCS-ESNWも左記の条件では溶解してしまうが，pH 6.6-8.0 範囲のリン酸緩衝液中においては，耐水性を示す。図3.3の像では，いずれもCS-ESNWを構成する微細繊維が膨潤しているが，この傾向は酸性側（pH 6.6）のほうがより顕著であり，他方，中性領域（pH 7.0〜pH 7.6）では明

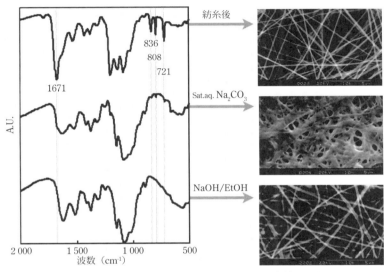

図3.2 紡糸直後および脱塩処理後のCS-ESNWの赤外スペクトルおよび微細繊維構造（SEM観察）

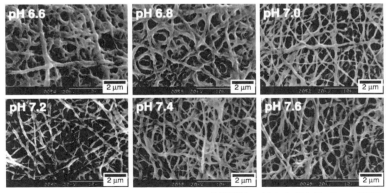

図3.3 脱塩処理を行ったCS-ESNWのリン酸緩衝液に対する耐水性（SEM観察）

瞭な微細繊維不織布構造が保持されている。

　pH 6.5 よりも低い水溶液条件において CS-ESNW の利用を考える場合，キトサン分子の単位構造に含まれる 3- 位または 6- 位炭素上にある水酸基，またはアミノ基の官能基を利用する分子間架橋処理が必要である。分子間架橋剤として筆者らは，ヘキサメチレンジイソシアネート（HMDI）を用いることが多い。理由は処理の簡便さである。例えば，HMDI を n - ヘキサンなどの炭化水素系溶媒と混和し，HMDI/n - ヘキサン溶液を所定量 CS-ESNW に滴下・風乾後，50-55℃程度の温和な加温で架橋・不溶化が達成できる[8]。未反応の HMDI は n - ヘキサンまたは他の有機溶媒で洗浄・除去できる。この一連の架橋反応は処理前後の赤外スペクトルにより追跡可能である。HMDI を水酸基とアミノ基の総量に対し過剰に用いる場合，架橋処理後の試料における赤外スペクトルには，N＝C＝O 基伸縮振動吸収帯（2 250 cm^{-1}）およびウレタン・尿素型架橋構造部の N-H 変角＋C＝O 伸縮のカップリング振動（1 700-1 750 cm^{-1}）が明瞭に観察される[9]。

3.4　CS-ESNW―機械特性に関する若干のデータ

　紡糸直後の CS-ESNW からの TFA 塩除去（脱塩）工程における単繊維の平均繊維直径変化を調べると，紡糸直後に比べ脱塩後ではおよそ 2 割程度の増加が見られる（図 3.4）。キトサン 1000 を用いて作成した ESNW を例とすると，単繊維直径分布を保ちながら 20 nm 程度，太繊維側にシフトしているので，単繊維直径増加は ESNW 内では一様に生じていると考えられる。直径増加機構については明確な証拠がないが，キトサン 10，キトサン 100，およびキトサン 1000 に関する広角 X 線回折実験では，すべてにおいて脱塩後の結晶化度は紡糸直後に比べて高いという結果が得られている。したがって，脱塩処理前後の単繊維固体内密度変化が関与する現象であると推測される。おそらく，固体内質量の大部分を占める非晶領域から優先して脱塩反応が進行して，一部が結晶化するのと同時にほとんどの質量は非晶質として残存し，(i) アミノ基間の永久双極子間反発，あるいは (ii) CF$_3$COO$^-$・Na$^+$ 微

3.4 CS-ESNW—機械特性に関する若干のデータ

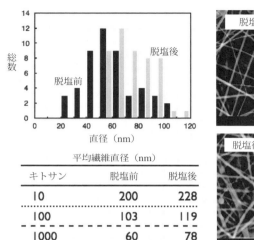
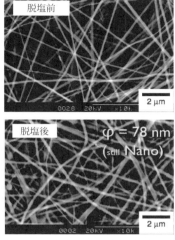

平均繊維直径 (nm)

キトサン	脱塩前	脱塩後
10	200	228
100	103	119
1000	60	78

図 3.4 脱塩処理前後の CS-ESNW 単繊維における平均直径変化
(左上)キトサン 1000 から作成した CS-ESNW の直径分布(脱塩前:黒バー,脱塩後:グレーバー),(左下) 平均繊維直径変化,(右) SEM 観察

細結晶の単繊維固体内での一時的析出により,非晶質部分の体積が押し広げられる作用が生じると思われる。

脱塩処理前後の CS-ESNW をそれぞれ長さ 15 mm×幅 2.0 mm (ESNW の厚さはおよそ 50 µm=0.05 mm) の小リボン状に裁断し,1 軸の引張試験を行った。ゲージ初期長は 10 mm とした。破断面を走査電子顕微鏡 (SEM) 下で観察すると,次のような差異が見られた。紡糸直後の CS-ESNW では,破断面付近の単繊維同士が応力軸方向に相互滑出しているが,他方,脱塩後では,応力軸方向に垂直な破断面が明瞭に観察され,単繊維相互滑出がほとんどない (図 3.5)。これらの観察結果は小リボン試料の応力−伸度曲線において,破断点後の残存応力 (破断点からゼロ応力までの緩和様過程) に現れていると考えてよい。

CS-ESNW の応力‐伸度曲線 (図 3.6) は,それを構成する単繊維の機械的性質を直接示すデータではないが,脱塩処理前後に見られる不織布試料の破断点応力,破断点伸度,および弾性率の値は,いずれも CS-ESNW を構成

● 第3章 ● エレクトロスピニングによるキトサンナノファイバーの製造と応用

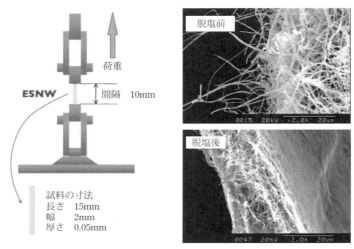

図 3.5 脱塩処理前後の CS-ESNW リボン試料の引張試験
（左）および破断面の SEM 観察（右）

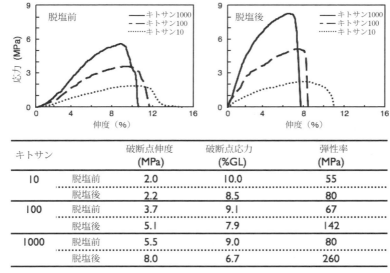

キトサン		破断点伸度 (MPa)	破断点応力 (%GL)	弾性率 (MPa)
10	脱塩前	2.0	10.0	55
	脱塩後	2.2	8.5	80
100	脱塩前	3.7	9.1	67
	脱塩後	5.1	7.9	142
1000	脱塩前	5.5	9.0	80
	脱塩後	8.0	6.7	260

図 3.6 脱塩処理前後の CS-ESNW リボン試料の引張試験結果と機械的性質

する単繊維の機械的性質が脱塩処理後，より剛直に変わっていることを示唆している。例えば，キトサン 1000 から作成した ESNW 試料の弾性率が脱塩処理前の 80 MPa に対し，処理後には 260 MPa まで上昇しているという結果は，上記を端的に支持していると筆者らは考えている。CS-ESNW の応用目的が，脱塩処理と 3.3 節記載の化学架橋・耐水処理の併用を許容する場合には，ESNW の機械的性質をより強靭に変えることも可能であると期待される。

3.5 キトサン／セルロース複合 ESNW —耐水処理の別法に関する試み [10]

　紡糸直後の CS-ESNW の耐水処理手法は 3.3 節記載の化学架橋だけではない。例えば，セルロース（CE）のように本来水不溶性の天然多糖であり，かつキトサンと共通の ES 溶媒を適用できる高分子であれば，複合 ESNW の作成によりキトサンの化学的性質を利用しながら，耐水性 ESNW を得ることは可能である。筆者らは左記の思案に基づき，キトサン：セルロースの重量比を 0：10 から 10：0 まで段階的に変えて複合 ESNW の作成を行った。しかし，TFA のみを溶媒とする場合，キトサンとセルロースの TFA 溶液を混和すると，直後は均一状態であったが，数時間後に原因不明の相分離が起こるため，この解消策として TFA に 20 %程度の酢酸を混和した溶媒系を用いた。紡糸直後の CS/CE 複合 ESNW を蒸留水に浸漬し，再乾燥後の微細繊維形態保持の可否について調べた結果，キトサン：セルロースの重量比＝ 8：2，すなわち，キトサン割合の高い複合 ESNW は微細繊維構造が保持できないことが判った（図 3.7）。

　さらに，脱塩処理有無の複合 ESNW を試料とし，蒸留水浸漬前後における複合 ESNW 内窒素含量を定量した。得られたデータから蒸留水浸漬後の微細繊維内に残存するキトサン量を推定した結果，次のことが明らかになった。(i) 脱塩処理なしでは，キトサン：セルロースの重量比＝ 5：5 から 1：9 の間において，キトサンは複合 ESNW 固体内に残存するが，その残存率

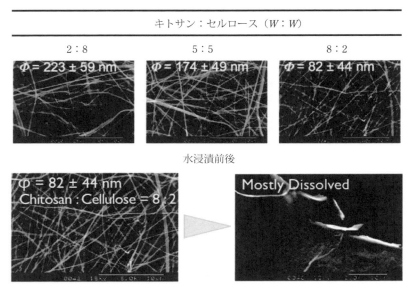

図3.7 CS/CE複合ESNWの微細繊維形態(上段)および水浸漬時の繊維構造崩壊(下段)

は27–54％程度，すなわち蒸留水浸漬中，ES操作時に仕込んだキトサンの半量かそれ以上の割合が蒸留水中に溶出した。(ii)キトサン：セルロースの重量比＝8：2の紡糸直後の複合ESNWは，蒸留水浸漬時に微細繊維構造が保持できず，残存率が測定不能であった。他方，(iii)脱塩処理した複合ESNWでは蒸留水浸漬後，ES仕込み量に対し80-83％のキトサンが繊維固体内に残存した。(iv)キトサン：セルロースの重量比＝10：0，すなわち，CS-ESNWの脱塩後の残存率はほぼ100％であった。上記(i)および(ii)は，紡糸直後の複合ESNW固体内のキトサン・TFA塩を蒸留水浸漬中でも保持する要因は単純にセルロースとの分子鎖の絡み合いであること，また，(iii)と(iv)は，複合ESNW内部のキトサン分子の脱塩処理はある程度(質量で20％ほど)不完全であることを示唆している。

上記のように，CS/CE複合ESNWの作成を経る耐水処理では，セルロースを主成分とする場合にはキトサンが単繊維固体内に保持されるが，仕込みの半量程度の損失を考慮しなければならないことが結論として得られた。他

方で，これまでの報告例 11,12 では，CS/CE 複合 ESNW を得るための手段として，最初にキトサンとセルロースを可溶性誘導体に変換して ESNW を作成後，後処理によりキトサンとセルロースを単繊維固体内に再生するというアプローチが提案されてきたことを考慮すれば，筆者らの手法はキトサンとセルロースの有機酸溶液から直接的に複合 ESNW を作成することができ，また，水浸漬時におけるキトサンの損失を抑制するための後処理として，温和なアルカリ処理のみを必要とする手法は，直接 ES 法のメリットであると考えている。

3.6 CS-ESNW—徐放剤応用の試み

Ramakrishna の総説[3)]には，ESNW（CS-ESNW に限らず）応用に関するアメリカ特許分類調査結果が記載されている。記事数ベースでは，医療関連器材が 58 ％を占め，次点はフィルタ関連技術の 18 ％となっている。再生医療関連の開発目的とされる組織工学・足場材料（Tissue Engineering and Scaffolds）技術のシェアは 6 ％である。CS-ESNW は上記の比較的高いシェアを占める開発用途のすべてに適合できると期待される。しかし，後述するように CS-ESNW を安価に，安全に，かつ大量に製造することは未だ困難であると思われる。実験室レベルでは比較的少量付加価値のある用途を想定した研究報告例が多数存在するが，ここですべてを記載することはできないので，最初に筆者らの報告について紹介する。

一般に ESNW の応用を考えるとき，繊維直径の細さに由来する，単位質量当たりの比表面積の大きさという利点を活用する方向が第一である（空隙率というコンセプトも含む）。CS-ESNW では特に，生体適合性・生分解性を利用する用途指向が顕著である。最も簡便に実施可能な実験系は徐放材料評価であると考えられたため，薬剤モデル分子としてアセチルサリチル酸（ASA）およびニコチン（NC）を担持した CS-ESNW を試作した。CE-ESNW では筆者ら自身の先行研究があったので，これをそのまま CS-ESNW に適用した。しかし，紡糸直後の CS-ESNW の水溶性が問題となり，当初の

期待どおりにはならなかった。先ず，薬剤モデル分子を担持したCS-ESNWの作成においては，紡糸原液と薬剤モデル分子を混和し，ES操作を行えば簡単に達成できた。その後，耐水処理のためNaOH/EtOH溶液を用いてCS-ESNWを処理すると，ES操作時に仕込んだASAおよびNCの大部分がESNWから溶出してしまった。

次の手段は薬剤担持したCS-ESNWをHMDI処理して化学架橋することであったが，生理緩衝液中でのASAの放出実験における徐放率は，数時間浸漬後も仕込み量の20％程度に留まった（図3.8, 上段）。他方，同じ実験をCE-ESNWを用いて実施した結果は，30秒後の放出率が60％に達する[13]。上記のCE-ESNWとCS-ESNWの差異はHMDI処理の有無と，後者がポリ

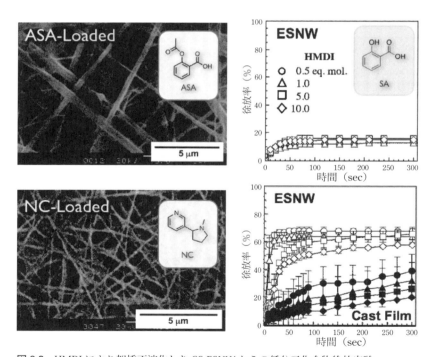

図3.8 HMDIにより架橋不溶化したCS-ESNWからの低分子化合物徐放実験
（上段）アセチルサリチル酸（ASA）担持CS-ESNW
（下段）ニコチン（NC）担持CS-ESNW（白プロット）とCS-キャストフィルム（黒プロット）との徐放性能比較

カチオン性であることの2点である。おそらく，キトサンが持つアミノ基がASAのカルボキシル基と塩形成し，単繊維からの効率的な放出を抑制しているためと思われる。架橋処理に用いるHMDIの当量を変えても，徐放量には有意差が見られず，さらに，カルボキシル基を持たないNCでは，HMDI架橋処理後のCS-ESNWからの徐放率が50秒内に60%程度に達する（図3.8，下段）ことから，上記理由は支持される。つまり，中性・塩基性分子を薬剤モデルとして用いる場合には，CE-ESNWおよびCS-ESNWの徐放性能・特性には顕著な差はないが，酸性官能基を有するモデル分子の場合，CS-ESNWでは徐放を助長する何らかの機構を系に組み込む必要がある。ASAを仕込んだにもかかわらず，CS-ESNWから徐放された化学種は，ASAが脱アセチル化されたサリチル酸であったことも，また，CS-ESNWの徐放剤利用に対してさらなる工夫が必要であることを示す現象である。

3.7 CS-ESNW—関連研究・応用について

　CS-ESNWの作成手法を記述した原著論文は当然のことながら筆者らによる2004年発行文献5だけではない。同年に出版された文献の中には，キチンをガンマ線解重合処理した後，ヘキサフルオロイソプロパノール（HFIP）中に3日間かけて溶解してES操作を行い，その後，キチン-ESNW（CT-ESNW）を熱アルカリ処理してCS-ESNWに変換するという，間接的な手法も報告されている[14]。翌2005年には，氷酢酸からのES紡糸方法も報告されている[15]。しかし，文献15の紡糸結果再現性などは不明である。筆者らの2006年発行文献6の後にも，例えば，乳酸や90%酢酸水溶液を紡糸溶媒として用いることも検討されている[16]。TFAを紡糸溶媒として用いる筆者らの手法には，TFAのコスト（試薬グレードで500g当たり12 000～15 000円）および揮発性有機酸であるため，安全性・紡糸装置機械部への化学的負荷などの問題を残している。このような状況にもかかわらず，実験室レベルでのCS-ESNWの応用研究に関する論文の多くは，最も再現性の高いCS-ESNW作成方法として，文献5を引用している（2015年9月現在の被引用回数は

280回程度，Web of Science Core Collection）。

そこで，本節では文献5を引用している論文の中で，特に紡糸法改良（複合材料はなるべく含まず），他の有機高分子との複合化，および細胞培養足場や抗菌性評価などヘルスケア分野での応用を指向した研究例（複合材料を含む）を，テーマ別に最近3年間程度の範囲で紹介する。

3.7.1　ESプロセスの改良方法

広義の改良手法を最初に紹介する。脇坂らは2015年発行の論文において，ESを用いないCS-ESNW作成法，すなわち，ultrasonic atomization–freeze casting法を発表した。原理は原著論文に記載されているのでここでは割愛するが，主に水系のキトサン溶液から100 nm以下の単繊維直径を持つESNWが簡便に得られる。大量製造方法が確立できれば，ES法よりも低コストかつ安全なCS-ESNW作成法となる可能性を秘めている[17]。Norowskiらは天然物ゲニピンを用いるCS-ESNWの架橋手法と，骨組織再生用部材への応用に関する論文の中で，ヒト骨肉腫由来SAOS-2細胞の接着および伸展形態をもとに，ゲニピンの無害性について記述している[18]。これはCS-ESNWを天然の低分子有機化合物を用いて耐水化できる可能性を示唆している。HMDIを用いるCS-ESNWの耐水化処理よりは安全性は高い。

Burnsらはシクロデキストリン（CD）をキトサン／有機酸溶液に混和し，キトサンのアミノ基があたかもCDによりマスク（遮蔽）されるという現象に基づく紡糸改良法を提案している。CDの共存によりキトサンの分子間凝集が抑制される結果，ES操作時のジェット噴出が安定し，より均質なESNWを与えるだけでなく，紡糸溶媒として酢酸などのより安価・安全な有機酸を使用可能にするという研究成果である[19]。Yuanらは2014年発行の論文の中で，通常市販のPEOよりも高分子量の超高分子量PEOをキトサンに少量添加するだけで，安定なジェット噴射が得られ，これを "stable jet electrospinning" と名づけている[20]。ジェット噴射の安定化は将来の大量製造にもつながる要素技術でもある。

Wuらは有機酸溶液から作成した紡糸直後のCS-ESNWに対し，可逆的アセチル化反応を用いて処理し，その後にキトサン分子と静電相互作用，また

3.7 CS-ESNW—関連研究・応用について

は部分的にエステル形成をしている有機酸溶媒分子を除去後，再度脱アセチル化処理を経て耐水性に優れた CS-ESNW を作成できると報告している[21]。Nada らはキトサンのアミノ基と 2-ニトロベンジルアルデヒドとのシッフ塩基形成反応を経て誘導体化すると，アミノ基の化学反応性抑制（保護）とTFA に対する溶解性が向上することを見いだした。誘導体 2-ニトロベンジルキトサン（NBCS）は同時に，光化学活性ケージド化合物でもあり，ES後に得られる NBCS-ESNW に光照射し，キトサンのアミノ基を再生することに成功した[22]。光化学開裂を経て再生した CS-ESNW を架橋処理する必要性はまだ残っているが，ヒト線維芽細胞との組織親和性において優れると報告している。

Mitra らは CS-ESNW の架橋不溶化・耐水化処理にしばしば用いられるグルタルアルデヒドの細胞・組織毒性に関する問題を低減するため，グルタルアルデヒドの代用として，グルタル酸の使用を検討している。結果として，グルタル酸のカルボキシル基とキトサンのアミノ基間の静電相互作用のほうが，生体材料としては安定・安全であると主張している[23]。他方で，そもそも水溶性の紡糸直後の CS-ESNW を市販のグルタルアルデヒド水溶液を用いて架橋不溶化すること自体に，手法上の不整合があるのではないかとも考えられる。

Haider らは種々のコレクタ形状の工夫により，ES 工程を経て，高度に配向したキトサン微細繊維の作成を行っている。キトサン微細繊維を回収するドラム型コレクタの回転速度を 22 m/s 程度まで早めると，ドラム回転方向に沿って配向したキトサン微細繊維が得られ，配向方向の分散は約± 20°であると報告している[24]。キトサン微細繊維を高度に配向させることの材料化学的利点は不明瞭であるが，要素技術として完備しておくことにはもちろん意義がある。Donius らは CS-ESNW の架橋不溶化処理において，ES 工程と連動した試みについて報告している。架橋剤としてエピクロルヒドリン，またはジカルボキシスルホネートを用い，これらを CS/TFA 溶液と混和した直後に紡糸工程を行い，その後コレクタ上に回収した ESNW を加熱または蒸気塩基を用いて処理して，CS-ESNW の架橋体を得ている[25]。架橋処理によって得られた ESNW の機械特性についても同論文に記載されているが，

単繊維力学特性の直接評価ではなく，ESNW の試験結果から単繊維にかかる応力などのパラメータを理論予測している。

Barber らの報告はエビ殻からイオン液体を用いて抽出したキチン（キトサンでなく）溶液を用いて，ES 工程により直接 CT-ESNW を作成するという挑戦的な試みである。本稿 3.1 節に記したように，イオン液体は ES 工程に不向きな媒質であり，しかも揮発性がほとんどない。そのためコレクタの金属板は水中に浸漬され，ESNW は空気と水の界面に回収されるという装置を用いている[26]。原理的には得られた CT-ESNW を脱アセチル化できれば，CS-ESNW に誘導できるが，上記の原著論文記載の ESNW の形態を見る限り，未だ予備的な段階であることは否定できない。CE-ESNW 作成に関する原著論文にも，イオン液体を媒質として用いる例[27,28]が散見されるが，筆者自身は ES 法の原理に基づき，このような強誘電性媒質を用いるアプローチに対しては懐疑的な見解を持っている。

3.7.2　CS-ESNW のヘルスケア関連応用研究

ヘルスケア関連応用研究に限定すると，研究目的の主なものは，(1) 細胞培養足場材料，(2) 創傷被覆・抗菌性材料，(3) 酵素などの生体触媒担持に大別される。(1) および (2) では，キトサン以外の天然・合成高分子の複合化に基づくアプローチが多く見られる。例えば，Xu らはクエン酸水溶液を用いてタンニン酸/キトサン／プルランの複合 ESNW を作成後，加熱処理によりクエン酸が高分子間を架橋する系とその抗菌作用を報告している[29]。この複合繊維は ES 工程で作成されたものではなく，Forcespinning という紡糸装置が用いられている。Forcespinning 装置の原理は「綿飴」機械と似ていて，装置中央には放射状配置された複数のノズルがあり，これらが高速回転しながら円周方向に微細繊維を噴射する。ES 工程とは違い，この方式であれば，紡糸原液における電解質有無にかかわりなく，ESNW 製造が可能である。イオン液体を紡糸溶液として用いることも，Forcespinning 装置であれば原理的に可能であろう。

Wang らは CS/PVA-ESNW を硝酸銀共存下において作成し，ES 工程の後に還元剤を用いる処理により，CS/PVA-ESNW の単繊維固体内に抗菌性の起

源となる銀ナノ粒子を生成する手法を報告している[30]。硝酸銀の還元反応は抗菌性材料を作成するためによく用いられ，これを微細繊維構造と組み合わせることにより比表面積を十分に活用可能である。Cheng らは CS：PEO ＝ 90：10 の複合 ESNW を作成し，これにフルオロキノリン系の抗菌物質を担持させ，組織適合性などの特性を報告している。溶媒は 90 ％酢酸であり，ES 後工程として気化させたグルタルアルデヒドによる架橋不溶化処理を行っている。*Staphylococcus* 属に対し顕著な抗菌効果が発揮されている[31]。2013 年以前に報告された CS-ESNW を含む材料の抗菌活性関連研究については，Ignatova らによる総説にまとめられている[32]。

Zhao らはキトサンをカイコのシルクタンパク質のひとつであるセリシンとブレンドした複合 ESNW の作成手法を記載している。キトサンとセリシンとの重量比は 1：1 から 4：1 として，ES 溶媒に TFA を用いている。化学処理による架橋不溶化は行っておらず，代わりに真空中 100 ℃において ESNW を乾燥すると，TFA に由来する C-F 伸縮振動が赤外スペクトル上から消失する。キトサン／セリシン複合 ESNW は創傷被覆剤として有用であるとしている[33]。Wang らは空気中に漂うホルムアルデヒド分子の検出に CS-ESNW を利用する研究成果を報告している。キトサンとドデシル硫酸ナトリウム（SDS）をブレンドし，90 ％酢酸を溶媒として ES 工程を実施している。SDS はキトサンのアミノ基を中和するだけでなく，ES 工程における電圧印可時には，微細液滴表面の絶縁層としても機能すると考えられる。水晶振動子マイクロバランス（QCM）センサー上に ESNW を作成し，ホルムアルデヒド補足用助剤としてポリエチレンイミン（PEI）を添加すると，5-185 ppm の感度まで達成できるとしている[34]。

3.8　おわりに─CS-ESNW の今後の展望

ES 法における最大の特徴とは，単繊維平均直径が 100 nm 以下の CS-ESNW を作成可能であるという視点で考慮すると，ナノスケール直径が材料仕様として求められる場合，ES 法を主体としたナノ繊維材料創出は誠に

相応しいアプローチとなる。他方で，300-500 nm 程度のサブマイクロスケールの微細繊維不織布創出の手段は ES だけではない。本稿でも，ultrasonic atomization–freezes casting 法および Forcespinning 装置などを用いる微細繊維研究を紹介した。これらは静電気を用いない紡糸方法であるので，ES 工程に適さない高分子電解質および溶媒などを活用できるという利点がある。CS-ESNW 研究の今後は，新規開発される微細繊維作成技術と適切に棲み分けながら，用途探索を行う道を取るべきではないか，とも考えられる。ESNW であるか否かではなく，キトサンでなければならない用途，かつ ESNW が持つサイズ面での利点を活用できる用途を探す，ということである。

　キチンおよびキトサンの高分子科学の発展に長く貢献してきた R. A. A. Muzzarelli は 2014 年発行の総説の最終節冒頭において，「近年の諸研究成果は，ヒト組織再生から微生物殺菌作用までの広い応用範囲にわたり，ナノサイズ加工技術が，キチンおよびキトサンの性能・特性を例外なく増強する，ということを示している[35]」と述べている。キチンでは天然産微結晶構造（nanofibrils）を取り出してナノ繊維を得る，いわゆるトップダウン型のアプローチが可能である。他方，キトサンでは溶液を原液とし，ES ほかの紡糸方法を経てナノ繊維を得るボトムアップ型のコンセプトが主流になる。ES はナノ＝ 100 nm 周囲のサイズに特化しながら，キトサンの持つ可能性をさらに広げていくと期待される。

《参考引用文献》
1) Reneker, D. H., and Hou, H.: Electrospinning, *Encyclopedia of Biomaterials and Biomedical Engineering*, 1, 543-550 (2004).
2) Lyons, J., and Ko, F. K.: Nanofibers, *Encyclopedia of Nanoscience and Nanotechnology*, 6, 727-738 (2004).
3) Huang, Z.-M., Zhang, Y. Z., Kotaki, M., and Ramakrishna, S.: A review on polymer nanofibers by electrospinning and their applications in nanocomposites, *Composites Science and Technology*, 63 (15), 2223-2253 (2003).
4) Formhals, A.: Method and apparatus for the production of fibers, *US Patent*, 2,123,992 (1938).
5) Ohkawa, K., Kim, H., Nishida, A., Yamamoto, H.: Electrospinning of chitosan, *Macromolecular Rapid Communication*, 25, 1600-1605 (2004).
6) Ohkawa, K., Minato, K.-I., Kumagai, G., Hayashi, S., and Yamamoto, H.: Chitosan

nanofiber, *Biomacromolecules*, 7 (11), 3291-3294 (2006).
7) Sangsanoh, P., and Supaphol, P.: Stability improvement of electrospun chitosan nanofibrous membranes in neutral or weak basic aqueous solutions. *Biomacromolecules*, 7 (10), 2710-2714 (2006).
8) Periasamy, V., Devarayan, K., Hachisu, M., Araki, J., and Ohkawa, K.: Chemical modifications of electrospun non-woven hydroxypropyl cellulose fabrics for immobilization of aminoacylase-i, *Journal of Fiber Bioengineering & Informatics*, 5 (2), 191-205 (2012).
9) Devarayan, K., Miyamoto, M., Hachisu, M., Araki, J., Periasamy, V., and Ohkawa, K.: Cationic derivative of electrospun non-woven cellulose-chitosan composite fabrics for immobilization of aminoacylase-i, *Textile Research Journal*, 83 (18), 1918-1925 (2013).
10) Devarayan, K., Hanaoka, H., Hachisu, M., Araki, J., Ohguchi, M., Behera, B. K., and Ohkawa, K.: Direct electrospinning of cellulose-chitosan composite nanofiber. *Macromolecular Materials and Engineering*, 298 (10), 1059-1064 (2013).
11) Du, J., and Hsieh, Y.-L.: Cellulose / chitosan hybrid nanofibers from electrospinning of their ester derivatives, *Cellulose*, 16 (2), 247-260 (2009).
12) Salihu, G., Goswami, P., and Russell, S.: Hybrid electrospun nonwovens from chitosan / cellulose acetate, *Cellulose*, 19 (3), 739-749 (2012).
13) Ohkawa, K., Hayashi, S., Nishida, A., Yamamoto, H., and Ducreux, J.: Preparation of pure cellulose nanofiber via electrospinning, *Textile Research Journal*, 79 (15), 1396-1401 (2009).
14) Min, B.-M., Lee, S. W., Lim, J. N., You, Y., Lee, T. S., Kang, P. H., and Park, W. H.: Chitin and chitosan nanofibers, Electrospinning of chitin and deacetylation of chitin nanofibers, *Polymer*, 45 (21), 7137-7142 (2004).
15) Geng, X. Y., Kwon, O. H., and Jang, J. H.: Electrospinning of chitosan dissolved in concentrated acetic acid solution, *Biomaterials*, 26 (27), 5427-5432 (2005).
16) Vrieze, S. D., Westbroek, P., Camp, T. V., and Langenhove, L. V.: Electrospinning of chitosan nanofibrous structures, Feasibility study, *Journal of Materials Science*, 42 (19), 8029-8034 (2007).
17) Wang, Y. H., and Wakisaka, M.: Chitosan nanofibers fabricated by combined ultrasonic atomization and freeze casting, *Carbohydrate Polymers*, 122, 18-25 (2015).
18) Norowski, P. A., Fujiwara, T., Clem, W. C., Adatrow, P. C., Eckstein, E. C., Haggard, W. O., and Bumgardner, J. D.: Novel naturally crosslinked electrospun nanofibrous chitosan mats for guided bone regeneration membranes, Material characterization and cytocompatibility, *Journal of Tissue Engineering and Regenerative Medicine*, 9 (5), 577-583 (2015).
19) Burns, N. A., Burroughs, M. C., Gracz, H., Pritchard, C. Q., Brozena, A. H., Willoughby, J., and Khan, S. A.: Cyclodextrin facilitated electrospun chitosan nanofibers, *Rsc Advances*, 5 (10), 7131-7137 (2015).
20) Yuan, H. H., Tu, H. B., Li, B. Y., Li, Q., and Zhang, Y. Z.: Aligned ultrafine chitosan fibers

from stable jet electrospinning, *Acta Polymerica Sinica*, (1), 131-140 (2014).
21) Wu, C. X., Su, H. J., Tang, S. Q., and Bumgardner, J. D.: The stabilization of electrospun chitosan nanofibers by reversible acylation, *Cellulose*, 21 (4), 2549-2556 (2014).
22) Nada, A. A., James, R., Shelke, N. B., Harmon, M. D., Awad, H. M., Nagarale, R. K., and Kumbar, S. G.: A smart methodology to fabricate electrospun chitosan nanofiber matrices for regenerative engineering applications, *Polymers for Advanced Technologies*, 25 (5), 507-515 (2014).
23) Mitra, T., Sailakshmi, G., and Gnanamani, A.: Could glutaric acid (ga) replace glutaraldehyde in the preparation of biocompatible biopolymers with high mechanical and thermal properties?, *Journal of Chemical Sciences*, 126 (1), 127-140 (2014).
24) Haider, S., Al-Zeghayer, Y., Ali, F.a.A., Haider, A., Mahmood, A., Al-Masry, W. A., Imran, M., and Aijaz, M. O.: Highly aligned narrow diameter chitosan electrospun nanofibers, *Journal of Polymer Research*, 20 (4), (2013).
25) Donius, A. E., Kiechel, M. A., Schauer, C. L., and Wegst, U.G.K.: New crosslinkers for electrospun chitosan fibre mats, Part ii: Mechanical properties. *Journal of the Royal Society Interface*, 10 (81), (2013).
26) Barber, P. S., Griggs, C. S., Bonner, J. R., and Rogers, R. D.: Electrospinning of chitin nanofibers directly from an ionic liquid extract of shrimp shells, *Green Chemistry*, 15 (3), 601-607 (2013).
27) Linda Hardelin, J. T., Perzon, E., Westman, G., Walkenstrom, P., Gatenholm, P.: Electrospinning of cellulose nanofibers from ionic liquids, The effect of different cosolvents, *Journal of Applied Polymer Science*, 125, 1901–1909 (2012).
28) Park, Y.J.J. T.-J., Choi, S.-W., Park, H., Kim, H., Kim, E., Lee, S. H., Kim, J. H.: Native chitosan/cellulose composite fibers from an ionic liquid via electrospinning, *Macromolecular Research*, 19 (3), 213–215 (2011).
29) Xu, F. H., Weng, B. C., Gilkerson, R., Materon, L. A., and Lozano, K.: Development of tannic acid/chitosan/pullulan composite nanofibers from aqueous solution for potential applications as wound dressing, *Carbohydrate Polymers*, 115, 16-24 (2015).
30) Wang, X. L., Cheng, F., Gao, J., and Wang, L.: Antibacterial wound dressing from chitosan/polyethylene oxide nanofibers mats embedded with silver nanoparticles, *Journal of Biomaterials Applications*, 29 (8), 1086-1095 (2015).
31) F. Cheng, J. Gao, L. Wang, and X.Y. Hu: Composite chitosan/poly (ethylene oxide) electrospun nanofibrous mats as novel wound dressing matrixes for the controlled release of drugs, *Journal of Applied Polymer Science*, 132 (24), (2015).
32) Ignatova, M., Manolova, N., and Rashkov, I.: Electrospun antibacterial chitosan-based fibers, *Macromolecular Bioscience*, 13 (7), 860-872 (2013).
33) Zhao, R., Li, X., Sun, B. L., Zhang, Y., Zhang, D. W., Tang, Z. H., Chen, X. S., and Wang, C.: Electrospun chitosan/sericin composite nanofibers with antibacterial property as potential wound dressings, *International Journal of Biological Macromolecules*, 68, 92-97 (2014).

34) Wang, N., Wang, X. F., Jia, Y. T., Li, X. Q., Yu, J. Y., and Ding, B.: Electrospun nanofibrous chitosan membranes modified with polyethyleneimine for formaldehyde detection, *Carbohydrate Polymers*, 108, 192-199 (2014).
35) Muzzarelli, R.A.A., El Mehtedi, M., and Mattioli-Belmonte, M.: Emerging biomedical applications of nano-chitins and nano-chitosans obtained via advanced eco-friendly technologies from marine resources, *Marine Drugs*, 12 (11), 5468-5502 (2014).

第4章
電界紡糸法による高分子量キトサン単一成分ナノファイバー

4.1 はじめに

4.1.1 電界紡糸

　章題のとおり，本章の趣旨は電界紡糸（エレクトロスピニング）法であるため，まずは電界紡糸法について説明をしなければならないが，他章にも電界紡糸に関する話題が含まれているため，ここでは簡単な紹介にとどめたい。電界紡糸法は溶液紡糸の一種で，ポリマー溶液から溶媒を揮発させることにより，溶質ポリマーを繊維状に析出させる紡糸法である。溶融紡糸や湿式紡糸に分類すべき電界紡糸法もあるが，ここでは一般的な電界紡糸法として認識されている乾式電界紡糸についてのみ取り扱う。

　電界紡糸法ではシリンジニードルのような細い口金からポリマー溶液を押し出しながら，溶液に数 kV〜数十 kV 程度の高電圧を印加する（図 4.1）。このとき，溶液表面に誘起された静電反発力が溶液の表面張力を上回ると，直ちに溶液が口金から噴出される。帯電して噴出された溶液は静電反発力によって延伸されながら飛行し，溶媒の揮発によって析出，固化した後，接地されたコレクタ上に捕集される。適当な条件で電界紡糸を行うと，簡易的な自作装置であっても，ナノファイバーを作製することができる。そのため，2000 年ごろから世界中の研究室に普及し，多種多様な高分子ナノファイバーが作製されてきた。しかしながら，上記のように瞬間的に連続した複数の現象の均衡により成立する紡糸法であるため，高分子の性質によっては繊維形成に至らない場合がある。正にキトサンがそれである。後述するように，電

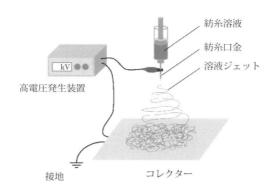

図 4.1　電界紡糸装置の概略図

界紡糸法でキトサンナノファイバーを作製するために，さまざまな方法が提案されてきた。

4.1.2　ナノファイバー

断りなくナノファイバーという単語を使用したが，日本工業規格（JIS）では，ナノファイバーとは「二つの次元の外形寸法があまり違わず，かつ，およそ 1〜100 nm の寸法の範囲にあり，残る一つの次元の外形寸法がそれらより著しく大きいナノ物体」であるとしている[1]。簡略的に表せば，直径がおよそ 100 nm 以下の繊維をナノファイバーというとのことである。このように日本工業標準調査会をはじめ，国際標準化機構，米国材料試験協会，欧州委員会，経済協力開発機構などが世界中でナノマテリアルの標準化を進めている。標準化を主導することによる利益もさることながら，ナノマテリアルの特性，つまり，従来サイズの材料の物性を単にナノスケールへ外挿するだけでは発現し得ない特性が，大きな利益を生み出すと期待しているためである。本書の第一編にはナノファイバーを主題とした章が多数編纂されているため，ナノファイバーに期待される機能性などについては，重複を避けるために割愛する。

4.1.3　高分子量キトサン

　マイクロファイバーに関する知見をナノファイバーへ無条件に適用することには注意を要するが，一般に繊維の材料物性は分子量に比例すると理解されている。理論上の究極の引張強さは，繊維の両端が共有結合でつながった繊維により達成されるはずであり，分子鎖末端は繊維構造の欠陥として働いてしまうためである[2]。引張弾性率に関しては，分子鎖の回転半径との関係が報告されている[3]。このように，ポリマーの分子量は得られる繊維の物性に少なからず影響を及ぼす。

　先述のとおり，電界紡糸プロセス中でポリマー溶液は延伸される。条件にもよろうが，最終的な延伸倍率は数万倍以上に達するとの研究もある[4-6]。当然ながら延伸倍率が高ければ，得られる繊維は細くなる。超高分子量ポリエチレンの固体テープの引張強度は延伸倍率に比例し，最大延伸倍率は分子量に比例すると報告されている[7]。他方，超高分子量ポリエチレンのゲル紡糸についての知見からもわかるとおり，高分子量ポリマーの高倍率延伸物であるほど繊維構造は発達する[8,9]。電界紡糸法により作製されたポリエチレンの単繊維の構造解析では，繊維径が細くなると繊維構造が高度に発達するとの報告がなされている[10,11]。繊維径と繊維構造の発達度合との関係性は，ポリマーの種類によって異なると考えられるが，繊維径の細化が繊維構造を発達させるのは普遍的であろう。これらの知見に鑑みるに，理論上は高分子量ポリマーほど高倍率に延伸することができ，繊維径をより細くできる可能性がある。そして，繊維径を細くするほど繊維構造は発達し，力学的な諸物性が向上する可能性がある。したがって，より高分子量のキトサンを用いて作製されたナノファイバーは，機能性材料としての適用範囲が広がると期待される。

　本章では，電界紡糸法によって高分子量キトサンナノファイバーをいかに作製するかという観点から研究事例を紹介した後，著者らの提案したカソード電界紡糸法の効果について説明する。高分子量ポリマーと低分子量ポリマーとを分ける閾値は明確には定義されていない。異論もあろうかと思うが，本章では市販製品や関連論文などに倣い，平均分子量 1×10^6 以上のものを

高分子量キトサンとする。

4.2 単一成分での電界紡糸

4.2.1 なぜキトサンの電界紡糸は難しいのか

　キトサンを特徴づける最たる性質は分子鎖に無数の解離基を持つ高分子電解質性である。キトサンは酢酸（酸解離定数 pKa＝4.76）などの酸性溶液に溶解すると、ピラノース環の2位に位置する一級アミノ基（pK_0＝6.0 [12]）がほぼすべてイオン化したポリカチオンとなる。キトサンの高分子電解質性は粘着性 [13] などを発揮する一方で、実は電界紡糸を難しくする要因でもある。イオン化したアミノ基が分子鎖に沿って無数に存在するために、互いに静電反発し合って分子鎖が広がり、キトサン溶液のレオロジー的性質を電荷を持たない中性高分子のそれとは異なるものにしている [14]。

　ここで、絡み合いの臨界分子量以上の分子量を持つポリマーの溶液粘性について考える。粘度‐濃度曲線は高分子鎖が互いに接触しはじめる c^* と、準希薄溶液で絡み合いの効果が発現しはじめる濃度 c_e [15]（c^{**} と同じ）で屈曲する（図4.2）。電界紡糸法によって欠陥のない繊維を作製するためには、c_e の2.6倍以上の濃度が必要であるといわれている [16]。他方、ポリマー溶液を噴出させて引き伸ばすための静電反発力には実現可能な上限があるため、ポリマー溶液の粘度はある上限値 η_{limit} 以下でなければならない。つまり、

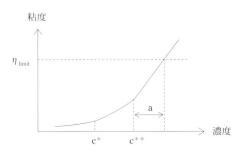

図4.2　ポリマーの粘度対濃度曲線

濃度範囲 a の溶液を用いれば，電界紡糸法で繊維を作製することができる。

キトサンなどの高分子電解質でも，粘度‐濃度曲線を書くことかできる。ただし，分子鎖の広がりや分子鎖間の相互作用によって，中性高分子の場合よりも曲線の勾配は大きくなる。では，中性高分子と同じ考え方に基づいて，濃度範囲 a の紡糸溶液を調製すれば，繊維が作製できるのであろうか。残念ながらこの濃度条件を満たすだけでは，必ずしも紡糸は可能にはならない。分子鎖間の相互作用が強いことと，半屈曲性の性質が繊維形成に必要な適度な絡み合いを制限するといった諸要因によると，一般にいわれている。キトサンは分子鎖間の相互作用の強い高分子として知られており，溶液中での会合体形成に関する研究は数多く報告されている[17,18]。c^* 以上で形成される会合体は塩，尿素，エタノールの添加や，加熱に対して比較的安定しているため，疎水性相互作用や水素結合以外の結合力の関与も議論されている[19]。また，緩和時間の濃度依存性が高いことはこの相互作用の強さに起因する[20]。このように，キトサン溶液のレオロジー的性質はキトサン濃度，脱アセチル化度（DDA）とその解離度によって大きく変化し，その変化の度合いには溶媒の誘電率，イオン強度，温度などの影響も反映される。これら複数の要因が複雑に作用しあい，キトサンの電界紡糸を難しくしている。

4.2.2　単一成分での紡糸の事例

前述のとおり，溶媒の性質は溶解したポリマーのコンフォメーションやポリマー間の相互作用に影響し，ポリマー溶液のレオロジー的性質を変化させる。ここでは，適切な溶媒の選択よって，キトサンの電界紡糸性能を改善した事例を紹介する。キトサン単一成分の電界紡糸では，溶媒にトリフルオロ酢酸（TFA）を用いる方法[21]と濃厚酢酸水溶液を用いる方法[22]でナノファイバー化が達成されている。

前者は大川ら[21]によって初めて報告され，高分子量キトサン（粘度平均分子量 $Mv=1.8×10^6$，DDA＝記載なし）を用いて，平均直径 60 ± 22 nm という非常に細い繊維の紡糸に成功している[23]。しかしながら，得られた繊維を生体材料あるいは環境適応材料として利用する場合や，生産プロセスの安全面とコスト面を勘案すれば，有害あるいは高価な有機溶媒の使用は最

小限にとどめたい。TFA はキトサンと塩を形成し[24]，得られた繊維は水溶性となるといった報告[25]もある。水との接触が避けられない生体材料としての使用を考える場合には，紡糸後に架橋するなどの後処理が必要になる[26]。また，TFA を用いて電界紡糸されたキトサン繊維の脱塩には，炭酸ナトリウムの飽和水溶液が有効であるとの知見が報告されている[25]。

　濃厚酢酸水溶液がキトサンの電界紡糸に有効であることは，Geng ら[22]によって報告された。彼らもまた平均直径 100 nm のナノファイバーの紡糸に成功しているが，適用可能なキトサンに制限があるようである。彼らによると，比較的低分子量かつ低 DDA（$Mv=1.06\times10^5$，DDA＝54 %）の場合には欠陥のないナノファイバーが得られたが，中程度の分子量（$Mv=3.98\times10^5$）ではビーズファイバーとなった。一方，Klossner らは $M=1.48\sim6.00\times10^5$，DDA＝75〜85 % のキトサンでは繊維は得られなかったと報告している[27]。DDA＜80 % 程度でポリカチオン性の性質が弱まるという研究報告もあり，酢酸による電界紡糸の可否に関係している可能性がある[28]。同様に，濃厚酢酸水溶液によってキトサンの電界紡糸を試みた論文はあるが，高分子量キトサン（$Mv=1.4\times10^6$，DDA＝80 %[29]；$Mv=1.095\times10^6$，DDA＝75〜85 %[30]）への適用は難しいようである。

　濃厚酢酸水溶液を溶媒として用いる場合，酢酸の濃度，キトサンの分子量と DDA によって，適用範囲が制限されるようである。しかし，ある条件を満たせば，紡糸が可能となることは事実である。Geng ら[22]は，酢酸濃度の上昇に伴って，キトサン溶液の表面張力が低下するため，紡糸可能となったと考察している。一方，Burns ら[31]は酢酸濃度の上昇（10 %→90 %）に伴って c^* が低下（1.8→1.3 wt%）すること，つまり，キトサン分子鎖同士の相互作用が強まることを報告している。これらの知見が示唆するとおり，溶媒がポリマーの性質に作用することによって，限定的ではあるが紡糸が可能になることがある。また，TFA を溶媒として用いる場合，大川ら[23]は広い分子量範囲（$Mv=21\sim180\times10^4$）のキトサンに対して適用可能であることを示したが，Desai ら[32]は 50 % TFA ではキトサン単一成分（$Mw=1.0\times10^5\sim1.4\times10^6$，DDA＝67，70，80 %）での繊維化ができなかったと報告している。酢酸の場合と同様に，溶媒の性質によって溶液中のキトサンの性

質が変化したためと推察される。

　ポリエチレンオキシド（PEO）などの中性屈曲性ポリマーでは，紡糸溶液中での分子鎖同士の重なり度合や絡み合い数と，紡糸結果とを単純に関連付けることができる。一方で，多くの研究事例が示すとおり，キトサン溶液の性質はキトサン自体の性質（分子量やDDA）と，溶媒の性質との組み合わせに大きく左右される。さらに，キトサン溶液の性質は高電圧を印加することによっても変化する可能性がある。このことについては4.4節で述べるが，キトサンの電界紡糸が簡単ではないことは，ご理解いただけたのではなかろうか。

4.3　複数成分での電界紡糸

　前節では，単一成分ナノファイバーを作製するための紡糸溶液は満たすべき必要条件の許容範囲が決して広くはなく，ある程度の制限を伴うことについて述べた。この節では，それよりもやや適用範囲の広い十分条件，すなわち，電界紡糸キトサンファイバーであるといえる繊維を得るための方法について，いくつかの研究事例を紹介する。

4.3.1　ブレンド紡糸

　PEOやポリビニルアルコール（PVA）といった易紡糸性の第二成分を添加することは，キトサンの電界紡糸性能を改善する手段として簡便かつ有効である[33,34]。これらの添加剤はいずれも水素結合を介してキトサンと相互作用することが報告されている[33,35]。超高分子量PEO（5×10^6）をキトサン（M＝記載なし，DDA＞85％）の酢酸／ジメチルスルホキシド溶液へ添加した場合に，溶質中の5％にあたる添加量で直径60〜100 nmの繊維が紡糸されたことから考察すると，水素結合による相互作用と分子鎖同士の絡み合いが相まって，糸条の連続性が確保されるものと推察される[36]。他方，ポリアニオン性の高分子電解質であるポリメタクリル酸を添加する場合，比較的低分子量（$Mn=7.95 \times 10^4$）であってもキトサン（$Mn=2.0 \times 10^5$，DDA＝

95％）の電界紡糸性能が改善されることから，分子鎖の絡み合いが乏しくてもイオン性相互作用が十分に発現されれば，紡糸は可能になるといえる[37]。また，ヒドロキシプロピル-β-シクロデキストリンの添加によっても，キトサン（M＝記載なし，DDA＝75〜85％）の電界紡糸性能が改善されることは非常に興味深い[31]。

添加剤によって紡糸性能が劇的に改善される一方で，得られた繊維は必然的に複数成分を含有しているため，最終的な利用用途によっては添加剤の除去や架橋などの後処理が必要となる[38]。また，添加剤を除去することにより，多孔性繊維が得られるとの論文もある（図 4.3）[34]。

4.3.2 芯鞘紡糸

二種類の異なる材料を同軸ノズルから吐出する，いわゆる，芯鞘紡糸法により，キトサン繊維を紡糸する研究も報告されている（Mw＝8.5×10^4，DDA＝97.5％[39]；Mv＝1.48×10^5，DDA＝82％[40]）。ブレンド紡糸と同様に，最終用途によっては第二成分の除去が必要となり，結果的に中空繊維になることがある[39]。電界紡糸法によって作製されたナノファイバーの構造解析の結果から，繊維構造の発達度合には繊

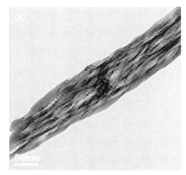
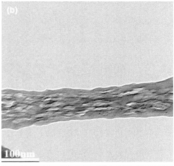
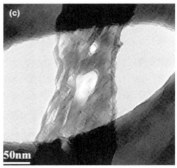

図4.3 キトサン／ポリビニルアルコール（PVA）のブレンド紡糸によって作製されたポーラスファイバーの透過型電子顕微鏡（TEM）観察像[34]，水酸化ナトリウム処理によってPVAを除去した後の繊維 (a) 繊維軸方向へ連続した溝構造 (b) ポーラス構造 (c) 貫通構造

維径依存性が認められるものの，繊維の中心付近（芯）の分子鎖よりも繊維の表面近傍（鞘）のほうが分子鎖の配向が進んでおり，構造が発達している[3]。つまり，鞘成分をキトサンとした場合には，比較的分子配向の進んだ中空繊維が得られる可能性があり，一方，芯成分をキトサンとした場合には，繊維構造が未発達で力学的物性の低い，易分解性の繊維が作製できる可能性が考えられる。（図4.4）[40]。

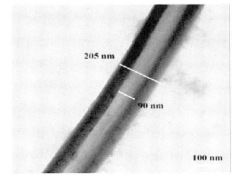

図4.4 キトサン／ポリエチレンオキシド（PEO）芯鞘紡糸によって作製されたキトサンホローファイバーの TEM 観察像[33]，芯成分（PEO）は除去されている

4.4　高分子量キトサンのカソード電界紡糸

　この節では，我々が提案した高分子量キトサンの電界紡糸について述べる。電界紡糸法で一般的に用いられるのは正極性の高電圧であるが，ここでは負極性の高電圧を用いている。電界紡糸での複雑で瞬間的な繊維形成メカニズムの中で，キトサンの電気化学的性質を利用する電界紡糸技術である。

　後述するように，正電圧と負電圧とを比較する研究論文はいくつか報告されているが，正電圧に対する負電圧の優位性を説いたものは筆者らの知る限りにおいて例がない。また，紡糸溶液中に溶解しているポリマーの性質が，高電圧の印加によって受ける影響を議論している研究論文もまた報告されていない。そのため，ここで紹介する結果と，それに至る原理を理解するための知見が十分であるとは言い難い。もしかすると本書の趣旨とはいくらか趣を異にする可能性もあるため，あらかじめ申し添えておくが，本節で紹介する技術を直接産業的に利用することは，おそらくは難しいであろう。しかし，電界紡糸法によってキトサンナノファイバーを作製することを目的としたときの，方法論の中の一つにはなり得るはずである。

4.4.1 電界紡糸における電圧極性の影響

数多ある電界紡糸法に関する学術論文では，紡糸溶液への印加電圧として正極の電圧を選択し，コレクタを接地しているものがほとんどである（図 4.5 (a)）。しかし，印加電圧の極性の影響に関する研究はいくつか報告されている。大別して，紡糸溶液に負電圧を印加する場合の影響をみるものと（図 4.5 (b)）[41,42]，正電圧をコレクタに印加する影響を調べているものがある（図 4.5 (c)）[43,44]。いずれ場合でも，紡糸溶液に正電圧を印加する標準的な方法（a）と比較して，得られる繊維の直径は太くなる傾向がある。電気物理的には，正電圧より負電圧のほうがコロナ放電の発生電圧が低く，負電圧の電界紡糸実験では明らかにオゾン臭が強くなる。紡糸溶液に与えられた電荷はその静電反発によって溶液を延伸する役割を担っているが，正電荷（正イオン）よりも移動性の高い負電荷（負イオンと電子）は紡糸雰囲気の水蒸気などに

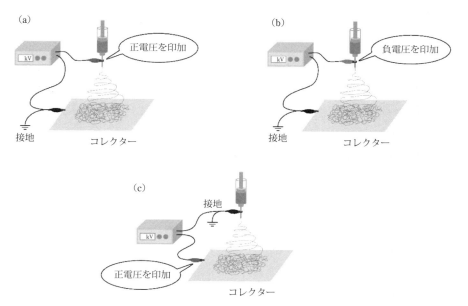

図 4.5 電界紡糸法における電圧印加位置
(a) 紡糸溶液に正電圧を印加する配置 (b) 紡糸溶液に負電圧を印加する配置
(c) コレクタに正電圧を印加する配置

よっても消失しやすい。つまり，紡糸に関してエネルギー効率が悪いといえる。また，コレクタに正電圧を印加する場合（図 4.5（c））は，紡糸溶液以外の周囲にも負電圧がかかるため効率は決して高くはなく，より高い電圧を印加しなければならない。得られた繊維の平均径が大きくなるのはこれら諸要因が複合的に作用した結果であろう。

4.4.2　高分子量キトサンのカソード電界紡糸

ここでは，紡糸溶液に正電圧を印加する系と負電圧を印加する系とを区別するため，便宜上，それぞれをアノード電界紡糸とカソード電界紡糸と定義する。

高分子量キトサン（$Mv=1.0\times10^6$，DDA＝80～90 %）を 90 %酢酸水溶液に溶解して調製した紡糸溶液を用いて，アノード電界紡糸とカソード電界紡糸とを行った[45]。

図 4.6 はアノード電界紡糸実験の結果である[45]。紡糸溶液濃度 3.0 mg/ml では主に粒子が形成され，濃度を 4.0 mg/ml まで上げると紡錘形に引き伸ばされた析出物が観察されはじめる。さらに溶液濃度を上げると，粒子の形成は抑制されてビーズファイバーが出現しはじめる。しかしながら，この実験

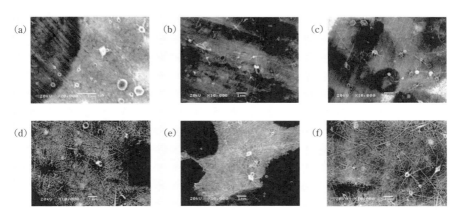

図 4.6　アノード電界紡糸キトサンの走査型電子顕微鏡（SEM）観察像[45]
　　　　紡糸溶液濃度（a）3.0 mg/ml（b）4.0 mg/ml（c）5.0 mg/ml（d）6.0 mg/ml
　　　　（e）8.0 mg/ml（f）10.0 mg/ml。印加電圧はすべて＋16 kV

系では粒子と繊維が共存しており，欠陥のない繊維を得ることはできなかった。

一方，図4.7はカソード電界紡糸実験の結果である[45]。溶液濃度が低い場合は，アノード電界紡糸の結果と同様の傾向であったが，溶液濃度を8.0 mg/mlまで上昇させたときに欠陥のない繊維が形成された。このときの平均繊維径は78 nmであった。また，溶液濃度10 mg/mlのときの平均繊維径は77 nmあった。

図4.8は溶液濃度の8.0 mg/mlに固定して，負電圧を変化させた場合の紡糸結果について示している[45]。印加電圧が－12 kVより小さい場合と，－18 kVより大きい場合にはビーズ繊維であったが，－14から－16 kVの間で欠陥のない繊維が得られた。印加電圧－14 kVの場合に得られた繊維の平均直径は73 nmであった。溶液濃度10 mg/mlの場合には，印加電圧－16 kVと－20 kVのときに欠陥のない繊維が形成された。

これらの紡糸実験により，ある狭い条件範囲ではあるが，カソード電界紡糸によって高分子量キトサンの電界紡糸が可能となることが示された。

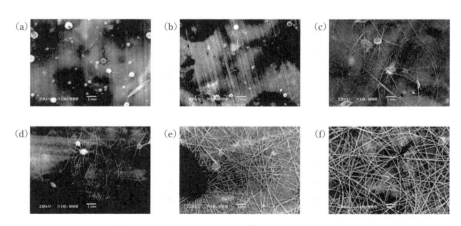

図4.7 カソード電界紡糸キトサンのSEM観察像[45]
紡糸溶液濃度（a）3.0 mg/ml（b）4.0 mg/ml（c）5.0 mg/ml（d）6.0 mg/ml（e）8.0 mg/ml（f）10.0 mg/ml。印加電圧はすべて－16 kV

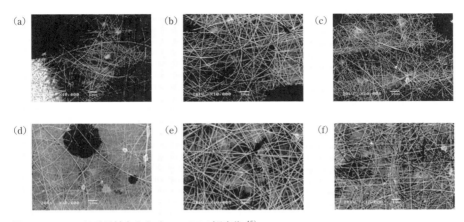

図4.8 カソード電界紡糸キトサンのSEM観察像[45]
紡糸溶液濃度 (a)-(d) 8.0 mg/ml (e)(f) 10.0 mg/ml
印加電圧(a) −12 kV (b) −14 kV (c) −18 kV (d) −20 kV (e) −16 kV (f) −20 kV

4.4.3 繊維形成メカニズム

電界紡糸では，紡糸口金から吐出されたポリマー溶液はある適当な条件下では円錐形(テーラーコーン)に変形し，その先端からポリマー溶液のジェットが噴出される。このとき，溶液のポリマー濃度や印加電圧がある条件を満たしていなければ，テーラーコーンは形成されず，紡糸口金先端から溶液がスプレーされるか，液滴が垂れ落ちることになる。

我々が実施したすべてのアノード電界紡糸では，ニードル先端からはマルチジェットが噴射された（図4.9 (a)）[45]。一方，あるカソード電界紡糸条件では，テーラーコーンの先端から一本のジェットが噴射される様子が観察された（図4.9 (b)）[45]。液滴表面での静電反発力が溶液の表面張力を超えたときに

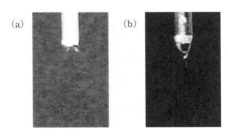

図4.9 紡糸口金先端でのキトサン溶液の様子[45]
(a) ＋14 kVを印加したアノード紡糸
(b) −14 kVを印加したカソード紡糸
いずれも紡糸溶液濃度は8.0 mg/ml

ジェットが噴出する。このとき，諸条件が適当であればテーラーコーンが形成されるが，前者が後者を大きく上回ると液滴は破裂し，マルチジェットが噴出される。ニードル先端の観察結果から，異なる電圧極性は溶液の性質に異なる影響を及ぼしたことがうかがえる。

では，具体的にはどのように異なる影響が生じたのであろうか。まず，キトサンの電気化学的性質について考察する。キトサンは2位の一級アミノ基がプロトン化されることによって，酢酸などの酸性溶液に溶解する。そして，プロトン化したアミノ基が中和されて脱プロトン化すると，たとえ酸性溶液中であってもキトサンは不溶化して析出する。この脱プロトン化による析出を利用することによって，キトサンの酸性溶液に浸漬した負電極表面にキトサンゲルを析出させることできる（$M=3.7\times10^5$，$DDA=85\%$ [46]）。負電極表面から溶液中へ pH 勾配が形成され，クーロン力で負電極近傍に接近したキトサンが，ある閾値よりも大きい pH 領域に侵入すると不溶化されて析出することになる（図4.10）。カソード電界紡糸の場合，絶対値が数 kV 以上

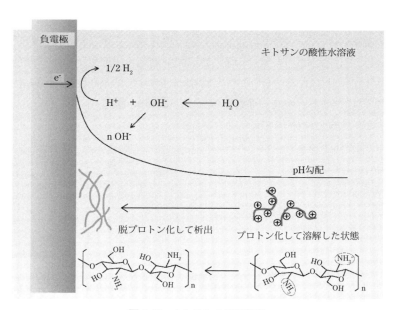

図4.10 キトサンの電界析出

4.4 高分子量キトサンのカソード電界紡糸

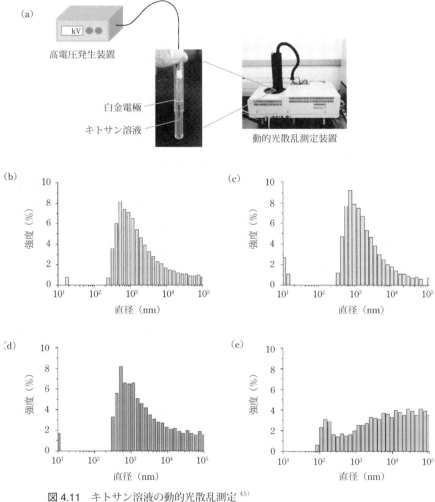

図 4.11 キトサン溶液の動的光散乱測定[45]
(a) プラチナ電極を挿入したキトサン溶液 (b)(c) 電圧印加前
(d) ＋16 kV 印加 (e) －16 kV 印加

の非常に大きな負電圧を印加するため,脱プロトン化作用は負電極表面から離れた位置にまで達する。キトサンの脱プロトン化,つまり,中性化は分子鎖間の静電反発を抑制して相互作用を強めると予想される。会合体の形成メカニズムには議論の余地があるかも知れないが,塩を添加することによるポ

リカチオン性の遮蔽は，疎水性相互作用による会合体の形成を助長することから[19]，負電圧印加による中性化効果は会合体の形成を促進すると期待される。

この仮説の妥当性を確認するために，キトサン溶液に高電圧を印加して動的光散乱測定を行った（**図 4.11**）[45]。ただし，解析が複雑になることを避けるために，電界紡糸に用いた準希薄溶液ではなく，希薄溶液を測定に供した。正電圧を印加した状態での測定では，印加前の粒径分布からほとんど変化は見られなかった。対照的に，負電圧を印加した状態での測定では，粒径分布に大きな変化が認められた。100 nm 付近の分布が減り，大きな粒径の粒子の増加を示す分布へと変化した。これは負電圧の印加によって，溶解状態のキトサン分子鎖の凝集が進んだこと，すなわち，キトサン分子鎖同士の相互作用が強められたことを示唆している（**図 4.12**）[45]。相互作用点は物理的な絡み合い点のように働き，ポリマーネットワークを形成する。この作

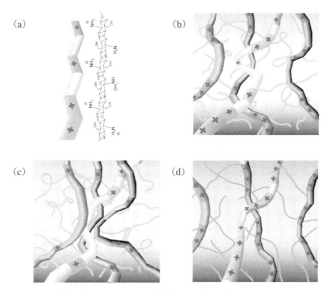

図 4.12 印加電圧による分子鎖凝集の概念図[45]
（a）キトサン分子鎖の模式図 （b）酸性溶液中のキトサン分子鎖の様子 （c）負電圧を印加したときの分子鎖の様子 （d）正電圧を印加したときの分子鎖の様子

用は溶液の粘性を高め，マルチジェットの発生を抑制するであろう。他方，正電圧の印加はプロトン化を促進し，分子鎖間の静電反発を強めると考えられる。分子鎖間の静電反発が強まることは溶液の変形性を高め，結果としてマルチジェットを発生しやすくすると考えられる。DLSの測定結果はこれらの作業仮説を支持するのではなかろうか。

それでは，負電圧の印加によって分子鎖間の相互作用が強まることは，繊維形成にどのような影響を及ぼすのであろうか。紡糸溶液中での分子鎖の重なり度合いは紡糸結果を支配する重要なファクターであり，Berry numberを用いて簡便に評価することができる[47]。

$$B_e = c[\eta] \tag{式1}$$

アノード電界紡糸による先行論文[22,48]のBerry numberを試算したところ，およそ$B_e = 15 \sim 23$の値であった。一方，本節で実施したカソード電界紡糸では，それよりもやや小さい値（$B_e > 13$）であった。Berry numberから予想されるとおり，アノード電界紡糸（先行論文と同じ電圧極性）ではビーズ繊維になったことは，溶液中での分子鎖の重なり度合いが不十分であったためと解釈できる。それにも関らず，カソード電界紡糸では紡糸可能であったということは，分子鎖間の相互作用が強められたからに他ならない。分子鎖間の絡み合い数（entanglement number, n_e）は，紡糸結果に影響を及ぼすことが示されている[49]。

$$n_e = \phi M_w / M_e \tag{式2}$$

ここで，ϕはポリマーの体積分率，M_wは分子量，M_eは絡み合い点間分子量である。n_eが増加するにしたがって紡糸性は向上する。カソード電界紡糸とアノード電界紡糸の結果から，それぞれの絡み合い数の大きさは

$$n_e^N > n_e^P \tag{式3}$$

と表現することができる。ここで，n_e^Nとn_e^Pはそれぞれ負電圧と正電圧を印加した溶液中での絡み合い数である。つまり，負電圧を印加した場合の分子鎖間の相互作用は，正電圧を印加した場合よりも多いあるいは強い，と考

えなければ，紡糸結果の差異を説明することができない。そして，この仮説もまた DLS 測定の結果に支持される。これらのことより，負極性の高電圧を印加することにより，溶解状態のキトサンは一部脱プロトン化して分子鎖間の相互作用を強め，ある適当な条件を満たしたとき電界紡糸が可能となると考えられる。

4.4.4　吸着実験

ナノファイバーという材料形態の持つ大きな利点の一つに，広大な比表面積が挙げられる。この項では，キトサンナノナノファイバーの比表面積の広さを実証するために行った吸着試験の結果を説明する[45]。

カソード電界紡糸法によって作製したキトサンナノファイバー不織布への，アニオン染料の吸着速度を測定した結果を図 4.13 に示す。図中には比較のために，材料として用いたキトサンフレークに対して同様の試験を行った結果も併記している。キトサンナノファイバー不織布の吸着速度は非常に高く，試験開始直後は 9.00×10^{-5} mg/mg/s と試算され，吸着量は試験開始後 4 時間でおよそ平衡に達した。一方，フレーク状のキトサンでは吸着速度は 5.38×10^{-7} mg/mg/s となり，24 時間後でも平衡には達しなかった。この試験では，染料の寿命により最大吸着量の測定には至らなかったが，ナノファイ

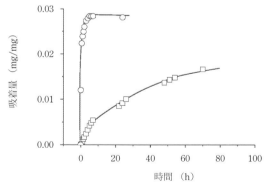

図 4.13　キトサンナノファイバー不織布による染料吸着実験の結果 [45]
　　　　○：キトサンナノファイバー不織布，□：キトサンフレーク

バー不織布の最大吸着量はフレークのそれよりも大きくなる可能性が示唆された。材料をナノファイバー化することにより比表面積が増大することに加えて，繊維表面に露出する官能基（吸着サイト）数が増大することが期待される。

4.4.5　電圧極性の違いが紡糸結果に影響を及ぼす事例

　この節の最後に，電圧極性の違いが電界紡糸の結果に重大な影響を及ぼす事例を簡単に紹介する。

　衣料用素材としての市販のエステル系ポリウレタン（PU）をジメチルホルムアミド／メチルエチルケトン混合溶媒に溶解して電界紡糸を行った。紡糸溶液に正電圧を印加した場合には，溶液はニードル先端でテーラーコーンを形成し（図 4.14（a）），紡糸された繊維はコレクタ表面に捕集された（図 4.14（c））。一方，負電圧を印加した場合には，テーラーコーンは形成されずに液滴が落下するのみであった（図 4.14（b））。このとき繊維形成は確認されなかった。

　本節のキトサンの事例に基づいて考察すると，負極性の高電圧によってPU 分子鎖同士の相互作用が弱められ，繊維形成が阻害されたものと推察される。報告例は決して多くはないが，このように電圧極性の違いは電界紡糸の成否を分けるほどの重大な影響を及ぼす可能性がある。

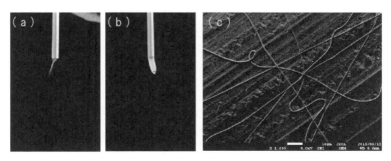

図 4.14　エステル系ポリウレタンの電界紡糸実験（a）アノード電界紡糸
　　　　（b）カソード電界紡糸（c）アノード電界紡糸によって作製された繊維

4.5 おわりに

　従来の電界紡糸法では，印加電圧は溶液の噴出と延伸のためにのみ印加されていると認識されてきた。また，カソード電界紡糸に関する研究論文の数はアノード電界紡糸の論文数より圧倒的に少なく，かつ，その優位性が主張されたことは皆無であった。しかしながら，印加電圧の極性がポリマーの電気化学的性質に作用し，分子鎖間相互作用に影響を与えて紡糸結果が大きく変わってしまうことがある。酸性溶液中でポリカチオン性を呈するキトサンは正にその例である。

　初節で述べたとおり，電界紡糸法はその簡便さから世界中の研究室へ普及し，関連する論文数は指数関数的に増えてきた。しかし，研究室から一歩外へ出た実社会における産業的な利用事例は，実はまだ多くはない。本書の至るところで語られるとおり，キトサンの秘めたる可能性には目を見張るものがある。本章では，ささやかながら新たな発想への一助となることを願い，最低限の参考文献を挙げて関連情報を追えるよう心掛けた。いつか電界紡糸キトサンナノファイバーが世に出る日のために，わずかでも役立てば本望である。

《参考引用文献》
1) JIS/TS Z 0027:2010（ナノテクノロジー‐ナノ物体（ナノ粒子，ナノファイバー及びナノプレート）の用語及び定義）.
2) Termonia, Y., Meakin, P., et al.: Macromolecules, 18, 2246-2252（1985）.
3) Ji, Y., Li, C., et al.: EPL, 84, 56002（2008）.
4) Fennessey, S. F., Farris, R. J.: Polymer, 45, 4217-4225（2004）.
5) Reneker, D. H., Yarin, A. L., et al.: J. Appl. Phys. 87, 4531-4547（2000）.
6) Yarin, A. L., Koombhongse, S., et al.: J. Appl. Phys. 89, 3018-3026（2001）.
7) Ronca, S., Forte, G., et al.: Ind. Eng. Chem. Res., 54, 7373-7381（2015）.
8) Matsuo, M., Sawatari, C., et al.: Polymer J., 17, 1197-1208（1985）.
9) Murase, H., Ohta, Y., et al.: Macromolecules, 44, 7335-7350（2011）.
10) Yoshioka, T., Dersch, R., et al.: Polymer, 51, 2383-2389（2010）.
11) Yoshioka, T., Dersch, R., et al.: Macromol. Mater. Eng., 295, 1082-1089（2010）.
12) Rinaudo, M., Pavlov, G., et al.: Polymer, 40, 7029-7032（1999）.

13）Sogias, I. A., Williams, A. C., *et al*.: Biomacromolecules, 9, 1837-1842（2008）.
14）山根秀樹, 高野雅之ほか：日本レオロジー学会誌, 34, 223-228（2006）.
15）Gupta, P., Elkins, C., *et al*.: Polymer, 46, 4799-4810（2005）.
16）McKee, M. G., Wilkes, G. L., *et al*.: Macromolecules, 37, 1760-1767（2004）.
17）Buhler, E., Rinaudo, M.: Macromolecules, 33, 2098-2106（2000）.
18）Sorlier, P., Rochas, C., *et al*.: Biomacromolecules, 4, 1034-1040（2003）.
19）Philippova, O. E., Volkov, E. V., *et al*.: Biomacromolecules, 2, 483-490（2001）.
20）Desbrieres, J.: Biomacromolecules, 3, 342-349（2002）.
21）Ohkawa, K., Cha, D., *et al*.: Macromol. Rapid Commun. 25, 1600-1605（2004）.
22）Geng, X., Kwon, O.-H., *et al*.: Biomaterials, 26, 5427-5432（2005）.
23）Ohkawa, K., Minato, K., *et al*.: Biomacromolecules, 7, 3291-3294（2006）.
24）Hasegawa, M., Isogai, A., *et al*.: J. Appl. Polym. Sci., 45, 1857-1863（1992）.
25）Sangsanoh, P., Supaphol, P.: Biomacromolecules, 7, 2710-2714（2006）.
26）Schiffman, J. D., Schauer, C. L.: Biomacromolecules, 8, 594-601（2007）.
27）Klossner, R. R., Queen, H. A., *et al*.: Biomacromolecules, 9, 2947-2953（2008）.
28）Schatz, C., Viton, C., *et al*.: Biomacromolecules, 4, 641-648（2003）.
29）Desai, K., Kit, K., *et al*.: Biomacromolecules, 9, 1000-1006（2008）.
30）Homayoni, H., Ravandi, S. A. H., *et al*.: Carbohydr. Polym., 77, 656-661（2009）.
31）Burns, N. A., Burroughs, M. C., *et al*.: RSC Adv., 5, 7131-7137（2015）.
32）Desai, K., Kit, K., *et al*.: Biomacromolecules, 9, 1000-1006（2008）.
33）Pakravan, M., Heuzey, M.-C., *et al*.: Polymer, 52, 4813-4824（2011）.
34）Li, L., Hsieh, Y.-L.: Carbohydr. Res., 341, 374-381（2006）.
35）Lin, T., Fang, J., *et al*.: Nanotechnology, 17, 3718-3723（2006）.
36）Zhang, Y. Z., Su, B., *et al*.: Biomacromolecules, 9, 136-141（2008）.
37）Shao, L., Ren, Y., *et al*.: Polymer, 75, 168-177（2015）.
38）Li, Q., Wang, X., *et al*.: Carbohydr. Polym., 130, 166-174（2015）.
39）Pakravan, M., Heuzey, M.-C., *et al*.: Biomacromolecules, 13, 412-421（2012）.
40）Ojha, S. S., Stevens, D. R., *et al*.: Biomacromolecules, 9, 2523-2529（2008）.
41）Supaphol, P., Mit-uppatham, C., *et al*.: Macromol. Mater. Eng., 290, 933-942（2005）.
42）Jia, Z., Li, Q., *et al*.: IEEE, 13, 580-584（2006）.
43）Kilic, A., Oruc, F., *et al*.: Textile Res. J., 78, 532-539（2009）.
44）Varesano, A., Carletto, R. A., *et al*.: J. Mater. Processing Technol. 209, 5178-5185（2009）.
45）Terada, D., Kobayashi, H., *et al*.: Sci. Technol. Adv. Mater., 13, 015003（2012）.
46）Fernandes, R., Wu, L. Q., *et al*.: Langmuir, 19, 4058-4062（2003）.
47）Hager, B. L., Berry, G. C.: J. Polym. Sci. Polym. Phys., 20, 911-928（1982）.
48）Vrieze, S. D., Westbroek, P., *et al*.: J.Mater. Sci. 42, 8029-8034（2007）.
49）Shenoy, S. L., Bates, W. D., *et al*.: Polymer, 46, 3372-3384（2005）.
なお，文献3)および45)はページ番号ではなく，文献番号。

第5章
イカ中骨由来 β-キチンナノファイバーの製造と物性

5.1 はじめに

　キチンは単糖である N-アセチルグルコサミンが直鎖状に β-1,4 結合した多糖類であり，カニ，エビなどの甲殻類や昆虫類の外骨格，イカ軟骨（中骨），キノコなどの菌類の細胞壁などに含まれ，推定で毎年1 000億トンも生産されているバイオマス資源である。キチンを大別すると，多糖鎖が互いに逆方向に配向し，分子間水素結合により熱力学的に安定な結晶構造をとっている α-キチンと，多糖鎖が同じ方向に配向しており，緩やかな結晶構造をとっている β-キチンに分けられる[1]（図 5.1）。α-キチン（多糖）は主に甲殻類（カニ・エビ）や昆虫の外殻に存在し，甲殻から塩酸処理（脱灰）やアルカリ処理（除タンパク）を経て製造される。キチン鎖は逆平行に三次元的に水素結合してパッキングした強固な結晶構造をとっており，水をはじめほとんどの溶媒に溶けず，無水結晶形として存在し，酵素分解性も低い。一方，β-キチンはイカ中骨やハオリムシ，硅藻などに分布が限られる。多糖鎖が平行に並び，ある決まった面にのみ水素結合が存在し，結晶面間隔は比較的広い。α-キチンに比べると低密度で結晶性が低く，水で容易に膨潤して二水和結晶となり，酵素分解されやすい。近年，キチンに免疫賦活活性が見いだされたり，医用・生体適合材料などの可能性が示されたりして，用途開発が盛んに行われている。これらは後述するキチンナノファイバー（NF）の出現により活性化している。
　我々はキチンの前処理技術としてメカノケミカル粉砕，高温高圧水処理

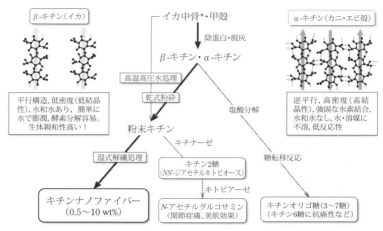

図 5.1　イカ中骨や甲殻から製造可能なキチン系機能性素材
　β-キチンナノファイバーは均一にナノ分散した透明度と粘度の高いナノファイバー。機能性食品，化粧品基材，抗菌・抗ウイルス，再生医療などのプラットフォームとして期待される。

（超臨界水，亜臨界水）を使用し，キチナーゼなどによる酵素分解を行った。またこれらの前処理技術を湿式解繊処理（ウォータージェット）と比較した。一方，三陸地域資源であるイカ中骨をトンスケールで収集し，そこからβ-キチンを調製し，蒸留水中の湿式解繊処理によりβ-キチンNFとした。β-キチンの調製法とNFの物性には密接な関係がある。β-キチンNFは従来にない特性を有することがわかり，抗菌・抗ウイルス，化粧品，機能性食品，再生医療など各分野で新たな用途が期待される。

5.2　キチンの前処理技術と物性，酵素分解

　キチンを原料としたキチン関連物質（N-アセチルグルコサミン，キチン2糖，オリゴ糖，NF）とそれらの主な製法を示す（**図 5.1**）[2]。N-アセチルグルコサミンはグルコサミンと同様な関節症痛軽減効果を有し[3]，化学的にも安定で爽やかな甘味を呈することから，天然型グルコサミンとして健康食品

や一般加工食品で市場が拡大している。また，人体の保湿成分であるヒアルロン酸の構成成分でもあることから，美肌効果のある美容成分として注目を集めている[4]。同様な効果がキチン2糖にも期待されているが，1 g が 20 万円もする高価な研究用試薬であり，その機能性は調べられていない[5]。

現在，N-アセチルグルコサミンはα-キチンの濃塩酸分解や可溶化したオリゴ糖を酵素分解して製造されているが[6]，工程が複雑で価格がグルコサミンに比べて数倍以上高価であり，強酸・強アルカリなどの劇物を大量に消費する。酵素（キチナーゼ，キトビアーゼ）のみでキチンを完全に分解できれば劇物の使用が抑えられるが，α-キチンは結晶構造が強固なため酵素分解されにくい。濃塩酸処理と洗浄・固液分離を繰り返して調製するコロイダルキチンは最も酵素分解されやすいが，工場レベルで調製することは極めて困難である。このような状況の中で，我々は効率的なキチンの酵素分解を可能とする簡単な前処理技術（図 5.1）を模索してきた[6-8]。一方で，キチンをNF化する湿式解繊処理技術も前処理技術のひとつである。最近，キチンNFの生体内での分解が注目されており，各種キチンとNFの酵素分解性の違いを知ることが重要になってきた。本章ではキチン質の酵素分解率を向上させる前処理技術として，乾式粉砕（メカノケミカル粉砕）と高温高圧水処理，湿式解繊処理（ウォータージェット）を比較する。

5.2.1 メカノケミカル粉砕

我々が開発した「コンバージミル」は，効率的なメカノケミカル粉砕が可能な新しい原理の媒体ボールミルである[9]。本装置はクロム鋼球やセラミックス球などの粉砕媒体と被粉砕物を入れた円柱形のドラムを超高速で回転し粉砕する（図 5.2）。ガイドベーンで方向を変えられた媒体ボールは，高速回転によりドラム内に被覆された被粉砕物に一点で集中して運動エネルギーを付与し，"メカノケミカル効果" が発生する。メカノケミカル効果とは，粉砕処理によって粒子径の変化のみならず物質の結晶構造や化学結合などが破壊され，物質が活性化することと考えられている。ボールと粉末は遠心力で内壁に押し付けられ，原理的に容器と共に同伴するため容器からのコンタミが抑制される。

● 第 5 章 ● イカ中骨由来 β-キチンナノファイバーの製造と物性

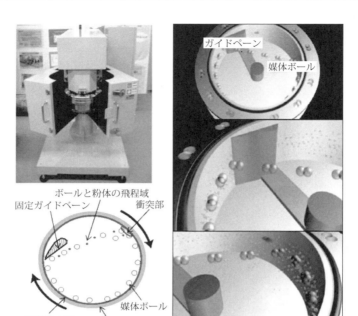

図 5.2　メカノケミカル粉砕装置コンバージミル[11]

図 5.3 および図 5.4 にキチンのメカノケミカル粉砕が X 線回折，物性ならびに糖化率におよぼす影響を示す。糖化率とはキチンの 48 h 後の酵素分解率のことであり，酵素反応条件は *Streptomyces griseus* 由来のキチナーゼ製剤を用い，pH 5.5，基質濃度 1％。酵素濃度は α-キチンでは 0.1％，β-キチンでは 0.05％で行った。また結晶化度は下記の式で評価した。

$$結晶化度 = \frac{(キチンの最大ピーク強度) - (I\,am)}{(キチンの最大ピーク強度)} \times 100$$

($I\,am : 2\theta = 16$ 度での強度（キチンピークの非晶質部分））

コンバージミルで非晶質化した精製 α-キチンは，キチン分解酵素 (*Streptomyces* 属キチナーゼ) を加えるだけで N-アセチルグルコサミンやキチン 2 糖を製造することが可能であった[10]。α-キチンはメカノケミカル粉

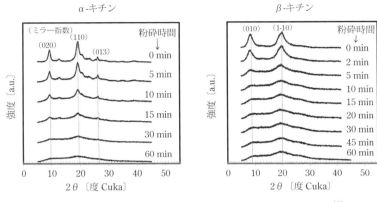

図5.3 キチンのメカノケミカル粉砕と粉末X線回折（XRD）[11]

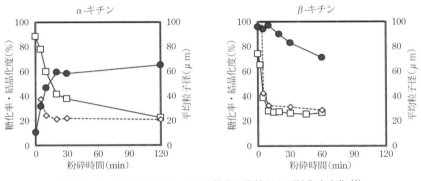

図5.4 キチンのメカノケミカル粉砕と物性および糖化率変化[11]
（□：結晶化度，●：糖化率，◇：平均粒子径）

砕により結晶化度が低下し（図5.3左），それにつれて糖化率は α-キチンで 60％まで上昇した（未処理では10％）（図5.4左）。メカノケミカル粉砕処理とともに α-キチンの分子量（HPLC，LiCl/DMAc系）は 1/10 以下に低下し，固体NMRの緩和時間低下からも，還元末端数の増加やドメインサイズの低下（解繊，ナノ化）による酵素受容性の増大が示唆された。また別途行った粉砕方法の違いの検討より，α-キチンで60％程度の糖化率を得るためには，転動ボールミルでは粉砕時間がかかり過ぎ，ジェットミルでは結晶化度が下がらず，十分な糖化率が得られなかった[11]。調製したコロイダル

表 5.1 キチン質の前処理と物性・糖化率

起源	キチン質	前処理	粒子径 [μm]	結晶化度 [%]	糖化率 [%]
カニ	α-キチン	未処理	244	91	10
		コンバージミル（30 min）	21	30	60
		転動ボールミル（7 200 min）	15	53	55
		ジェットミル	20	81	21
		超臨界水処理（400℃，1 min）	ND	89	37
		超臨界水処理（400℃，1 min） ＋コンバージミル粉砕（10 min）	18	26	93
		コロイダルキチン（濃塩酸処理）	1*	82	100
イカ	β-キチン	未処理	ND	76	97
		コンバージミル（30 min）	30	26	80
		高温高圧水処理（300℃，3 min）	ND		10

糖化率の酵素実験条件は図 5.4 と同じ。
* コロイダルキチンの凍結乾燥状態での平均粒子径は 42.3 μm であり，これは凍結乾燥による凝集と考えられる。
ND：粒子径 3 mm 以上で大きすぎて測定できない。

キチン（濃塩酸処理 α-キチン）は高結晶性にもかかわらず，糖化率が 100％と高かった（表 5.1）。これは濃塩酸処理により非晶質部分が分解してしまったこと，α-キチンの平均粒子径が 1 μm（溶液状態），分子量が 6 000 程度へと著しく低下したこと，かつ，乾燥による融着・再繊維化を経ていないコロイド状態であることが強く影響しているものと推定する。

一方，イカ精製 β-キチンは α-キチン同様，メカノケミカル粉砕で結晶性が低下するが（図 5.3 右），α-キチンとは逆に酵素分解されにくくなった（図 5.4 右）[11]。この知見を基にイカ中骨から β-キチンを精製し（NaOH・HCl 処理），前処理することなくそのまま酵素分解し，イオン交換樹脂と結晶化により高純度・高収率でキログラムスケールで N-アセチルグルコサミンを得た。イカ中骨もメカノケミカル粉砕を行うことで同様な工程で N-アセチルグルコサミンが得られたが，精製 β-キチンを出発材料としたほうが原料の前処理が不要となり，コスト的に有利であった。

5.2.2　高温高圧水処理

我々は酵素糖化の前処理として，高温高圧水処理（超臨界・亜臨界水処

理)と粉砕技術を組み合わせることによって，α-キチンの糖化率を向上させることに成功した[6-8]。ポイントはα-キチンの高温高圧水処理を前処理にとどめ，その後，酵素糖化を行った点にある。既往の研究において，高温高圧水中でα-キチンのβ-1,4結合の加水分解を進行させ，N-アセチルグルコサミンやキチンオリゴ糖類を回収する試みも行われてきたが，収率が低いことが問題であった。これに対しセルロースでは，高温高圧水処理によりβ-1,4結合の加水分解が比較的選択的に進行し，グルコースやセロオリゴ糖を回収できることが報告されている。この違いはα-キチンの特徴であるN-アセチル基の存在により，セルロースと比較して加水分解以外の反応も起こるためである。そこで，我々は高温高圧水処理と酵素糖化を組み合わせた。

未処理のα-キチンでは酵素糖化率は5～10%と低かったが，高温高圧水処理（400℃，1 min）することにより，α-キチンが高結晶性を保っていたにもかかわらず，酵素糖化率は37%へと大きく増大した[2]（表5.1）。高温高圧水処理によりα-キチン結晶面の間隔が増大しており，これはキチン鎖間の水素結合が弱化されたことを意味している。さらにキチンの分子量は4分の1に減少（還元末端の増加）しており，α-キチンの加水分解もわずかに進行していた。高温高圧水のイオン積は常温常圧の水と比較して大きく，α-キチンは10～100倍高い濃度のH^+やOH^-にさらされている。この高いH^+とOH^-濃度と高い反応温度により，α-キチン鎖間の水素結合の弱化と加水分解が進行し，酵素糖化が促進されたと考えている。また別途行った検討で，N-アセチルグルコサミンやキチン2糖の脱水反応が200℃付近の高温高圧水中で1 min以内に進行することを確認した[12,13]。既往の研究において，α-キチンから高温高圧水処理のみでN-アセチルグルコサミンやキチンオリゴ糖を得る検討が失敗してきた理由がここにある。これらの糖類を得るには高温高圧水による前処理と，酵素糖化の組み合わせが有効であることがわかる。

さらに高温高圧水処理後にコンバージミル（メカノケミカル）粉砕（10 min）を加えることで，キチンの酵素糖化率は93%へと大幅に増大した。コンバージミル粉砕処理（30 min）のみでは酵素糖化率は60%程度であったことから，高温高圧水処理と粉砕を組み合わせることで，非常に高い酵素糖

化率が得られることがわかる。

　β-キチンは高温高圧水処理（300℃，3 min）すると酵素糖化率が著しく低下した（10％程度）。一方でイカ中骨を高温高圧水処理した場合，含有されるβ-キチンの酵素糖化率は100％に到達した（未処理では10％程度）。これは高温高圧水処理によりイカ中骨のタンパク質が除去され，β-キチンが露出したためである。

5.3　β-キチンナノファイバーの製造と物性

　近年，セルロースのナノファイバー（NF）化技術が開発され，強化プラスチック（フィラー），繊維，透明フィルム，有機ELディスプレイなどの基板，濾過用フィルタ，医薬品・化粧品基材，機能性食品などへの応用が世界各地で始まっている。これに呼応して，キチンをNF化する技術も開発された。従来，キチンには免疫賦活活性，創傷や火傷治癒（皮膚再生），外科手術用縫合糸など医用・生体適合材料などの可能性が見いだされており，用途開発が盛んに行われてきた。NF化によりキチンの表面積が飛躍的に増大し，機能性も増大することが期待される。磯貝らはα-キチンをアルカリにより部分脱アセチル化後に酸性液体へ浸漬後，超音波で物理的にナノウィスカーへと解繊した[14]。また，β-キチンに酸性液体を添加後，超音波ホモジナイザーで完全分散型のNF作製に成功している[15]。一方，伊福らはカニ殻からα-キチンを調製後，そのまま酢酸中でマスコロイダーなどにより湿式剪断粉砕することでNF化した[16]。α-キチンNFは強化プラスチックフィルム，医薬品・化粧品基材への適用や，皮膚再生，潰瘍性大腸炎に対する効果が見いだされており，鳥取県を中心とした産学官連携により急ピッチで開発が進みつつある[17,18]。また，最近，ウォータージェット（超高圧噴流水）によるキャビテーション効果を利用して，均一幅で微細化された高結晶性キチンNFを連続的に製造する技術が開発されている[19,20]。このようにエレクトロスピニング（電界紡糸）により得られる高分子NFよりも一桁細いNF（幅が数nm〜数十nm）が出現し，各方面への応用が期待されている。

日本の三陸地域において，イカの可食部は食品へと加工されているが，非可食部である中骨は廃棄されており，その量は1年当たり約100トンにも上る。イカ中骨には，β-キチンが30%，タンパク質が70%，灰分が1%未満含まれていることから，三陸地域だけでも年間約30トンのβ-キチンが廃棄されていることになる。また，カニ殻由来のα-キチンにはタンパク質による甲殻アレルギーの懸念がある一方で，イカアレルギーの報告例は少ない。このようなβ-キチンをNF化することで，医療材料や化粧品への応用が期待できる。

5.3.1　β-キチンの調製と乾式粉砕

　β-キチンは図5.5に示す方法でスルメイカの中骨から調製した。β-キチンを調製するために，脱タンパク，脱灰の処理の順序を変えた2パターンを準備した。

　一つ目のパターンは，約2kg（湿重量）のイカ中骨を脱灰するため，15℃で10Lの0.1mol/LのHCl水溶液に撹拌しながら16時間浸漬し，その後，20Lの蒸留水を用いて4回洗浄した。次に脱灰したイカ中骨を脱タンパクするために，撹拌しながら90℃で10Lの1mol/LのNaOH水溶液に2時間浸漬し，その後，20Lの蒸留水で洗浄した。NaOHによる脱タンパク処理はもう一度行った。その後，β-キチンが浸漬されている上澄み液が中性になるまで20Lの蒸留水で4回洗浄した。以上の方法で精製したβ-キチンを本研究ではβ-キチン（ア）と呼ぶ。

　二つ目のパターンは，最初にタンパク質を除去するためのNaOH処理を2回行い，その後，灰分を除去するためのHCl処理を行った。次にβ-キチンが浸漬されている上澄み液が中性になるまで20Lの蒸留水で4回洗浄した。以上の方法で精製したβ-キチンをβ-キチン（酸）と呼ぶ。

　どちらのβ-キチンも65℃で16時間乾燥し，ハンマーミルにより粒径100μm以下まで乾式粉砕した。カッターミルや気流式ミルによる粉砕は困難であった。転動ボールミルやグラインダーミルによる粉砕は可能であったが，結晶性が失われた。

　イカ中骨精製時の最後の洗浄において，上澄みの水のpHは中性であった。

図5.5 に示した精製β-キチン（酸）はもろく，精製β-キチン（ア）はしなやかだった。乾式粉砕後のβ-キチン（酸）粉末とβ-キチン（ア）粉末の見た目は，判別が難しいほどよく似ていた。

またβ-キチンとの比較のために，カニ殻由来のα-キチンを酸処理（1 N HCl，室温）あるいはアルカリ処理（1 N NaOH，95℃）して水で十分洗浄後，乾燥α-キチン（酸）およびα-キチン（ア）を準備した。各α-キチンもハンマーミルにより粒径100 μm以下まで乾式粉砕した。

図5.6 に示した XRD 結果より，粉末のβ-キチン（酸）とβ-キチン（ア）では差は見られなかった。9°付近のピークは010面に由来し，19°付近のピークは1-10面に由来する。β-キチン（酸）および（ア）粉末ともに結晶化度は約85％であり，比較的高い結晶性を保っていた。また，両粉末のFT-

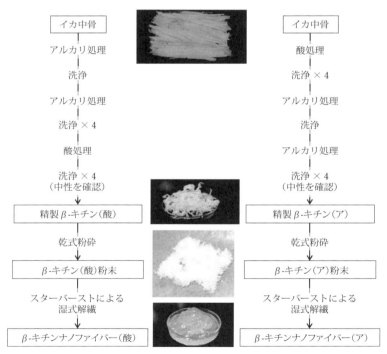

図5.5　イカ中骨からのβ-キチン精製方法とナノファイバー化

5.3 β-キチンナノファイバーの製造と物性

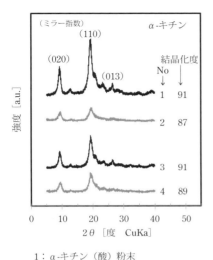
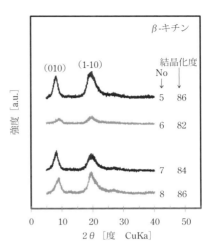

1：α-キチン（酸）粉末
2：α-キチン（酸）NF
3：α-キチン（ア）粉末
4：α-キチン（ア）NF

5：β-キチン（酸）粉末
6：β-キチン（酸）NF
7：β-キチン（ア）粉末
8：β-キチン（ア）NF

図5.6　キチン粉末とナノファイバーのXRD比較

IRスペクトルを測定したところ有意な差は見られなかった。以上のXRDとFT-IRの結果より，精製の順序や粉砕処理によってβ-キチンの結晶構造や置換基などの化学構造が変わらないことがわかる。

5.3.2　湿式解繊処理

各αおよびβ-キチン粉末を1 wt%で蒸留水中に懸濁し，ウォータージェットを応用した湿式解繊装置であるスターバースト（スギノマシン社製，大型機）で処理した。スターバースト内で約240 MPaに加圧された懸濁液は，100 µmのノズルから噴出され，互いに斜向衝突することでNF化される。解繊されたβ-キチン試料を装置出口から水分散液として回収した。衝突の回数は，2，5，10 passとした。

1 wt%で調製したNF分散液を必要に応じて蒸留水で薄めて，ホモジナイザーで均一化することで濃度を調整した。

5.3.3　β-キチンナノファイバーの物性評価

図 5.6 に乾燥後の β-キチン（酸）NF と β-キチン（ア）NF の XRD 結果（10 pass）を示す。NF 化後も β-キチンの結晶構造は維持していることがわかる。また，NF 化後の結晶化度は β-キチン（酸）では若干の減少，β-キチン（ア）では若干の増大が見られたが，ほぼ一定であることがわかる。

図 5.7 に 0.05 wt％の β-キチン（酸）NF 分散液と β-キチン（ア）NF 分散液の透過率を示す。どちらも pass 回数の増大にともなって透過率は増大した。波長 600 nm において，β-キチン（酸）は 5 pass で透過率は 80％を超え，よく均一分散する傾向が見られたが，β-キチン（ア）は 10 pass でも透過率は 80％を超えなかった。以上より，β-キチン（酸）のほうが β-キチン（ア）よりも NF 化した際に分散しやすいことがわかる。

図 5.8 に 1 wt％の β-キチン（酸）NF 分散液と β-キチン（ア）分散液の粘度を示す。どちらの分散液も pass 回数が増加すると粘度は減少した。β-キチン（酸）の粘度は β-キチン（ア）の粘度よりも 6～8 倍も大きかった。β-キチン（酸）は容器を傾けても流れ落ちないゲル状であったが，一方で β-キチン（ア）は少し粘調ではあるが，容器を傾けたとき簡単に流れ落ちた。

図 5.9 に β-キチン（酸）と β-キチン（ア）の FE-SEM 像を示す。β-キチン（酸）では 2 pass ですでに細い 6-20 nm の NF が分散しており，10 pass

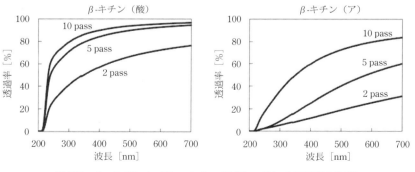

図 5.7　β-キチンナノファイバー（0.05 wt％）の透過率の比較

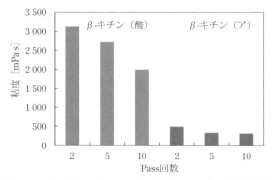

図5.8 β-キチンナノファイバー（1 wt%）の粘度比較

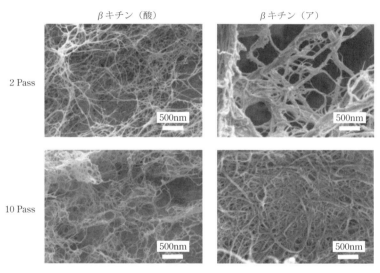

図5.9 β-キチンナノファイバーのFE-SEM写真の比較

でも同様に細いNFが存在していた。一方で，β-キチン（ア）の2 passのファイバー径は20-60 nmと太く，均一に分散しておらず，100 nm以上の非常に太いファイバーも確認された。β-キチン（ア）は10 passで均一になり，β-キチン（酸）と同程度のファイバー径となった。

図5.10にβ-キチン（酸）とβ-キチン（ア）の急速凍結ディープエッチ・レプリカ法と高角度環状暗視野走査透過型電子顕微鏡（HAADF-STEM法）

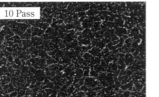
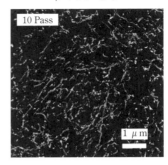

図 5.10 急速凍結ディープエッチ・レプリカ法と走査型透過電子顕微鏡観察（HAADF-STEM 法）を組み合わせた β-キチンナノファイバー（1 wt%）の写真

を組み合わせた方法により撮影した像を示す。本観察法は3次元の動画で撮影されたものだが，本報では静止画しか示していない。両者の NF の 10 pass におけるファイバー径は 2 pass よりも細かった。また，10 pass において，いずれの NF も網目様の構造を有していた。特に β-キチン（酸）の場合，緻密で一様な網目構造が見られた。また，β-キチン（酸）のレプリカ膜の厚さは β-キチン（ア）のものよりも薄かった。

β-キチン（酸）と（ア）間で物性の差が見られた理由として，β-キチン内部に包括された塩酸が β-キチン表面をカチオン化した可能性がある。一般に，キチンは 90% 以上の N-アセチルグルコサミンユニットと 10% 以下のグルコサミンユニットで構成されている。このグルコサミンユニットのアミノ基に塩酸由来のプロトンが付加することで，表面がカチオン化される。β-キチン表面のカチオン化は β-キチン間に静電反発を引き起こし，これによって β-キチンの分散性は向上する。

実際に HAADF-STEM（図 5.10）において β-キチン（酸）NF のファイバー径は β-キチン（ア）NF よりも細く，一様であった。特にディープエッチ・レプリカ法は瞬間凍結されているため，分散媒である水中の β-キチン NF の様子をよく表している。さらに，ディープエッチ・レプリカ法では NF 濃度も反映している。β-キチン（酸）の緻密で一様な網目構造は光の

散乱を引き起こしにくいため高透過率になる。その結果，β-キチン（酸）NF の透過率が β-キチン（ア）NF よりも大きいと考えている。さらに，β-キチン（酸）NF の緻密な 3 次元構造は β-キチン（ア）よりも高粘度を引き起こす可能性がある。

HAADF-STEM のディープエッチ・レプリカ作製時において凍結乾燥は同じ時間で行うため，水が昇華しにくくなると，レプリカ膜は薄くなる。つまり，NF の保水性が高いことを意味する。本研究では，β-キチン（酸）NF のレプリカ膜のほうが，β-キチン（ア）NF よりも薄いことを確認した。これは β-キチン（酸）NF の保水性が高いことを示しており，緻密な 3 次元構造が水分をトラップすることもわかる。

また，水に分散する NF の観察法としてディープエッチ・レプリカ法と HAADF-STEM の組み合わせが，従来の SEM や TEM 観察と比較して有効であることがわかった。従来の SEM は観察の前に遠心分離，加熱プレスや溶媒の置換などの前処理が必要である。これらの前処理は NF 分散の様相や形態に影響を与える可能性があり，結果として粗大な NF 凝集粒子が観察されることがある。その場合，NF 化されていない原料キチンか凝集粒子か判断できないことが問題である。また従来の TEM 観察法では非常に希釈された試料しか観察できない。TEM は三次構造（NF の太さや長さ）を知るには有効であるが，四次構造（NF の分散の程度）の情報を得るには不利である。これに対して，ディープエッチ・レプリカ法と HAADF-STEM 観察では，NF の水中での濃度や分散状態を変えずに 3D で撮影できることから，非常に有効な手法である。

5.3.4　β-キチンナノファイバーの酵素糖化

各キチンおよび NF の酵素糖化試験を行った（図 5.11）。酵素糖化性を比較するために，酵素量を抑え，反応の直線性を 48 時間まで確保した。酵素反応条件はキチナーゼ／キトビアーゼ混合製剤（長瀬産業）を用い，反応 pH 5，酵素濃度は 0.05％，基質濃度は 1 wt％ とした。サンプル番号 1，2，6，および 7 の α-キチンおよび β-キチン粉末とはハンマーミル 5 分間の粉砕物で，キチンは結晶性を維持している。サンプル番号 3 と 8 のキャプションに

記載される「α-キチンおよびβ-キチン粉末，コンバージミル 30 min」とは，サンプル番号 2 と 7 の粉末をさらにコンバージミルで 30 分粉砕したもので，5.2.1 で述べたように非晶質化されている。サンプル番号 4 と 5 は 1 と 2 の α-キチン粉末をスターバーストで解繊した NF であり，10 pass のものである。サンプル番号 9 と 10 は図 5.5 の方法（10 pass）で調製した。

結果より，β-キチンはα-キチンに比べ圧倒的に酵素糖化率が高かった。α-キチンではメカノケミカル処理の酵素糖化率が高く，NF は同程度であった。β-キチンは全く逆で，ハンマーミル粉砕物（未処理の位置づけ）が最もよく酵素分解し，メカノケミカル粉砕や NF 化によって糖化率は低下した。β-キチンのなかでは酸終わりのほうがアルカリ終わりより酵素糖化率が若干高かった。

固いα-キチンに対しては，その構造を壊し酵素の受容性を上げるためにメカノケミカル粉砕や高温高圧水処理，NF 化などの前処理は有効な手段で

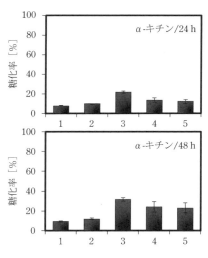
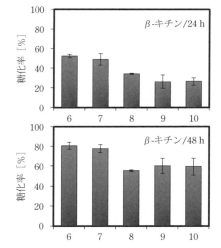

1：α-キチン（酸）粉末
2：α-キチン（ア）粉末
3：α-キチン（ア）粉末，コンバージミル30min
4：α-キチン（酸）NF
5：α-キチン（ア）NF
6：β-キチン（酸）粉末
7：β-キチン（ア）粉末
8：β-キチン（ア）粉末，コンバージミル30min
9：β-キチン（酸）NF
10：β-キチン（ア）NF

図 5.11　各種キチンおよびナノファイバーの糖化率の比較

ある。しかし，もともと結晶性が低く，水に膨潤しやすい β-キチンにおいてメカノケミカル粉砕や高温高圧水処理，NF 化はマイナスに作用する。β-キチン粉末と NF の XRD パターンを比較すると，NF で若干結晶化度の低下が認められる（図 5.6）。これは解繊が進んだ NF の XRD 測定で見られる現象であり，NF 化により非晶質化が進んでいる訳ではないと考えられる [15]。むしろ NF 化によって粘性が高まったことが β-キチンの酵素分解反応にマイナスに作用した可能性がある。

最近，キチン NF の生体内での分解性が注目されており，各種キチンと NF の酵素分解性の違いを知ることが重要になっている。哺乳類のキチナーゼを使用した検討が必要であるが，微生物キチナーゼを使用した検討は生体内でのキチナーゼによる生分解性を予想する材料になると考える。

5.3.5　β-キチンナノファイバーの用途展開

キチン・キトサンは免疫調節や皮膚再生などの機能性を有し，NF 化することで表面積が増大し，機能性が増強すると期待される。現在，α-キチン・キトサン NF の用途展開が進行中であるが，キチン・キトサンの特徴を生かした，より高付加価値な分野（化粧品，医療など）への用途展開が期待されている。我々が対象とする β-キチンは結晶化度が低く，キチン分子鎖間の結合が緩いので，浸漬・解繊工程のみで簡単に NF 化することが可能であり [15,20]，優れた生体適合性や機能性が期待される。また，β-キチン（酸）はファイバー径が 5〜10 nm と細く極めて粘性が高いことから，さまざまな機能性物質を担持できることが期待される。例えば，抗菌・抗ウイルス用工業材料として空気フィルタ，防護衣料，マスクなど，機能性食品分野として腸内環境改善，抗炎症，肌細胞活性化，製造助剤，化粧品分野としてヒアルロン酸産生，保湿効果，肌細胞活性化，皮膚保護，安定剤，再生医療分野として創傷治癒シート，培養細胞用基材，分化誘導，DDS などが考えられる。現在，さまざまな用途開発を進めている。

《参考引用文献》
 1) 戸倉清一, 田村　裕：キチン・キトサンの開発と応用, 平野茂博監修, シーエムシー出版, 33-35 (2004)
 2) 戸谷一英, 長田光正ほか：化学工業, 61 (12), 912-919 (2010).
 3) 梶本修身, 又平芳春ほか：新薬と臨牀, 52 (3), 301-312 (2003).
 4) 梶本修身, 大磯直毅ほか：新薬と臨牀, 49 (5), 539-548 (2000).
 5) 増井彩乃, 山村昭博ほか：キチン・キチサン研究, 15 (2), 198 (2009).
 6) Osada, M., Miura, C., et al.: Carbohydr. Polym., 88 (1), 308-312 (2012).
 7) Osada, M., Miura, C., et al.: Carbohydr. Polym., 92 (2), 1573-1578 (2013).
 8) Osada, M., Miura, C., et al.: Carbohydr. Polym., 134, 718-725 (2015).
 9) 戸谷一英, 二階堂満ほか：特許 5320565.
10) Nakagawa, Y. S., Oyama, Y., et al.: Carbhydr. Polym., 83, 1843-1849 (2011).
11) 戸谷一英, 古関健一ほか：応用糖質科学, 3 (2), 159-165 (2013).
12) Osada, M., Kikuta, K., et al.: Green Chem., 15 (10), 2960-2966 (2013).
13) Osada, M., Kikuta, K., et al.: RSC Adv., 4 (64), 33651-33657 (2014).
14) Fan, Y., Saito, T., et al.: Carbohydr. Polym., 79, 1046-1051 (2010).
15) Fan, Y., Saito, T., et al.: Biomacromolecules, 9, 1919-1923 (2008).
16) Ifuku, S., Nogi, M., et al.: Carbohydr. Polym., 81, 134-139 (2010).
17) 伊福伸介：キチン・キトサン研究, 17 (3), 277-282 (2011).
18) Azuma, K., Osaki, T., et al.: Carbohydr. Polym., 90, 197-200 (2012).
19) Ifuku, S., Yamada, K., et al.: Journal of Nanomaterials, 2012, 1-7 (2012).
20) Dutta, A. K., Izawa, H., et al.: J. Chitin Chitosan Sci., 1, 186-192 (2013).

第6章
ウォータージェット解繊法によるキチン・キトサンナノファイバーの製造と応用展開

6.1 はじめに

　地球上で，バイオマスとして圧倒的に多い非可食植物由来のセルロースや，それに次ぐ資源量であるキチン，およびキチンを脱アセチル化して得られるキトサンを有効利用することは，化石系資源への依存度を下げる有効な手法である。バイオマス資源を利用した低炭素社会の実現を目標にしたセルロースナノファイバーを中心とした研究開発が活発に行われているなか，2014年6月には経済産業省主催の第一回ナノセルロースフォーラムが開催され，バイオマスを利用したナノファイバーへの注目・関心が一段と高まっている[1]。

　セルロースナノファイバーは軽量・高強度・低熱膨張性・ガスバリア性など優れた機能を持ち，ガラス繊維やカーボンファイバーとは異なり，焼却による廃棄処理が可能であることや豊富な持続型資源であることなどの理由から，次世代の構造用部材として応用研究が盛んに行われている。経済産業省のロードマップでは，将来製造コストが下がることで，自動車用部材，包装材料，電子材料など，市場への利用が今後さらに拡がると予想されている[2]。

　キチンはN-アセチルグルコサミンが，キトサンはグルコサミンが各々β-1,4結合により連結した直線状の多糖類であり，構造はセルロースと類似している。キチンは一般的な溶剤には難溶であるため，溶解法に関する歴史は古いものの，良好な溶媒がなく，フィルムやシートなどの成形体の作製が難しかった。一方，キトサンは酸水溶液に容易に溶解するため，成形体の作

製は容易ではあるが，逆にできあがった成形体は水に弱く，水中や多湿状態において，その機械的，化学的性質が失われるため，その応用範囲は限定されていた。

　近年，セルロースと同様にキチンをナノファイバー化する技術が見いだされ，水に安定分散したキチンナノファイバーが産業利用される可能性が高まっている。Fanらはキチンミクロフィブリルの表面に高密度にプラス荷電を生成することで，キチンフィブリルをナノ分散化できることを報告している[3]。これはイカの腱から β-キチンを精製する過程において分子中にアミノ基が存在するため，pH 3～4の酸性水溶液中，0.1～0.3 wt%のキチン濃度で，アミノ基をプラスに荷電したアンモニウム塩型に調整し，超音波ホモジナイザーで解繊することで，幅約4 nmのキチンナノファイバーが得られるというものである。また，伊福らは精製されたキチンの乾燥粉末を1 wt%の水分散液中で，pH = 3の条件下で，グラインダーによる磨砕処理を行うことで幅10-20 nmのキチンナノファイバーを調整できることを報告している[4,5]。（株）スギノマシンではウォータージェット技術を利用して，キチン・キトサンの解繊を行うことで，酸・アルカリなどの化学処理を行うことなく，ナノファイバー化できることを報告している[6]。キチンナノファイバー，キトサンナノファイバーは共に安定な水分散体であり，さまざまな成形体を作製できることから，ナノファイバー化によりキチン・キトサンの応用範囲がさらに拡がる可能性がある。本稿ではウォータージェット解繊法によるキチン・キトサンナノファイバーの製造とその応用例について詳しく述べる。

6.2　ウォータージェット解繊法について

　キチン・キトサンをナノファイバー化する技術は上述したように複数報告されている。その他にも強酸や特殊な溶媒，超臨界を利用した方法，ボールミルやビーズミルなどのメディア式のメカノケミカル法，イオン液体を用いる手法などがあるが，いずれも廃液による環境負荷，高コスト，生産性に乏しい，コンタミネーションの発生など，種々の問題があり実用化にまでは

至っていない。ウォータージェット解繊法についても高濃度処理ができない，高コストなどの問題があり，実用化には課題があった。

ウォータージェットとは，数MPaから数百MPaに加圧した水を直径φ0.1～1.0mmのノズルから高速に噴射する技術であり，幅広い産業分野において切断，洗浄，剥離などの多くの用途に利用されている。（株）スギノマシンではこのウォータージェットの技術を粉体の微細化，分散，乳化に応用した湿式ウォータージェットミル（商品名：スターバースト）として実用化している[7]。この技術を利用し，バイオマスのナノファイバー化に特化した専用装置を開発し，従来よりも低コストで連続的に処理できるシステムを構築した。

ウォータージェット解繊法の基本的な構成を図6.1に示す。バイオマス原料を原料タンクへ投入後，給液ポンプにより増圧機へ原料を給液し，増圧機で加圧した原料を超高圧でチャンバー内にて解繊させることでナノファイバーを得ることができる。この方式，およびこの方式で得られるバイオマスナノファイバーは以下の特徴を持つ。

① 粉砕媒体を使用していないため，コンタミネーションが極めて少ない。
② エネルギー密度が高いため，短時間でナノファイバー化が可能である。

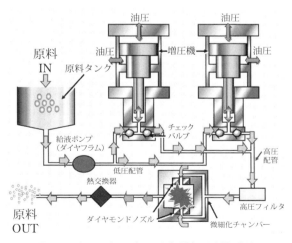

図6.1　ウォータージェット解繊処理方法原理

③ 連続処理が可能であり，装置のスケールアップにより大量生産も容易である。

④ ボールミルを使用した方法などでは得られない，高い結晶化度（重合度）を有する。

（株）スギノマシンでは本方式で生産するナノファイバーを「BiNFi-s（ビンフィス）」の商品名で販売している。

6.3 キチン・キトサンナノファイバーの特性

6.3.1 キチン・キトサンナノファイバーの外観

2 wt％，10 wt％のキチン・キトサンナノファイバーの写真を図 6.2 に示す。キチンは透明度，粘度が高く，キトサンは透明度，粘度が相対的に低めである。キチン・キトサンナノファイバーは共に，2 wt％では乳液状であり，10 wt％では粘度状の固形物となる。サンプル中のナノファイバー濃度を調節するためには，高濃度ナノファイバー（例えば 10 wt％品）を添加することで可能になる。その際，添加したナノファイバーを良好な分散状態にするために，ミキサーやホモジナイザーなどにより強いせん断力を加えた撹拌混合が必要になる。したがって，用途や添加量に合わせ，撹拌混合しやすい濃度を選定することが重要である。

キチンナノファイバー

キトサンナノファイバー

図 6.2　キチン・キトサンナノファイバーの外観（左：2 wt％，右：10 wt％）

6.3.2 キチン・キトサンナノファイバーの電子顕微鏡画像

ナノファイバー化したキチン・キトサンの電界放射型走査型電子顕微鏡（FE-SEM）の画像を図 6.3 に示す。その繊維幅は処理前で μm オーダーであるが，ナノファイバー化後は 20〜50 nm まで細くなり，アスペクト比（繊維径と繊維長の比）が 100 以上のナノファイバー構造を保持している。電子顕微鏡の画像からそれぞれ緻密な繊維構造を確認することができる。

これらの FE-SEM 画像は水分散体で得られるナノファイバーを凍結乾燥後に撮影したものである。水中に分散しているナノファイバーを直接撮影しているわけではないため，乾燥工程で発生したアーティファクトの可能性がある。そこで水中に分散したナノファイバーを観察するために急速凍結ディープエッジレプリカ法（HAADF-STEM）を利用し，キチンナノファイバーの水分散状態を観察した（図 6.4）[8]。その結果ウォータージェット解繊法によって直径 20 nm 程度のナノファイバーが互いに絡み合ってネットワークを形成している様子が観察された。画像中に数 μm の凝集塊は確認できず，キチンナノファイバーは水中で 3 次元ネットワークを形成し，安定に分散していることが確認された。

 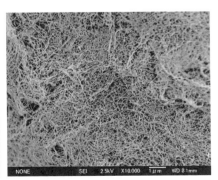

キチンナノファイバー　　　　　　　キトサンナノファイバー

図 6.3　キチン・キトサンナノファイバーの電子顕微鏡画像

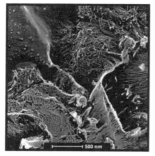
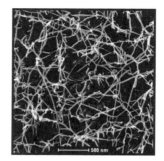

キチン（処理前）　　　　　　キチンナノファイバー

図6.4　キチンナノファイバーの HAADF-STEM による観察

6.3.3　キチン・キトサンナノファイバーの物性値

（株）スギノマシンで製造された BiNFi-s の各物性値を**表6.1**にまとめる。透明度や粘度と共にナノファイバーを評価する指標として比表面積が挙げられる。これは単位質量当たりの表面積を表し，微細化が進行するにつれて高くなっていく。また繊維幅が細ければ細いほど比表面積は高くなるが，繊維幅だけではなく，繊維長が短くなっても比表面積は高くなるため，評価には注意が必要である。**表6.1**によるとキチンナノファイバーの比表面積は約 $200\ m^2/g$ であり，キトサンナノファイバーの約 $80\ m^2/g$ に対して高い値となっている。これはキチンが比較的ナノファイバー化しやすく，キトサンはナノファイバー化しにくい性質を示している。

表6.1　BiNFi-s の物性値（代表値）

	BiNFi-s セルロース			BiNFi-s キチン			BiNFi-s キトサン		
濃度（wt%）	2	5	10	2	5	10	2	5	10
粘度（mPa・s）	3 000 以上	20 000 以上	70 000 以上	3 000 以上	30 000 以上	70 000 以上	800 以上	18 000 以上	70 000 以上
比表面積（m^2/g）	100〜200 *			200			80		
重合度	200〜550 *			300			480		

* 原料のグレードによって異なる。

6.3 キチン・キトサンナノファイバーの特性

図 6.5　ナノファイバーフィルム（左：キチン，右：キトサン）

6.3.4　キチン・キトサンナノファイバーのフィルム，多孔質体への成型

　キチン・キトサンナノファイバーは水に溶解しているわけではないが，水中に安定分散しているため，溶液のように取り扱うことが可能であり，ガラスシャーレなどに拡げて静置することでフィルムを作製できる（図 6.5）。また，凍結乾燥処理を施すことによってスポンジ状の多孔質体を得ることができ，さらには有機溶媒などの表面張力が低い溶液へと溶媒置換することで，高い比表面積を維持した乾燥体を作製できる。このようにナノファイバー化することで，可溶化せずにさまざまな状態に成形加工できることは大きな特長である。従来，キトサンを弱酸で可溶化し，成形したシートはコラーゲンシートと比較して，厚み，吸水速度，吸水倍率，ポアサイズ，湿潤強度で同等の性能を持ち，抗菌性では黄色ブドウ球菌，アクネ菌に対し 1/100 以下に菌数を減少させると報告されている[9]。このような抗菌性はナノファイバー化しても同様の性質を保持すると考えられ，キチン・キトサンが元来持つ機能性を利用した製品開発が望まれる。

6.3.5　キチン・キトサンナノファイバーフィルムの引張強度

　上述したようにナノファイバー化することで，容易にフィルムを得ることができる。キチン・キトサンナノファイバーをそれぞれ濾過，乾燥することで得られたフィルムの応力ひずみ曲線を既知の方法により測定した結果を図

6.6に示す[10]。キトサンナノファイバーの伸びがキチンよりも大きく、引張強度が相対的に高い、これは各原料の重合度に影響していると考えられる。

キチン・キトサン構造体にはβ-1,4グリコシド結合と分子間水素結合が存在する。ウォータージェット解繊法ではβ-1,4グリコシド結合よりも、分子間

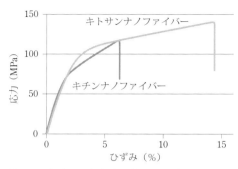

図6.6 キチン・キトサンナノファイバーフィルムの引張強度

水素結合部分を選択的に切断することでキチン・キトサンナノファイバーを作製している。この結果、キチン・キトサンの主鎖の末端が生成せず、結晶の分断も起こりにくいため、結晶化度を最小限の減少に抑えてナノファイバーを得ることができ、高強度・高結晶化度を有するキチン・キトサンフィルムの作製が可能である。

6.4　キチン・キトサンナノファイバーの応用事例

6.4.1　キトサンナノファイバーによる培養軟骨組織の再生

多孔質足場材料としてキトサンナノファイバーを利用した応用例を紹介する[11]。キトサンナノファイバーで直径5 mm、厚さ2 mmの多孔質体を成形し、ラット肋軟骨細胞をモデルとして三次元培養実験を行った。コントロールとして、キトサンを酢酸溶液で溶解、成形したキトサン多孔質体を使用した。図6.7、図6.8に一般的な細胞観察で用いられるヘマトキシリン・エオジン染色（HE染色）法を用いたキトサン多孔質体の観察結果を示す。キトサン多孔質体では細胞播種後1週目でわずかな細胞のみが生着したが、2週目以降では細胞は確認することができなかった（図6.7）。これに対して、キトサンナノファイバー多孔質体では細胞播種後1週目で房状の細胞塊が多数存在し、4週目では細胞数の増加と細胞外基質の産生が認められた（図

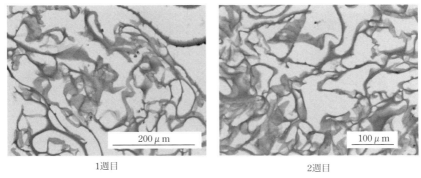

1週目　　　　　　　　　　　　　2週目

図6.7　キトサン多孔質体によるラット助軟骨細胞の培養

1週目　　　　　　　　　　　　　4週目

図6.8　キトサンナノファイバー多孔質体によるラット助軟骨細胞の培養

6.8)。

さらに，ウェスタンブロッティングにより細胞外基質の産生の指標となるtype II collagenの存在を確認したところ，細胞播種後1週目では発現が確認できなかったが，時間が経過するにつれて発現量が増加し，4週目では十分な発現が確認できた（図6.9）。

また電子顕微鏡にて各多孔質体を観察したところ，キトサンナノファイバー多孔質体は生体の細胞外基質と同程度の大きさの内部構造を有している点で，細胞移植床に適した生体適合材料であると考えられた。今後 in vivo での優位性の検証を進める必要がある。

図 6.9　ウェスタンブロッティングによる Type II collagen の確認

6.4.2　コーティング剤

　表面コーティングの応用例として，セルロース，キチン，キトサンの各ナノファイバーに毛髪を浸漬後，超音波洗浄を施したサンプルの走査型電子顕微鏡写真を図 6.10 に示す。コントロールとして，精製水に浸漬した毛髪サンプルを比較に用いた。コントロールと比較して，各ナノファイバーに浸漬

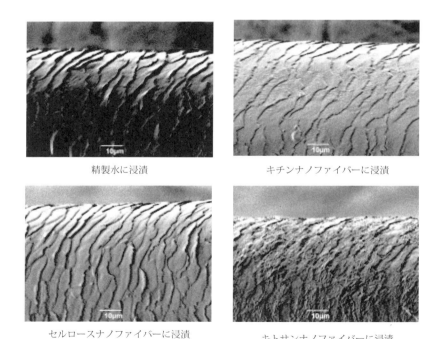

図 6.10　毛髪へのコーティング効果

した毛髪サンプルを観察すると，ナノファイバーによる表面コーティングを確認することができ，特にキチン・キトサンでは毛髪表面で多くの残存が確認された。キチン・キトサンは抗菌・消臭，吸湿・保湿性，染色性向上などの機能性を持ち，繊維関連製品への応用開発が行われている。天然繊維にキトサンナノファイバーをコーティングすることで，剥がれ難く，持続力のある抗菌性繊維の開発が期待される。

6.4.3 キトサンナノファイバーを利用した環境浄化剤

キトサンは分子中にアミノ基を有し，カチオン性を示すことから，負電荷の環境負荷物質や微粒子の吸着材としての応用が検討されている。キトサンナノファイバーから作製したフィルムと多孔質体，コントロールとしてナノファイバー化していないキトサン粉末の各々に対して，RBBR（Remazol Brilliant Blue R）に対する吸着特性を調べた[12]。RBBRはダイオキシンと化学構造が似た構造を持つ青色色素であり，ダイオキシン類に対して吸着能がどれだけあるかを評価するためのモデル物質として用いている。図6.11にRBBRに対する吸着特性を示す。各種キトサン0.01gを吸着材として，各濃度の溶液に7日間浸漬させた後に，単位質量当たりの吸着量を調べた結果，キトサンナノファイバーフィルムの吸着量が最も増加していることがわかる。

また図6.11のデータから飽和吸着量と吸着平衡定数を調べた結果を表6.2に示す。ナノファイバー化によって吸着平衡定数が多孔質体で10倍，フィルム体で50倍に増加しており，低濃度環境下であっても良好に機能する吸着特性を持つことが示唆された。人体に影響のある環境負荷物質の濃度基準は非常に低いため，低濃度領域で効率よく吸

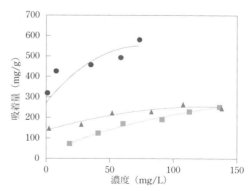

図6.11　RBBRに対する吸着特性
● : キトサンナノファイバーフィルム
▲ : キトサンナノファイバー多孔質体
■ : キトサン粉末

表 6.2　RBBR に対する飽和吸着量と吸着平衡定数

	飽和吸着量（mg/g）	吸着平衡定数（L/mg）
キトサンナノファイバーフィルム	588.2	0.53
キトサンナノファイバー多孔質体	263.2	0.11
キトサン粉末	416.7	0.01

着するという性質は非常に有効な特性であると考えられ，各方面での応用が期待される。また，ホルムアルデヒドを対象とした場合でも，良好な吸着性能が確認されており，シックハウス対策，接着溶剤の消臭対策，空気清浄フィルタへの応用などさまざまな用途への展開が期待できる。

6.4.4　ナノファイバー化によるキチンの効率分解

　キチン系未利用バイオマスの有効活用技術を開発することを目的として，産業技術総合研究所で開発された超耐熱性酵素群とスギノマシンのウォータージェット技術を組み合わせることにより，キチンのナノファイバー化が酵素反応の効率にどのような影響を与えるかを調べた結果を図 6.12 に示す[13]。ウォータージェット処理後，キチンナノファイバーの pH を調製し（20 mM 酢酸バッファー pH 5.5），耐熱性酵素で 85℃，24 時間攪拌した。反応終了後にキチンの加水分解率を測定し，未処理のキチンと比較した結果，加水分解率が約 4 倍に向上することがわかった。ナノファイバー化により，キチナーゼによる物理的なアクセスが容易になり，酵素反応効率が上昇したと考えられる。キチン・キトサンの分解物であるグルコサミンや N- アセチルグルコ

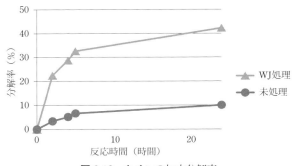

図 6.12　キチンの加水分解率

サミンにおいても機能性が明らかにされており，効率的な分解方法として利用が期待される。

6.5 おわりに

　バイオマスのナノファイバーを利用した製品開発，応用研究が企業，大学，公設試において活発に進められている。ナノファイバー化により，キチン・キトサンが元来持つ機能性を発展させることで，今後の市場性も大きなものを秘めている。（株）スギノマシンにおいては，これらバイオマスナノファイバー原料を安定的に供給し，より使いやすい材料を開発することを目標に，今後も研究開発を推進していく。

《参考引用文献》
1) ナノセルロースフォーラム（https://unit.aist.go.jp/rpd-mc/ncf/index.html）．
2) 渡邉政嘉：セルロースナノファイバーの調整,分散・複合化と製品応用,技術情報協会,3-11 (2015)．
3) Fan, Y., Saito, T., and Isogai, A.: Biomacromolecules, 9 (7), 1919–1923 (2008)．
4) Ifuku, S., Nogi, M., Abe, K., Yoshioka, M., Morimoto, M., Saimoto, H., and Yano, H.: Biomacromolecules, 10 (6), 1584–1588 (2009)．
5) Ifuku, S., Nogi, M., Abe, K., Yoshioka, M., Morimoto, M., Yano, H., and Saimoto, H.: Carbohydrate Polymers, 81(1), 134–139 (2010)．
6) 特許 5334055．
7) 中谷正雄：製剤機械技術研究会誌, 16(1), 26-31 (2007)．
8) 川崎一則,加藤智樹,渡邉愉香,上垣浩一,原島謙一,小倉孝太,林田　稔,石川一彦：顕微鏡, 45 (1), (2010)．
9) 有福一郎,高田　光：キトサンシートの抗菌性,鳥取県産業技術センター研究報告, 10, 45-48 (2007)．
10) Henriksson, M., Berglund, L., Isaksson, P., Lindstrom, T., Nishino, T.: Biomacromolecules, 9, 1579–1585 (2008)．
11) 氷見祐二,小室明人,柳下幹男,川上重彦,大澤　敏：第20回日本形成外科学会基礎学術集会抄録集, 20, 267 (2011)．
12) Morimoto, Y., Akagi, Y., Kondoh, K., Ogura, K., Sugino, G., and Osawa, S.: キチン・キトサン研究, 19, 131 (2013)．
13) 渡邉愉香,石川一彦ほか：日本農芸化学会大会講演要旨集(2010年度大会),講演番号3XCp24 (2010)．

第7章
キチンナノファイバーの構造と機能
―セルロースナノファイバーとの比較

7.1 はじめに

　近年のナノテクノロジーの進展に伴い，バイオ系ナノ材料についても調製方法，構造解析，機能材料化など，基礎から応用に至る研究が盛んに進められている。特に，植物細胞壁主成分の約50％を占めるセルロースは，伸び切ったセルロース分子が30～40本束ねられた幅約3 nmの結晶性「セルロースミクロフィブリル」を，セルロース分子に次ぐ最小構成単位として生合成される。そのセルロースミクロフィブリルに，非晶性で一部疎水性の多糖であるヘミセルロースと，疎水性で基本的に生分解性のないリグニンが充填され，分子からナノレベルの天然複合体として植物細胞壁を構成している。その結果，重力や風雨に耐えて場合によっては100 mを超える樹高を維持し，重力に逆らって水を葉まで吸い上げて光合成し，数十～数百年間樹体生命を支えている。

　その基本構成単位であるセルロースミクロフィブリル構造を生かしたナノセルロース関連の研究開発が世界レベルで進められている。製紙用の木材セルロースとして，効率的に単離－精製される「パルプ化－漂白プロセス」は製紙産業によって構築されており，ナノセルロース製造原料として，安価な木材セルロースを入手可能な状況にある。

　一方，甲殻類の生命を守る構造多糖であるキチンも，幅約4 nmで結晶性のキチンフィブリルを構成単位とし，タンパク質や炭酸カルシウムと分子からナノレベルの複合体を形成している。セルロースと同様に，キチンの結晶

構造解析も精力的に進められている。しかし，セルロースやキチンについてはX線回折によって構造を一義的に決定するだけの大きな単結晶が得られないため，推測の域を出ていない。これらの結晶性多糖の大きな単結晶が得られないのは，構成する多糖分子の光学活性によって，ミクロフィブリルが長さ方向にわずかによじれて対称性が低下しているためではないかと考えられている。キチンに関しては，環境負荷の少ない，効率的な単離－精製プロセスが確立されていない。キチンをセルロースと同様にバイオ系ナノ素材として質的・量的拡大を進めるためには，環境負荷の少ない効率的なキチンの単離－精製プロセスの構築が求められる。

　高分子溶液を紡糸や自己組織化によって人工的にボトムアップ型でナノファイバーを調製する場合には，ナノファイバー内でのすべての高分子を伸び切り鎖として配列させることはできない。しかし，セルロースやキチンのような結晶性ミクロフィブリルを形成する構造多糖は，生合成過程で，低速ではあるがミクロフィブリル内の多糖分子は一方向に伸び切って配列されるのが特徴である。その特異的ナノ構造を利用することで，新規バイオ系ナノ素材として利用が拡大すると期待されている。また，既存の石油系材料と比較して，生物による再生産が可能な原料であること，素材としてはカーボンニュートラルであることなどから，循環型で持続的な社会基盤の構築に貢献できる素材としても注目されている。

7.2　木材セルロースのナノファイバー化

　高純度木材セルロースである溶解パルプを水に分散させ，繰り返し高圧ホモジナイザー処理することで高度にフィブリル化し，水膨潤して粘性があり，一定濃度に希釈しても水と分離－沈降しない「ミクロフィブリル化セルロース（MFC）」が米国 ITT Rayonier 社により開発され，ダイセル化学工業（現ダイセル）が 1980 年代に実用化し，食品用ろ過材，増粘剤などとして利用されてきた。

　2000 年代に入り，石臼式のグラインダー，効率的な高圧ホモジナイザー，

水中対向衝突型ホモジナイザーなど，フィブリル化効率の高い各種解繊装置が開発された。また，解繊効率を上げるためにセルロースに対するさまざまな前処理が検討された。具体的には，軽微なカルボキシメチル化処理，軽微なセルラーゼ処理，カチオン性高分子添加，軽微なアセチル化処理などがある。当研究室では，1996年から多糖のTEMPO（2,2,6,6-テトラメチルピペリジン-1-オキシラジカルの略：水溶性，Ames試験陰性の安定ニトロキシルラジカル）触媒酸化に取り組んできた。その過程で，木材セルロース（針葉樹由来の製紙用漂白クラフトパルプ：セルロース含有量が約90％で，残りはヘミセルロース）をTEMPO触媒酸化処理し，カルボキシ基量が1 mmol/g以上の繊維状TEMPO酸化セルロースを得た後，水中で軽微な解繊処理をすることで，繊維状酸化セルロースが透明高粘度ゲルに変換されることを見いだした（**図7.1**）[1]。

　透過型電子顕微鏡解析などから，このゲルは木材セルロースミクロフィブリル単位にまで分離分散し，約3 nmの均一幅を有する「TEMPO酸化セルロースナノフィブリル（TOCN）」からなることが明らかになった。すなわち，TEMPO触媒酸化反応によって結晶内部のセルロース分子は酸化されず，ミクロフィブリル表面に露出したC6位の1級水酸基のみが位置選択的に酸化されてC6-カルボキシ基のNa塩に変換される。結晶内部のセルロース分子は酸化されないため，元のセルロースⅠ型の結晶構造，結晶化度，結晶幅サイズは維持される。元の木材セルロース中ではミクロフィブリル間に無数の水素結合が形成されているため，これまで損傷なくミクロフィブリル単位にまで分離・分散させることはできなかった。しかし，**図7.2**のように，TEMPO触媒酸化によって結晶性セルロースミクロフィブリル表面に，位置選択的に，高密度で，規則的に，マイナス荷電を有するC6-カルボキシ基のNa塩を生成させることで，水中でフィブリル間に浸透圧効果と荷電反発が効果的に作用し，軽微な解繊処理によってセルロースミクロフィブリル単位にまで「完全ナノ分散化」することができる[1]。なお，木材セルロースのTEMPO酸化反応後は，多量のカルボキシ基を含んでいるにもかかわらず，元の繊維状の木材セルロースの形態を維持しているため，水洗ろ過によって容易に繊維状のTEMPO酸化セルロースを単離－精製でき，排液から電気

● 第 7 章 ● キチンナノファイバーの構造と機能

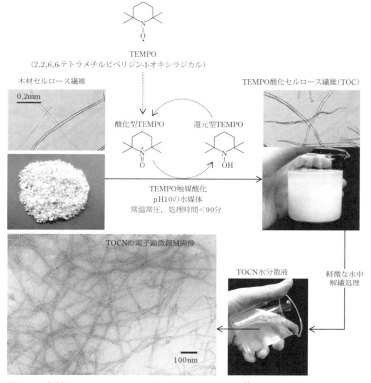

図 7.1 木材セルロースの TEMPO 触媒酸化前処理 [1)]
水中解繊処理による，約 3 nm の均一幅を有し，高アスペクト比の
TEMPO 酸化セルロースナノフィブリルの調製

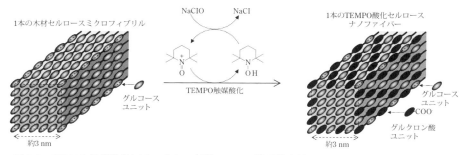

図 7.2 TEMPO 触媒酸化反応により，幅約 3 nm の結晶性木材セルロースミクロフィブリル表面に位置選択的に，高密度で規則的にカルボキシ基の Na 塩が生成 [1)]

透析によって高価なTEMPOを回収し，再利用することができる。この繊維状のTEMPO酸化セルロースを冷蔵庫で保存し，適宜取り出して水中で解繊処理することにより透明で高粘度のTOCN／水分散液が得られる。現在，このTOCNの固体および分散液状態での構造解析とともに，TOCN分散液から調製した自立フィルム，各種複合化フィルム，ヒドロゲル，エアロゲルなどのナノ構造・特性解析を進めている[1]。

7.3 キチンの構造

甲殻類の外皮重量の約30％を占めるキチンもセルロースと同様，幅約4 nmの結晶性フィブリルを構成単位とした階層構造を形成している。そのフィブリル表面のC2-NH_2基の一部はタンパク質と化学結合している。したがって，アルカリ水溶液中で加熱処理する脱タンパク処理過程で，ミクロフィブリル表面に荷電を有しないC2-NH-$COCH_3$（N-アセチル）基と，酸性水溶液中でプロトン化されてプラスの荷電を有するC2-NH_2基を両有する。また，セルロースと同様，TEMPO触媒酸化反応によってC6-カルボキシ基に変換可能なC6-OH基も有している。

X線構造解析からの類推では，カニやエビの外皮由来のα-キチンは分子鎖がアンチパラレル（方向性異なる分子鎖が交互）に配列しており，イカの腱由来のβ-キチンはパラレル配列といわれている。しかし，α-キチンの生合成過程でどのようにキチン分子が交互に配列するのかは説明できない。また，イカの腱由来のβ-キチンは結晶化度が低く，そもそもパラレル配列かアンチパラレル配列かを議論できるだけの情報量はない。一部の海洋生物は高結晶化度，高結晶サイズのキチンを生産する。しかし，それらの試料のX線回折から得られる情報量も圧倒的に少なく，推測の域を出てはいない。ただし，既存の説を否定するだけの証拠もないために，従来説に基づいて議論する場合が多い。

7.4 キチンのナノ分散化と特性解析

　セルロースと同様，キチンのナノ分散化の程度には大きな幅がある。一般に幅を 100 nm 以下にすれば「ナノ分散化された」とされることが多い。十分に膨潤して分散媒の水と分離－沈殿することがなく分散した状態を「ナノキチン」と定義している場合が多い。しかし，多くのナノキチン／水分散体は白濁しており，「光の波長よりも大きなサイズの凝集体やネットワーク構造」を有している。したがって，最小単位である幅約 4 nm のキチンフィブリル単位にまでナノ分散化するのは容易ではない。

　当研究室ではカニの殻由来の α-キチンとイカの腱由来の β-キチンについて，幅約 4 nm のフィブリル単位にまで「完全ナノ分散化」することを目指して検討を行った[2]。以下にその概要を紹介する。図 7.3 に示すように，α-キチンについては 3 通りの方法でナノ分散化した。すなわち，① 木材セルロースと同様，TEMPO 触媒酸化によって水中でマイナス荷電を有する C6-カルボキシ基の Na 塩をフィブリル表面に生成させ，水中解繊処理によってナノ分散化して得られる「TEMPO 酸化 α-キチン」[3]，② α-キチンを 33% NaOH 水溶液中で加熱処理してフィブリル表面の $C2\text{-}NH\text{-}COCH_3$ 基を部分的に脱アセチル化して $C2\text{-}NH_2$ 基を増加させ，酢酸などの希酸で $C2\text{-}NH_3^+$ 基に変換して，フィブリル間にプラスの荷電反発を作用させることにより，水中解繊処理でナノ分散化させる「部分脱アセチル化 α-キチン」[4]，③ α-キチンを 3M の塩酸で処理して分子量低下と脱アセチル化を同時に進め，酢酸などでフィブリル表面にカチオン性の $C2\text{-}NH_3^+$ 基を増加させることで水中解繊処理して得られる「酸加水分解 α-キチン」[5]，である。そして β-キチンについては，イカの腱由来の β-キチンを酢酸水溶液中で解繊処理して得られる「β-キチンナノファイバー」[6] を調製した（図 7.3）。なお，ナノウィスカーは棒状あるいは紡錘形を有した比較的アスペクト比（長さ／幅の比率）の小さいナノキチンを示し，ナノファイバーは屈曲性のある高アスペクト比のナノキチンを示すが，明確な定義の境界はない。本稿では両方合わせて「ナノキチン」と表現する。

7.4 キチンのナノ分散化と特性解析

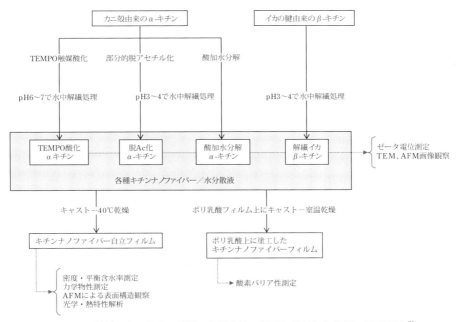

図 7.3　4 種類のナノキチン試料の調製方法の概要と検討した分析・解析手法[2]

7.4.1　TEMPO 酸化 α-キチン

　α-キチン粉末を水に分散させ，pH 10 で TEMPO/NaBr/NaClO 系触媒酸化する場合には，共酸化剤として添加する NaClO の量や反応時間によっては，水不溶性の固体 α-キチンが水可溶性のキトウロン酸にまで酸化され，水不溶性分の重量回収率は低下してしまう。したがって，この場合には収率低下は避けられない。そこで，酸化反応条件を制御することによって水不溶性の TEMPO 酸化 α-キチンを高収率で得て，水洗－精製後に改めて pH 6～7 の水中で機械的な解繊処理することでウィスカー状の TEMPO 酸化 α-キチンが得られる[3]。

7.4.2　部分脱アセチル化 α-キチン

　図 7.4 に示すように，α-キチン粉末を 33% NaOH 中，90℃で加熱処理す

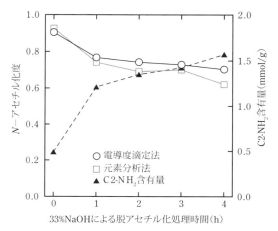

図7.4 市販α-キチン粉末を33％NaOH水溶液中，90℃で加熱処理したのち，洗浄－精製した固形分の電導度滴定，元素分析によるN-アセチル化度の変化と電導度滴定値から求めたC2-NH$_2$含有量の変化[2]

ると，処理時間とともにN-アセチル基量が低下し，対応してC2-NH$_2$基量が増加する．4時間処理後に水洗－精製しても，固形分としての収率は80％以上を維持できる．電導度滴定では，キチンあるいは部分脱アセチル化処理キチンを水に分散させ，希塩酸でpH 2程度に下げてから，希NaOH水溶液を添加することで，pH曲線と電導度曲線を得る．アンモニウム基を中和するのに要した希NaOH水溶液量と，乾燥試料重量からC2-NH$_2$基量を得ることができる（図7.5）．元素分析によって得られるN/C比率からも，ある程度信頼性のあるN-アセチル基量（あるいはN-脱アセチル基量）を測定することができる．

本方法で得られる部分脱アセチル化α-キチン試料は，元の結晶化度，結晶サイズと比較してほとんど変化しないため，部分脱アセチル化反応は結晶性のキチンフィブリル表面のみで起こる．4時間33％NaOH処理して得られた固体状の部分脱アセチル化α-キチンを水に分散させ，酢酸でpHを3～4に調整して機械的な解繊処理をすることで，透明で高粘度のα-キチン分散液が得られる[4]．

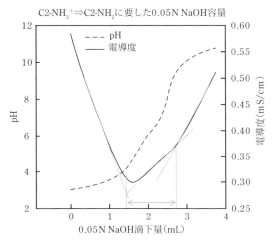

図 7.5 部分脱アセチル化 α-キチン試料の電導度滴定による N-アセチル化度（あるいは C2-NH₂ 含有量）の定量

7.4.3　酸加水分解 α-キチン

既法に従い，α-キチンを 3 M の塩酸水溶液に分散させて加熱処理し，水洗－精製後に pH 3 〜 4 希酸水中で機械的な解繊処理をすることによって分散液が得られる[5]。

7.4.4　イカ由来の β-キチンナノファイバー

イカの腱を既法に従って精製し，酢酸で pH 3 〜 4 に調整した希酸中で機械的な解繊処理をすることにより，透明高粘度の分散液が得られる（図 7.6）[6]。

7.4.5　各種キチンナノ分散液の特性解析

表 7.1 に，固形分濃度 0.02% に希釈した各ナノキチンの水分散液のゼータ電位を示す。TEMPO 酸化 α-キチンのみマイナス荷電を有しており，酸化反応によってフィブリル表面に生成した C6-カルボキシ基の Na 塩構造による高密度のマイナス電荷付与が，ナノ分散化の主要因となっている。一方，

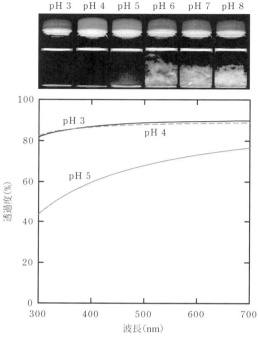

図7.6 精製したイカβ-キチンの水分散液に酢酸を適量添加してpHを変化させて機械的解繊処理した後の固形分濃度0.1％の分散液の光透過度，高い透明度は高いナノ分散化度の指標となる[6]

表7.1 各種ナノキチンの水分散液中でのナノキチン成分のゼータ電位[2]

TEMPO酸化α-キチン	− 60 mV
部分脱アセチル化α-キチン	＋ 65 mV
酸加水分解α-キチン	＋ 58 mV
イカβ-キチンナノファイバー	＋ 56 mV

他の3試料についてはいずれもプラスの値であり，希酸中でキチンフィブリル表面の$C2\text{-}NH_2$基が$C2\text{-}NH_3^+$となってプラス荷電を有することで，フィブリル間の荷電反発と浸透圧効果が作用し，ナノ分散化している。

図7.7には，固形分濃度0.1％にそろえたナノキチンの水分散液の紫外－可視透過度スペクトルを示す。β-キチンナノファイバー分散液が最も高い

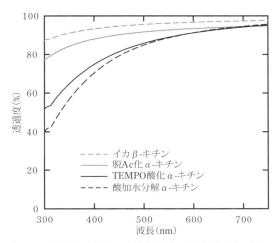

図 7.7　各種ナノキチン水分散液の固形分濃度 0.1 % における光透過度[2]

透明度を有しており，高いナノ分散化率を達成できたと判断できる。一方，TEMPO 酸化 α-キチンと酸加水分解 α-キチンは他の試料に比べて透明度が低く，ナノ分散化度が低い。これらの分散液中では，一部フィブリルの凝集体や架橋したネットワーク構造を有している可能性がある。

　これらのナノ分散化キチンの水分散液を希釈してマイカ上に滴下し，乾燥して原子間力顕微鏡（AFM）で観察した結果を図 7.8 に示す。TEMPO 酸化 α-キチンと，酸加水分解 α-キチンの分散化物は，一部紡錘形でアスペクト比が小さい。部分脱アセチル化 α-キチンは高アスペクト比成分と低アスペクト比成分が混在している。ナノ分散化 β-キチンが最も幅が均一で高アス

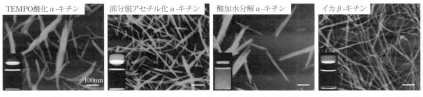

図 7.8　各種ナノキチン希薄水分散液をマイカ上に滴下―乾燥して観察した AFM 画像[2]と対応する 0.1% ナノキチン水分散液の透明性

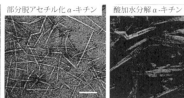

図7.9 各種ナノキチン希薄水分散液を滴下—乾燥して観察したTEM画像[2]

ペクト比となる。図7.9の透過型電子顕微鏡（TEM）画像も同様の結果を示している。イカのβ-キチンナノファイバーは幅が約4 nmと均一，柔軟で高アスペクト比を有している。TEMPO酸化α-キチンと酸加水分解α-キチンはアスペクト比が小さく，横方向にフィブリルが凝集した形状を有している。部分脱アセチル化α-キチンの幅は約4 nmで均一だが，長さには短いものから長いものまで広く分布している。イカのβ-キチンナノファイバーは他と比べて特異的なナノファイバー構造を有しているが，原料入手や精製プロセスを考慮すると，市販の精製されたカニ由来のα-キチンから得られる「部分脱アセチル化α-キチン」を機能材料化の素材とするのが適当と思われる。

7.5　ナノファイバー化キチンキャスト —乾燥フィルムの特性解析

　図7.10にキャスト—乾燥して得られた厚さ約25 μmの自立フィルムの光透過度スペクトルを示す。図7.7に示すようにイカβ-キチンナノファイバーの水分散液が同一固形分濃度で最も光透過率が高く，高いナノ分散性を示していた。しかし，自立フィルムでは最も光透過度が低い。これは，イカβ-キチンナノファイバーが高アスペクト比であるため，フィルム中でナノファイバーが最密充填構造をとりにくく，可視光が反射するようなナノサイズの空隙が多数存在しているためであると推察される。他の3試料は600 nm波長に対してほぼ同様の高い透明度を示していた。

7.5 ナノファイバー化キチンキャスト－乾燥フィルムの特性解析

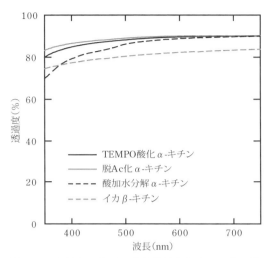

図7.10 各種ナノキチン水分散液からキャスト－乾燥して調製した厚さ約 25 μm 自立フィルムの光透過スペクトル[2]

各ナノキチンの自立フィルム表面の AFM 画像を図 7.11 に示す。いずれもナノウィスカーあるいはナノファイバーの集合体であることを示している。特に酸加水分解 α-キチンナノウィスカーは同じ方向に並んだクラスター構造を有している。部分脱アセチル化 α-キチンは最も幅が細い。イカ β-キチンナノファイバーフィルム表面は，部分的にナノファイバー間が癒着したような，部分的に扁平なナノファイバーが絡み合った構造を有しており，元々約 4 nm 幅のナノファイバーがフィルム形成の過程で扁平化していることを示している。また，多数の空隙が認められ，その結果自立フィルムの光

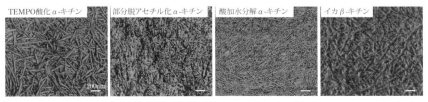

図7.11 各種ナノキチン水分散液からキャスト－乾燥して調製した自立フィルム表面のAFM 画像[2]

透過度が他に比べて低下する。

　各ナノキチン自立フィルムの熱分解挙動を図7.12に示す。いずれも200℃以上で重量低下が開始しており，未処理のセルロースが約300℃であるのに比べて耐熱性は低い。なかでも，TEMPO酸化α-キチンの200～300℃における重量低下率が最も高く，C6-カルボキシ基の脱炭酸による連鎖的な熱分解が要因となっている可能性が高い。部分脱アセチル化α-キチンから調製した自立フィルムが最も高い耐熱性を示した。

　各自立フィルムの23℃，50％相対湿度での密度，平衡含水率，引張破断強度，引張弾性率，破断伸びを表7.2に示す。イカβ-キチンナノファイバーフィルムの密度が最も低く，フィルム内に空隙が存在するために，図7.10に示すように自立フィルムの光透過度が最も低くなることと対応している。引張破断強度，破断伸びは部分脱アセチル化α-キチン由来のフィルムが最も高い。これらの結果は必ずしもフィルムの密度と対応はしていないので，分子量との相関を検討する必要がある。

　ポリ乳酸フィルムに各ナノキチンの水分散液をキャスト－乾燥して複合化フィルムを調製し，それらの酸素バリア性を評価した（図7.13）。いずれの

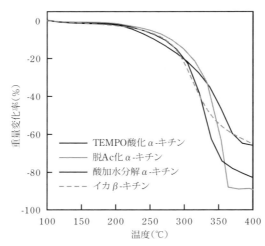

図7.12　各種ナノキチン水分散液からキャスト－乾燥して調製した自立フィルムの熱分解挙動[2]

7.5 ナノファイバー化キチンキャスト－乾燥フィルムの特性解析

ナノキチンを塗工した場合でも，乾燥状態では元の酸素透過度の1/100以下にまで低下させることができ，高い酸素バリア性を示した。しかし，高湿度化では酸素バリア性が低下してしまうと予想される。また，TOCNを塗工したPLAフィルムに比べると乾燥状態での酸素バリア性は高いとはいえない。

表7.2 各種ナノキチン分散液からキャスト－乾燥して得られた自立フィルムの特性[2]

	密度 (g/cm³)	平衡 含水率 (%)	破断 強度 (MPa)	弾性率 (GPa)	破断 伸び (%)
TEMPO酸化α-キチン	1.27	5.9	110	5.3	5.0
部分脱アセチル化α-キチン	1.17	6.3	149	4.9	9.7
酸加水分解α-キチン	1.04	2.6	49	5.7	1.2
イカβ-キチンナノファイバー	0.95	3.9	36	1.2	3.2

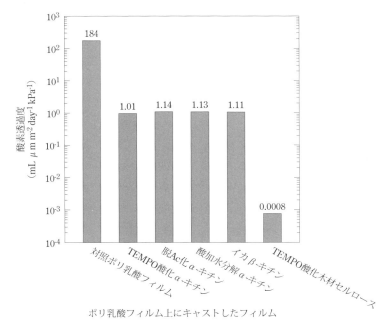

ポリ乳酸フィルム上にキャストしたフィルム

図7.13 各種ナノキチン水分散液およびTEMPO酸化木材ナノセルロース水分散液をポリ乳酸フィルム上にキャスト－乾燥して調製した複合化フィルムの乾燥条件下における酸素透過度[2]

7.6 部分脱アセチル化α-キチンの対イオンによるナノ分散性の差異

イカ由来のβ-キチンは市販されていないが，カニ由来のα-キチンは精製品として市販されており，入手が容易である。そこで，前述の3種類のナノキチン試料の中で最も均一でナノサイズの幅を有し，凝集体が少なく完全ナノ分散化に近いと判断される「部分脱アセチル化α-キチン」の0.15%水分散液に対し，各種無機酸，有機酸を網羅的に添加して分散液のpHを3.5に調整し，同一条件で機械的な解繊処理（円筒型ホモジナイザーと超音波ホモジナイザー処理）をしてナノ分散性を評価した（**図7.14**）[7]。ナノ分散性は分散液の600 nmにおける光透過度と，遠心分離した未解繊物の重量をもとに計算した「ナノファイバー収率」から求めた。**図7.14**に示すように，光透過度とナノファイバー収率には相関があり，両方法によってナノ分散性を

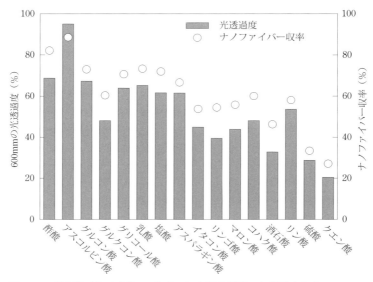

図7.14 部分脱アセチル化α-キチンに各種有機酸，無機酸を加えてpH 3.5に調整し，同一条件で機械的解繊処理した分散液の光透過度とナノファイバー収率[7]

7.6 部分脱アセチル化α-キチンの対イオンによるナノ分散性の差異

評価するのは適正であると判断できる。検討した有機酸・無機酸の中では，ビタミンCのアスコルビン酸が最も高いナノ分散化能を有していた。一方，光透過率から評価するナノ分散性と，希薄分散液で求めたナノキチンのゼータ電位との間には，アスコルビン酸以外は相関が見られた。すなわち，ナノキチンのプラス荷電密度が高いほど，フィブリル間の荷電反発と浸透圧効果によってナノ分散化しやすいことを示している。しかし，最も高いナノ分散化能を有しているアスコルビン酸について，この関係が見られなかったことから，アスコルビン酸の特異的構造（図7.15）が高いナノ分散化の要因となっている可能性がある。

マウスの経口摂取試験から，TOCNは短期的には血中のインシュリン濃度と胃もたれの原因となるGIP（ブドウ糖依存性インスリン誘導ポリペプチド）濃度を低下させるなどの生理活性作用が認められた[8]。しかし，TOCNについては，安全性を証明するため長期で，高コストを要する多面的な試験が必要となる。一方，部分脱アセチル化α-キチンのアスコルビン酸によるナノ分散化物についてはそのハードルはかなり低下する。ナノキチンの実用化については単価を考慮すると，α-キチンを出発物質とし，生理活性機能や医療関係など高付加価値材料への検討が期待される。

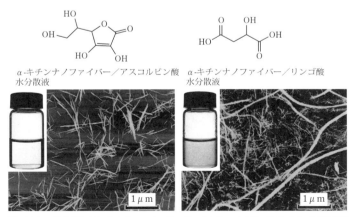

図7.15 部分脱アセチル化α-キチンを，アスコルビン酸を含む水溶液あるいはリンゴ酸を含む水溶液中，同一条件で機械的解繊処理したのちの分散液の透明性とAFM画像[7]

7.7 まとめ

　生物によって結晶性を有するフィブリル状に生合成されるキチンから，前処理と水中解繊処理で得られるナノキチンは，原料となるキチンの選択や，各種前処理方法，解繊条件によって特異的なナノ構造と特性を有している。特に$C2\text{-}NH_3^+$基に由来するプラスの表面荷電は他の生物系ナノ素材にない殺菌や消臭機能，マイナス荷電成分のイオン吸着性を示す。食品加工の過程で大量に副生－廃棄されているキチンの質的・量的な有効利用を進めることが期待されているなかで，ナノキチンの構造と特性を生かした高機能材料としての応用展開が求められている。

《参考引用文献》
1) 例えば，磯貝　明：高分子, 64(2), 85-87(2015), 現代化学, 525(12), 44-49(2014).
2) Fan, Y., et al.: Int. J. Biol. Macromol., 50, 69-76(2012).
3) Fan, Y., et al.: Carbohydr. Polym., 79, 1046-1051(2010).
4) Fan, Y., et al.: Biomacromolecules, 9, 192-198(2008).
5) Goodrich, J. D., Wnter, W. T.: Biomacromolecules, 8, 252-257(2007).
6) Fan, Y., et al.: Biomacromolecules, 9, 1919-1923(2008).
7) Qi, Z.-D., et al.: RSC Advances, 3, 2613-2619(2013).
8) Shimotoyodome, A., et al.: Biomacromolecules, 12, 3812-3818(2011).

第8章
キチンナノファイバーの製造と応用開発

8.1　はじめに

　産業界において樹木に由来するセルロースナノファイバーが新素材として注目されている。樹木の細胞壁の構造はナノファイバーを含む緻密な組織体を形成している。この組織体を粉砕装置で微細化することによって、ナノファイバーを抽出できる。我々はそのような技術を応用してカニ殻に含まれるキチンナノファイバーを抽出することに成功している。本稿ではキチンナノファイバーの製造技術とその応用開発について紹介していく。

8.2　カニ, エビ, キノコからのキチンナノファイバーの製造[1,2]

　キチンは N-アセチルグルコサミンが $(1 \rightarrow 4)$-β 結合により連結した剛直な直線状の多糖類であることから、構造はセルロースと類似している。キチンはカニやエビなどの甲殻類の外皮の主成分であり、生体の骨格を支えるいわゆる構造材料として利用されている。その合成量は地球上最大のバイオマスであるセルロースに匹敵するともいわれる。しかしながら、樹木として大量に貯蔵されるセルロースと比較して、キチンの貯蔵量はセルロースに及ばない。カニやエビの殻に含まれるキチンはナノサイズの繊維状の物質である。その周囲をタンパク質層が覆い、この複合体が自発的にらせん構造を形

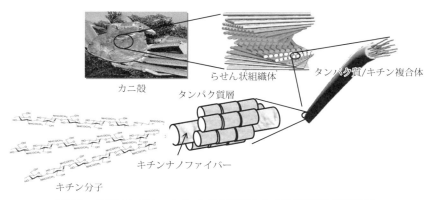

図 8.1　キチンナノファイバーから派生するカニ殻の複雑な組織構造

成する（図 8.1）。そして，その構造体の間隙を炭酸カルシウムが充填している。そのため，粉砕装置を用いてカニやエビの外皮を解体することによってキチンナノファイバーを単離することができる[3]。

キチンナノファイバーの具体的な製造方法は，まず，カニ殻に含まれる炭酸カルシウム，タンパク質を塩酸および水酸化ナトリウムによる処理で除き，キチンを得る。このキチンに対して pH = 3-4 程度の酸性水溶液を加えて 1 ％程度の濃度にした後，後述する装置を用いて粉砕する。この処理を経てキチンは幅がおよそ 10 nm と極めて細く，均質なナノファイバーを得ることができる（図 8.2）。キチンナノファイバーは低濃度にもかかわらず水中に均一に分散する。これはナノファイバーが互いに物理的，化学的に作用して水中でネットワークを形成しているためである。キチンが豊富なバイオマスでありながら，これまでほとんど利用されていないのは，ほとんどの溶媒に対して不溶で沈殿し，配合や成形などの加工が困難なためである。ナノ化によって分散性が向上し，材料として利用しやすくなったことはキチンの実用化において重要である。

セルロースは製紙や繊維産業において大規模に利用されているが，キチンは直接的な利用がほとんどないため高価である。しかしながら，ナノファイバーの製造は原料費ではなく，粉砕に係るコストが大半を占める。よって，ナノファイバーの低コスト化には粉砕の効率化が必須である。キチンの粉砕

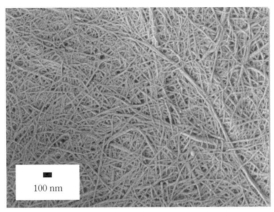

図 8.2 カニ殻から単離した幅 10 nm のキチンナノファイバー

の効率化において，弱酸性が鍵となる。キチンはわずかに脱アセチル化されたグルコサミン単位が存在する。グルコサミンのアミノ基は酸性条件でプロトン化される。正の電荷を帯びたキチンは互いに反発力を生じるため，粉砕により容易にナノファイバーに微細化される。静電的な反発力を利用して，さまざまな粉砕装置がナノファイバーの製造に利用できる。例えば，石臼式の磨砕機や，湿式の高圧ホモジナイザー，高速のブレンダーを粉砕機として用いた報告がある。また，ナノファイバーは酢酸以外に乳酸や，クエン酸，アスコルビン酸などの有機酸も使用可能であり，用途に応じて選択することができる。

　エビの殻からも同様の方法でナノファイバーを単離できる。エビはアジア一帯で大量に養殖されているため，キチンナノファイバー原料の安定確保につながる。また，キノコの細胞壁に含まれるキチンもナノファイバーとして単離可能である。キノコ由来のナノファイバーは表面で非晶のグルカンと複合体を形成しているのが特徴である。キノコは栽培可能であり，食経験もあることから機能性の食品用途が期待される。

8.3 キチンナノファイバーを配合した透明シートの開発

　キチンナノファイバーは無数のキチン分子が並列に配列した，構造的な欠陥のない伸びきり鎖結晶の繊維である。物性に優れ，高強度，高弾性，低熱膨張である。よって，キチンナノファイバーの特徴的な形状と優れた物性を生かす用途として，補強用のナノフィラーとしての利用が有効である。本来，カニやエビ，昆虫は強くてしなやかな外骨格を獲得するために，キチンナノファイバーを外皮に蓄えているのだから，この発想は理にかなったものである。我々はキチンナノファイバーを補強繊維として配合したプラスチックシートを開発している[4]。キチンナノファイバー配合プラスチックは，まず吸引濾過によりシート状に成形したナノファイバーをアクリル系のモノマーに浸漬した後，重合して製造する。得られる複合シートはキチンナノファイバーの補強効果により，強度と弾性率が大幅に増加する一方で，熱膨張を抑制できる。また，本来のプラスチックと同様に柔軟であり，ナノファイバーの配合率が 40-60 % であるにもかかわらず非常に透明である（図8.3）。これはナノファイバーのサイズ効果によるものである。すなわち，補強繊維の幅が可視光線の波長よりも十分に小さいと，繊維とプラスチックの屈折率差に伴う界面での光の乱反射が生じにくくなる。キチンナノファイバーは繊維幅がおよそ 10 nm であり，可視光線の波長（およそ 400-800 nm）よりも十分に小さい。よって，高い透明性を発現することができる。一般に，マイクロサイズの繊維をフィラーに用いて透明な複合材料を得るためには，双方の屈折率差を厳密に合わせる必要がある。しかし，キチンナノファイバー

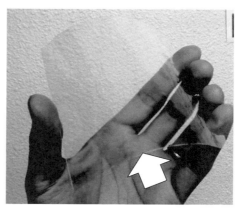

図8.3　キチンナノファイバーを配合した柔軟で透明な強化プラスチックフィルム

はさまざまな屈折率の樹脂を用いても高い透明性を保持することができる。一般にプラスチックは使用する温度によって屈折率が 0.01 以上変動するが，ナノファイバーで補強した透明材料は温度変化による影響が少ない。

　キチンナノファイバーを用いた透明シートは有機・無機ハイブリッド材料であるシルセスキオキサンやバイオフィルムであるキトサンに対しても適用可能である。得られる複合フィルムはいずれも透明性と柔軟性を維持したまま，強度，弾性率，熱膨張を大幅に向上させることができる。物性の向上はナノファイバーの配合率に依存する。また，キチンナノファイバー単体でもキャスト法によって容易にフィルム化ができる。その引張強度，弾性率，線熱膨張率はそれぞれ 157 MPa，8.8 GPa，15 ppm/K に達する。このキャストフィルムに対して可塑剤としてグリセロールを添加することによって物性を自由に制御できる。最大 70 % ものグリセロールを配合することが可能であり，強度と弾性率をそれぞれ 22 MPa，0.78 GPa まで調節することができる。しかしながら，そのフィルムの熱膨張率はグリセロールの添加量に依存せず，全く増加しない。これはグリセロールが液体であるため，ナノファイバーの膨張に影響を及ぼさないためであろう。

8.4　キチンナノファイバーのゲル化

　キチンやセルロースは自然界では高度に結晶化した幅数 nm のナノファイバーの形で存在し，甲殻類などの外骨格内や植物細胞壁中において強靭な骨格成分として機能している。それらの高い結晶性は両ナノファイバーに優れた力学性能を付与し，その特性を生かしたさまざまな利用研究（樹脂などの補強繊維など）が近年広く進められている。

　その一方で，そのように安定な構造は水や有機溶媒への溶解を妨げる。そのため，例えばキチンやセルロースからゲルを作製するためには，特殊な溶媒の使用または誘導体の調製を行う必要がある。ところが，解繊処理によって得られた均質なキチンおよびセルロースナノファイバーは大きな比表面積および多数の水酸基により水中で均一に分散し，その水懸濁液は繊維率わずか

か1 wt％であっても粘稠な性質を示す。そのためこの水懸濁液をそのまま固化することができれば，溶解工程を経ることなく，ナノファイバーから直接ゲルを作製できると考えられる。我々はこれまでの研究において，水中に分散したキチンおよびセルロースナノファイバー

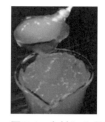

図8.4　木材から単離した1 wt％セルロースナノファイバー水懸濁液（左）と9 wt％ NaOH水溶液で作製したセルロースナノファイバーゲル（右）

が水酸化ナトリウム処理によって連結し，ゲルを形成する現象を明らかにしている[5]。この節では，先にセルロースナノファイバーのゲル化法およびゲル化機構について簡単に紹介した後，αおよびβ-キチンナノファイバーのゲル化について解説する。

　セルロースナノファイバーのゲル化は非常に簡便である。パルプを解繊処理することによって得られたセルロースナノファイバー水懸濁液（図8.4左）をNaOH水溶液中に浸漬させ，その後，水中にて十分な中和および洗浄を行うだけで図8.4右に示すような安定なゲルが得られる[1]。セルロースの結晶形はNaOH: 12 wt％前後でⅠ型からⅡ型へ変態することはすでによく知られている。実際，異なるNaOH濃度で調製したゲルの乾燥物をX線回折に供すると，NaOH: 12 wt％を境にセルロースⅠ型からⅡ型への変態が確認された。しかし，NaOH: 6 wt％以上であれば，いずれの結晶形においても安定したゲルが形成される。

　セルロースナノファイバーのゲル化は，NaOH処理よるセルロースの結晶変態と密接に関係している。セルロース結晶がⅠ型からⅡ型へと変態するには，セルロースをいったん溶解させた後に再生させるか，セルロース試料を高濃度のNaOH水溶液に浸漬させた後に中和（一般にマーセル化と呼ばれる）するかの2通りがある。上記の場合，セルロースは溶解しておらず広義においてマーセル化処理による結晶変態に類すると考えられる。平行鎖構造を有するセルロースⅠ型がNaOH水溶液中に浸漬するだけで逆平行構造のセルロースⅡ型に変態する機構は，OkanoとSarkoによって説明されてい

る[6]。それによれば，セルロース試料内において向きの異なる平行鎖構造（I型）のセルロースミクロフィブリル同士がNaOHによって膨潤し，交互嵌合（こうごかんごう，interdigitation）することによって逆平行鎖構造のセルロースII型へと変態する。つまり，NaOH水溶液中において膨潤するセルロースナノファイバー同士が互いに嵌合し，その後の中和によって膨潤が終了すると，結果として連続的なネットワーク構造が形成されると考えられる。NaOH: 10 wt%以下で形成されるI型のナノファイバーゲルにおいては，セルロース結晶は十分に膨潤せず，おそらく結晶表面のみが膨潤し，互いに絡み合うことでネットワークを形成すると考えられる。

連続的なネットワークから成るI型およびII型のセルロースナノファイバーゲルは，結晶性のナノファイバー骨格を有するため，非常に高い引張特性を示す[7]。さらに，溶解工程を経ずに作製されるため，通常の再生セルロース（溶解後に再生して得られる）に比べて高い結晶性を有することがこのゲルの特徴である。

上記の手法を応用して，キチンナノファイバー水懸濁液からゲルを作製することが可能である。天然キチンにはα-キチンおよびβ-キチンの2種類の結晶形が存在する。このうち，β-キチンは天然セルロースと同じ平行鎖構造を有する。そのため，セルロースナノファイバーのときと同様，NaOH処理によって平行鎖構造（β-キチン）から逆平行鎖構造（α-キチン）へと結晶変態させることによってキチンナノファイバーが得られると考えられる。NaOH処理によるβ-キチンからα-キチンへの結晶変態についてはすでに報告されており，30 wt%以上のNaOH処理によって起こるとされている[8]。そこで，イカの甲由来の精製キチン粉末から調製したβ-キチンナノファイバー水懸濁液を20-40 wt%のNaOH水溶液中に12時間浸漬させた後，多量の水中で中和処理を行った。なお，β-キチンナノファイバーはα-キチンナノファイバーと同様の方法により製造される。すると，35 wt%以上のNaOH水溶液に浸漬させたときに，懸濁液が収縮を伴いながらゲル状態を形成し，中和後に弾力のあるゲルを形成することがわかった（図8.5）[9]。しかしながら，35 wt%以上のNaOH処理はでβ-キチンに部分的な脱アセチル化（50 %程度）を引き起こす。脱アセチル化度50 %程度のキチンは8-16

wt％ NaOH 水溶液に溶解すると報告されており[10]，実際，本実験においても水中での中和途中でキチン試料がいったん溶解した後，再び析出（再生）してゲルが得られる。溶解後の再生キチンは結晶性が低く，ゲルの強度も低下する。このようなキチンの溶解および結晶性の低下を防ぐため，水ではな

図 8.5　35 wt％ NaOH 水溶液で作製した β-キチンナノファイバー由来ゲル

くエタノールを用いて中和を行った。過去の報告によれば，エタノール中和によって試料中の NaOH 濃度が 8 wt％以下まで下がると，脱アセチル化度 50％程度のキチンにおいても水中での溶解は起きないと考えられる[6]。実際，エタノール中和途中の溶解が起こらず，結晶性の高い α-キチンからなるナノファイバーゲルが得られた。凍結乾燥後のゲル試料を電子顕微鏡で観察したところ，水で中和した場合，本体のキチンナノファイバーの構造が大きく乱れている。一方，エタノールで中和した場合，緻密なナノファイバーネットワークが観察され，これは再生キチンゲルではなく，キチンナノファイバーの交互嵌合によって形成されたゲルであると示唆される（**図 8.6**）。結果として，再生キチンゲルより優れた引張強度を示すナノファイバーゲルが得られ，シート状に作製したゲル（繊維量 30 wt％）の弾性率は 16.6 MPa，引張強度は 7 MPa を示した[5]。

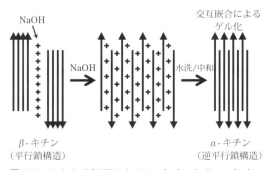

図 8.6　アルカリ処理による β-キチンから α-キチンへの結晶変態を示す模式図

一方，元々安定な逆平行鎖構造を有する α-キチンナノファイバーは上記の手法ではゲル化しない。キチンナノファイバーがゲル化するためには，ナノファイバー同士が嵌合するためにキチン結晶が NaOH 水溶液中で十分に膨潤する必要がある。そこで，NaOH 濃度および温度を変化させ，α-キチンナノファイバーを処理したところ，− 18℃以下の 20 wt% NaOH 水溶液中に α-キチンを十分浸漬させた後，液の温度を 0℃付近まで上昇させると，α-キチンが溶解することが明らかになった[7]。このとき，用いるキチンはナノファイバーに限らず，市販の精製 α-キチン粉末においても同様の溶解性を示す。溶解液の温度をさらに増加させると，キチンが析出し，再生キチンゲルが得られる。

しかしながら，先に記したように溶解を経て再生した場合，キチンの結晶性は低下し，またゲル内のネットワーク構造も大きく乱れる。このような溶解を防ぐために，β-キチンナノファイバーのときと同様に中和にエタノールを用いた。− 18℃以下の 20 wt% NaOH 水溶液中に浸漬させた α-キチンナノファイバー試料を，同じく− 18℃のエタノール中にて十分に中和洗浄した後，水中でさらに洗浄を行った。その結果，エタノールによる中和において試料は溶解せず，本来の結晶性を保持した α-キチンナノファイバーゲルが得られることが示された[11]。おそらく，− 18℃以下の 20 wt% NaOH 中で α-キチンナノファイバーは十分に膨潤し，交互嵌合していると考えられる。高い結晶性を保持したキチンナノファイバー骨格（図 8.7）からなるゲルは非常に優れた引張特性を示し，シート状に作製したゲル（繊維量 8 wt%）の引張強度は 1.8 MPa を示した。

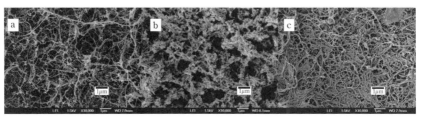

図 8.7　α-キチンナノファイバー（a）および α-キチンナノファイバー由来ゲル（(b) 水洗浄，(c) エタノール洗浄）

キチンナノファイバーからゲルを作製する利点は，溶解工程を経ないため本来の結晶性が保持され，強固な結晶性ナノファイバー骨格を有することである。結果としてα-キチンおよびβ-キチンナノファイバーから高強度ナノファイバーゲルの作製を可能にする。今後，キチンナノファイバーの新たな応用展開としてさまざまな分野へ活用されることを目指す。

8.5　キチンナノファイバーによる植物の病害防除・成長促進効果

カニ殻を土壌に混ぜて作物を育てることで，肥料になるだけでなく，病気の抑制や成長を良くすることが可能であると昔より広く知られている。これは主にカニ殻の主成分であるキチンによる効果であり，植物がキチン分子を認識し，反応することで起こると考えられる。その理由は，キチンが植物に処理することで病害に対する抵抗性反応を誘導できる物質であるエリシターの一つとして知られ，植物の成長を促進する効果を持つことも知られているためである。また，植物が細胞レベルでキチンを認識するメカニズムも，近年分子レベルで明らかになっている。植物がキチンを認識し，反応する理由としては，植物に病気を引き起こす病原体の多くが菌類であるため，植物は菌類の細胞壁の主成分であるキチンを認識することで，前もって自身が持つ抵抗性を誘導するという，一種の免疫反応を起こすメカニズムを獲得しているためであると考えられている。キチンは水に不溶であるため，現状これらのキチンの機能を農業に利用する目的では，液体で利用可能なキトサンかキチンオリゴ糖が土壌改良剤や植物成長促進剤として利用されている。しかしながら，その効果が決して高いとはいえないため，キチンの農業分野での利用は限定的なのが現状である。キチンナノファイバーは高分子のキチンを水分散液で利用可能なため，その機能を調査することで，農業分野での利用の可能性を調査した。

キチンナノファイバー処理した植物における病害抵抗性の誘導能を，さまざまな植物を用いてキチンオリゴ糖との比較により調査した。栽培作物を中

| 水処理 | 0.01%
キトサンNF | 0.01%
キチンNF | 0.1%
キトサンNF | 0.1%
キチンNF |

図 8.8　キチン・キトサンナノファイバー処理したイネにおける
　　　　いもち病の抑制

　　　　水処理　　　　　　　　　　0.1%キチンNF処理

図 8.9　キチンナノファイバー処理したキュウリにおけるウリ類
　　　　炭疽病の抑制

心に調査した結果，イネにあらかじめキチンナノファイバー処理することで重要病害であるイネいもち病が顕著に抑制された（図 8.8）。同様の結果は，キュウリにウリ類炭疽病菌を感染させた場合（図 8.9），およびニホンナシにナシ黒斑病菌を感染させた場合（図 8.10）の両方の試験でも観察された。これらの病原菌は地上部で感染する病原菌であるため，土壌中で感染する病原菌に対する効果についても調査した。土壌より感染するトマト萎凋病菌を用いて試験を行った結果，土壌にあらかじめキチンナノファイバー処理した場合にトマトにおける病兆が顕著に抑制された（図 8.11）。一方，モデル植

物であるシロイヌナズナを用いてキチンナノファイバーとキチンオリゴ糖の効果の比較を行った。シロイヌナズナにアブラナ科黒すす病菌を接種し，病徴を比較した結果，キチンオリゴ糖処理と比べてキチンナノファイバー処理により飛躍的に病徴が軽減された[12]。また，キトサンから作成したキトサンナノファイバーも用いてイネにおいて試験を行ったが，キチンナノファイバーと比べて病害の抑制効果は低かった（図 8.8）。つまり，キチンナノファイバーが持つ病害抵抗性の誘導能は，従来農業分野で使用されてきたキトサンやキチンオリゴ糖と比べて非常に高いといえる。キチンは抗菌活性を持たないが，キチンの表面をキトサン化した表面キトサン化キチンナノファイバーでは 12 種類という広範囲の植物病原菌に対して 80％以上の抗菌性（胞子発芽抑制率）を有することが明らかとなっている[13]。表面キトサン化キチンナノファイバーで植物を処理することにより，抗菌活性による病原菌の増殖の抑制ができることから，本素材の利用によりキチンナノファイバーよりも強い病害防除効果が期待できる。

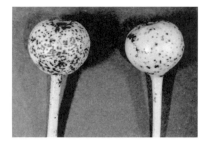

水処理　　　　　0.1％キチンNF処理

図 8.10　キチンナノファイバー処理したニホンナシにおけるナシ黒斑病の抑制

　キチンナノファイバー処理した植物における成長促進効果も調査した。キチンナノファイバー，もしくはキチンオリゴ糖処理をしたトマトの成長度を

　　　　水処理　　　　　　　　　　　　　0.1％キチンNF処理

図 8.11　キチンナノファイバー処理したトマトにおける萎凋病の抑制

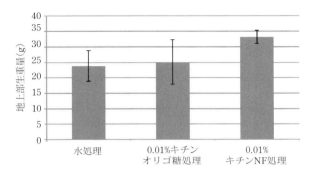

図 8.12　キチンナノファイバー処理したトマトにおける成長促進効果

比較した結果，キチンナノファイバー処理による成長促進効果はキチンオリゴ糖処理に比べて有意に高いことが明らかになった（図 8.12）。これらの結果から，キチンをナノファイバー化することで，本来キチンが持つ病害抵抗性の誘導能と成長促進効果の両方が飛躍的に増強されることが明らかになった。キチンナノファイバーではそのナノサイズの形状により表面積が格段に増えるため，植物によるキチンの分子認識の頻度が高まり，その結果として本来キチンが持つ機能が増強されたと考えられる。このように，キチンナノファイバーは従来のキチンにはない優れた機能と物性を兼ね備えていることから，キトサンやキチンオリゴ糖と代替しうる素材であり，これからの農業分野での利用が期待される。

8.6　キチンナノファイバー添加による小麦粉生地強度の増強効果

　食品分野でのナノファイバーの利用は現在多方面で進められているが，ナノファイバーが持つ機能を明らかにした例はない。小麦は主に生地の強度によって，パン，めん，菓子など他の食材に類を見ないほど多様に加工される。生地の強度は小麦タンパク質により作られるグルテンの強さに由来する。前述どおり，キチンナノファイバーは構造的に高強度であることから，その添

加による補強効果が期待できる。そのため，キチンナノファイバーの添加により，小麦粉生地の強度を強化可能であると考え，その効果を検証した。

小麦粉生地強度の評価は，小麦粉製品の代表であるパンの作成時にキチンナノファイバーを添加し，できあがったパンの膨化体積を調べることで行った。その結果，キチンナノファイバーの添加により製パンに適さない薄力粉を使用した場合でも，強力粉を使用した場合と同程度の大きさのパンを作成可能であることが明らかになった（図8.13）。また，強力粉を使った試験では，少なくとも20％の小麦粉を減らしてパンを作成可能であることも明らかになった[14]。これらの効果はこれまでに報告はなく，ナノファイバー化していないキチンでは全く見られなかったことから，キチンナノファイバーが持つ本機能はキチンをナノファイバー化して初めて獲得した機能であるといえる。

本機能を利用して，生地の膨らみや堅さ，食感などの改良・改質を目的に，パンだけでなくさまざまな小麦粉製品にキチンナノファイバーを広く利用・応用可能であると期待される。特に，減カロリーのパン，もしくは小麦粉製品の開発に貢献できると考えられる。またキチンナノファイバーは動物に対するさまざまな生体機能を持つことから[15]，これらの機能性を持った小麦粉製品の開発にも利用可能である。キチンナノファイバーの食品としての安全性も検証済みであることから，今後本素材の食品分野への積極的な利用が期待される。

強力粉200 g　　　　　　　　　　　　　　＋キチンNF

薄力粉200 g

図8.13　キチンナノファイバー添加による小麦粉生地強度の強化

8.7 おわりに

　キチンは豊富なバイオマスであるにもかかわらず，グルコサミンやキトサンの原料としての利用が大半であり，直接的な利用はこれまでほとんどなかった。キチンナノファイバーはキチンが水中で均質に分散しており，用途に応じてさまざまな形状に加工したり，配合することができる。本成果により，カニやエビが紡ぎだすキチンナノファイバーを簡単かつ大量に単離できることになった。キチンナノファイバーは市販のキチンを原料に，市販の粉砕装置を用いて容易に製造可能であることから，供給体制の整備は比較的容易であろう。一方でキチンナノファイバーは現状では高価であるから，低コスト化のために効率的な粉砕技術の開発は必須である。また，キチンナノファイバーの機能や特徴を明らかにして，付加価値の高い用途を探索しなければならない。本稿ではその一例を紹介した。今後もナノファイバー化によってキチンの潜在的な機能が明らかになると期待している。

《参考引用文献》
1) 伊福伸介:高分子論文集, 69, 460-467 (2012).
2) Ifuku, S., Saimoto, H.: Nanoscale, 4, 3308-3318 (2012).
3) Ifuku, S., Nogi, M., *et al.*: Biomacromolecules, 10, 1584-1588 (2009).
4) Ifuku, S., Morooka, S. *et al.*: Green Chemistry, 13, 1708-1711 (2011).
5) Abe, K., Yano, H.: Carbohydrate Polymers, 85, 733-737 (2011).
6) Okano, T., Sarko, A.: Journal of Applied Polymer Science, 30, 325-332 (1985).
7) Abe, K., Yano, H.: Cellulose, 19, 1907-1912 (2012).
8) Noishiki, Y., Takami, H. *et al.*: Biomacromolecules, 4, 896-899 (2003).
9) Abe, K., Ifuku, S. *et al.*: Cellulose, 21, 535-540 (2014).
10) Sannan, Y., Kurita, K., *et al.*: Die Makromollekulare Chemie, 177, 3589-3600 (1976).
11) Chen, C., Li, D., *et al.*: Cellulose, 21, 3339-3346 (2014).
12) Egusa, M., Matsui, H., *et al.*: Frontiers in Plant Science, 6, 1098 (2015).
13) 江草真由美, 上中弘典ほか: Material Stage, 14, 49-51 (2014).
14) 田中裕之, 江草真由美ほか: 日本食品科学工学会誌, 63, 18-24 (2016).
15) Azuma, K., Ifuku, S., *et al.*: Journal of Biomedical Nanotechnology, 10, 2891-2920 (2014).

第2編

メディカルイノベーション

medical innovation

第9章
キチン・キトサンヒドロゲルを活用した生体適合材料

9.1 はじめに

　キチンやキトサンは生分解性，生体適合性などの優れた性質を有するため，創傷治癒や組織工学をはじめとする生体材料分野において，極めて有望なバイオマスの一つとして期待されている。しかしながら，キチンは難溶解性を有しているため成型性に乏しく，材料としての応用が遅れていた。ギ酸や硫酸などの強酸による溶解は古くから知られているが，著しい分子量低下を伴うため，キチン本来の性質を十分に生かすことはできない。中性条件では，塩化リチウム／N,N-ジメチルアセトアミド（DMAc）溶液に溶解することが知られているが，DMAc の毒性などの点からあまり適当ではない。近年，我々は飽和塩化カルシウム二水和物／メタノール溶液（$CaCl_2・2H_2O$/MeOH）中にキチンが溶解することを見い出した。これにより，膜，繊維，あるいはスポンジなどのさまざまな形態への成型が可能となった。一方で，キトサンも酢酸や塩酸などの酸水溶液には可溶であるものの，酸水溶液中での保存による分子量低下，あるいは成型後のアルカリ処理の必要性など，材料として利用するにはいくつかの問題があった。このようなキチン・キトサンの成型における問題点を解決するため，我々は各々をヒドロゲル化することにより，さまざまな成型体の構築を試みてきた。本章においては，特にキチンならびにキトサンのヒドロゲルを用いた製膜化，およびスポンジの調製と，それらを用いた初歩的な生物試験に関して述べる。

9.2 キチン複合膜

9.2.1 キチンヒドロゲルの調製 [1)]

　キチンにはエビ，カニ由来のα-キチンと，イカ由来のβ-キチンが存在する。各々は高分子であるキチン鎖の配列が逆平行か平行かの違いにより，結晶構造中での水素結合の強さが異なるため，その物理的性質も大きく異なる。特に，α-キチンは特殊な溶媒系にしか溶解しなかったが，α-キチンも$CaCl_2 \cdot 2H_2O/MeOH$ を用いることにより，温和な条件下で容易に溶解することができる。そのキチン溶液を蒸留水に滴下し，沈殿物を遠心分離した後，蒸留水に対し透析し，Caを除去する。再度遠心分離した後，ブレンダーを用いて均一にすることによりキチンヒドロゲル（regenerated gel，RG）が得られる。ヒドロゲルの含水率は概ね95-98％で，遠心分離の条件により90％程度まで含水率を調整することができる。一方で，β-キチンも$CaCl_2 \cdot 2H_2O/MeOH$ に溶解するが，得られた溶液はα-キチンの場合よりも極めて粘度が高く，RGを調製することが困難だった。しかしながら，β-キチンは粉末を蒸留水に分散させ，ブレンダーで処理するだけでも容易に膨潤ゲル（swollen gel，SG）を得ることができ，その含水率は99％程度であった。これは，β-キチンの結晶構造がα-キチンのものよりも容易に分子鎖間に水分子を取り込んだことに起因する。

9.2.2 キチン膜の調製 [2-5)]

　上記のキチンヒドロゲル，RGおよびSGを蒸留水に懸濁し，サラン製ろ過布とろ紙を用いて余剰な水をろ過した後，室温で一日，1トンの荷重をかけて乾燥することにより，RGおよびSG由来のキチン膜が得られる。

　さらに，キチン膜の力学的強度の向上を目的として，グルタルアルデヒド（GA）やN-アセチルグルコサミン（GlcNAc）を添加したキチン膜の調製も行った。GAはキチン分子内にわずかに存在するC-2位のアミノ基とGAのアルデヒド基が反応し，シッフ塩基を形成することで架橋する。一方で，GlcNAcは熱処理を行うことで，還元糖特有のメイラード反応が進行し，キチン分子間で架橋が起こる。RGおよびSGキチンの懸濁液にGA(1.0 w/w％)，

9.2 キチン複合膜

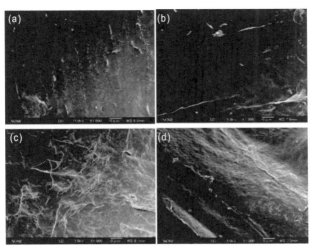

図 9.1 キチン膜表面の SEM 写真 [2]
(a) RG キチン膜，(b) SG キチン膜，(c) GA 架橋 SG キチン膜，(d) GlcNAc 架橋 SG キチン膜

あるいは GlcNAc（10 〜 30 w/w%）を加え，オートクレーブで 120℃，2 時間処理した後，上記と同様にろ過，圧縮処理により架橋キチン膜を調製した。各々の膜表面の走査型電子顕微鏡（SEM）写真を図 9.1 に示す。キチンのみからなる膜は比較的平滑な表面を有している。一方で，架橋を行った膜は表面にすじ状の凹凸が見られるものの全体的には平滑な表面を有している。また，力学的強度を調べるため，応力−ひずみ曲線（S-S 曲線）を測定した（図 9.2）。

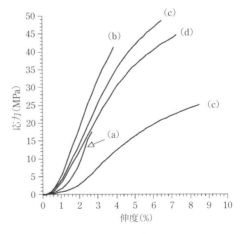

図 9.2 キチン膜の S-S 曲線 [2]
(a) RG キチン膜
(b) SG キチン膜
(c) GA 架橋 SG キチン膜
(d) 10 w/w% GlcNAc 架橋 SG キチン膜
(e) 30 w/w% GlcNAc 架橋 SG キチン膜

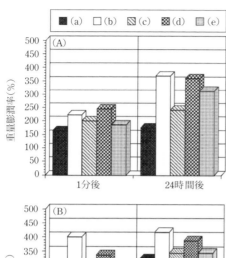
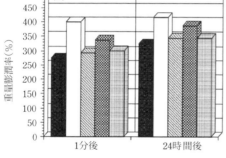

図 9.3 キチン膜の膨潤試験[2]
(A) PBS 溶液 (pH 7.2)
(B) 酢酸ナトリウム－塩酸緩衝液 (pH 1.5), 37℃
(a) RG キチン膜
(b) SG キチン膜
(c) GA 架橋 SG キチン膜
(d) 10 w/w% GlcNAc 架橋 SG キチン膜
(e) 30 w/w% GlcNAc 架橋 SG キチン膜

SG キチン膜は RG キチン膜よりも著しく強度，伸度共に増加した。これはヒドロゲルの均一性が起因するものと考えられる。さらに，GA および GlcNAc で架橋した膜は SG キチン膜よりも高い力学的強度を示し，架橋が膜の強度の向上に寄与していることが示された。キチン膜の膨潤試験の結果を図 9.3 に示す。リン酸緩衝液（PBS, pH 7.2）において，RG キチン膜は SG ヒドロゲルから調製したキチン膜と比較して膨潤性が乏しかった。これは SG ヒドロゲルが水に対して均一に膨潤していることに起因する。また，GA で架橋したキチン膜は他の SG キチン膜よりも低い膨潤性を示したことより，分子レベルで GA が良好にキチン分子鎖を架橋していることを示唆している。一方で，酢酸ナトリウム－塩酸緩衝液（pH 1.5）においては，キチン分子鎖に存在するアミノ基が膨潤性に大きく影響する。アミノ基がプロト

ン化されることにより，分子鎖間に静電的な反発が生じ，水分子が侵入しやすくなるため，重量膨潤率は増加する。実際，すべてのキチン膜は PBS 溶液のときよりも膨潤し，架橋していない RG および SG キチン膜は著しく膨潤した。

9.2.3　キチン複合膜の調製

次に，キチン膜に生物活性を付与させるため，ゼラチンとの複合膜の調製を行った。ゼラチンはコラーゲンの熱分解により得られるタンパク質である。ゼラチンの大きな特徴は熱水中に溶解し，冷却するとゲル化するというゾル－ゲル転移であり，また，細胞との親和性，接着性が高いため，生体材料の分野では頻繁に用いられている。

キチン／ゼラチン複合膜は RG あるいは SG の懸濁液にゼラチン（キチンの乾燥重量の 50 倍量）を 60 ℃で溶解させた後，前記と同様にろ過，圧縮処理により調製した。また，GlcNAc（キチンの乾燥重量の 20 ％重量）を添加

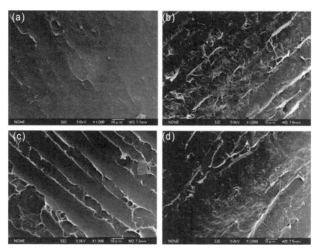

図 9.4　キチン／ゼラチン複合膜表面の SEM 写真 [3)]
(a) RG キチン／ゼラチン複合膜
(b) GlcNAc 架橋 RG キチン／ゼラチン複合膜
(c) SG キチン／ゼラチン複合膜
(d) GlcNAc 架橋 SG キチン／ゼラチン複合膜

●第9章● キチン・キトサンヒドロゲルを活用した生体適合材料

し架橋したGlcNAc架橋キチン／ゼラチン複合膜の調製も同様に行った。各々の膜表面のSEM写真を図9.4に示す。RGならびにSGキチン／ゼラチン複合膜は比較的平滑な表面を有していたのに対し，GlcNAc架橋した複合膜もすじ状の凸凹が観察されたものの，概ね平滑な表面を有していた。キチン／ゼラチン複合膜の力学的強度を図9.5に示す。未架橋のRGおよびSGキチン／ゼラチン複合膜が概ね同等の力学的強度を有していた。しかし，GlcNAc架橋することにより，RGキチン／ゼラチン複合膜は応力，伸度共に著しく低下したのに対し，SGキチン／ゼラチン複合膜は向上した。これは後者がGlcNAcの添加により，キチンおよびゼラチン分子間で程良く架橋が起こっていることを示唆している。また，膨潤試験の結果，RG由来の複合膜よりもSG由来のもののほうが膨潤性に富んでいた（図9.6）。これも前記の結果同様，ヒドロゲルでの水和の状態がRGよりもSGのほうが均一であることに由来する。

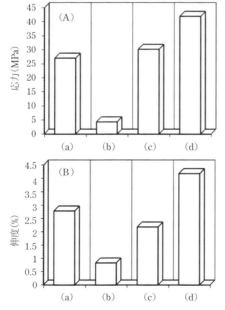

図9.5 キチン／ゼラチン複合膜の力学的特性[3]
(A) 応力
(B) 伸度
(a) RGキチン／ゼラチン複合膜
(b) GlcNAc架橋RGキチン／ゼラチン複合膜
(c) SGキチン／ゼラチン複合膜
(d) GlcNAc架橋SGキチン／ゼラチン複合膜

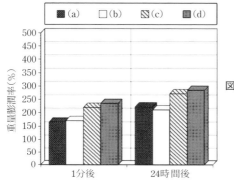

図 9.6 キチン／ゼラチン複合膜の膨潤試験[3]，PBS 溶液（pH 7.2），37℃
(a) RG キチン／ゼラチン複合膜
(b) GlcNAc 架橋 RG キチン／ゼラチン複合膜
(c) SG キチン／ゼラチン複合膜
(d) GlcNAc 架橋 SG キチン／ゼラチン複合膜

9.2.4 キチン複合膜を用いた生物活性試験

RG および SG キチン膜，およびキチン／ゼラチン複合膜の生物活性を調べるため，擬似体液（simulated body fluid, SBF）中でのバイオミネラリゼーションを行った。活性を増強させるため，あらかじめ $CaCl_2$ 水溶液で各々の膜を 3 日間浸漬後，37℃で 7, 14, 21 日間，SBF に浸漬した。蒸留水で洗浄後，乾燥し，各々の膜表面の SEM 観察を行った（図 9.7）。いずれのキチ

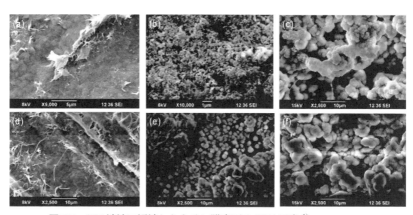

図 9.7 SBF 溶液に浸漬したキチン膜表面の SEM 写真[4]
RG キチン膜：(a) コントロール，(b) 7 日後，(c) 21 日後
SG キチン膜：(d) コントロール，(e) 7 日後，(f) 21 日後

ン膜も明らかに表面にハイドロキシアパタイトの沈着が観察され,それらは浸漬時間の増加とともに 10 μm 程度に成長していることが確認された。また,エネルギー分散型 X 分析(EDS)の結果から,Ca/P 比が 1.68-1.90 のハイドロキシアパタイトの結晶であることも確認された。

一方,キチン／ゼラチン複合膜も同様の方法で SBF 中での浸漬試験を行い,得られた膜の SEM 観察を行った(図 9.8)。その結果,キチン膜と同様に浸漬時間と共に表面のハイドロキシアパタイトの結晶成長が確認され,その Ca/P 比は 1.68-1.80 であった。

また,キチン／ゼラチン複合膜の生体適合性を調べるため,骨芽細胞である MG-63 細胞との接着試験を行った。48 時間培養後,使用した膜を洗浄後,グルタルアルデヒドで細胞を固定化し,SEM により細胞の形態を観察した(図 9.9)。その結果,MG-63 が複合膜上に突起伸長を伸ばし,接着している様子が確認され,細胞に対してキチン／ゼラチン複合膜が極めて高い生体適合性を有することが示唆された。

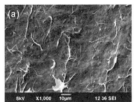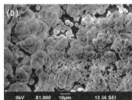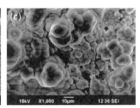

図 9.8　SBF 溶液に浸漬したキチン／ゼラチン複合膜表面の SEM 写真[5]
　　　(a) コントロール,(b) 7 日後,(c) 14 日後

図 9.9　MG-63 細胞との接着試験後のキチン／ゼラチン複合膜表面の SEM 写真,(a)× 300,(b)× 1000 [5]

9.3 キトサン複合膜

9.3.1 キトサンヒドロゲルの調製

キトサンはキチンと異なり，酢酸や塩酸などの酸水溶液に容易に溶解するため，比較的古くからビーズやフィルムに代表される成型方法が数多く報告されてきた。しかしながら，キトサン粉末を溶解するには過剰量の酸が必要であり，また，酢酸水溶液中でも長期保存すると著しい分子量低下が起こるという問題点があった（図9.10）。そこで，キトサンの酸に

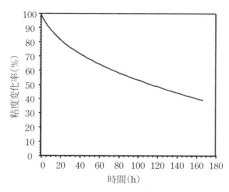

図9.10 キトサン－酢酸水溶液（pH 3.8）中での分子量低下

よる分子量低下の低減と，中性条件での長期保存を目的として，キトサンのヒドロゲル化を試みた。

キトサン粉末を2％酢酸水溶液に溶解し，この溶液に10％水酸化ナトリウム水溶液をpH 10-12になるまで滴下することにより，ヒドロゲル状の沈殿物が得られる。遠心分離により回収された沈殿物は，蒸留水に対して外液が中性になるまで透析し，再度遠心分離した後，ブレンダーを用いて均一にすることによりキトサンヒドロゲルが得られ，含水率は概ね96-98％であった。

9.3.2 キトサンヒドロゲルの性質

得られたキトサンヒドロゲルは極めて安定であり，冷蔵庫で6ヶ月保管してもヒドロゲルの状態を維持していた。また，このゲルは少量の酸を添加することにより，容易に溶解する性質を持つ。キトサンヒドロゲルに酢酸を滴下したときのpHならびに透過率の変化を測定した結果を図9.11に示す。酢酸の添加に伴い，pHは初め急激に低下したものの，その後一定となり，キトサンのグルコサミン残基に対して酢酸を0.4 mol当量添加後，低下しは

じめた。一方で，透過率は滴下量が増えるにつれて上昇し，同じく酢酸を0.4 mol当量添加後，95％以上の透過率を示した。これは，酢酸が一定量添加されるまではキトサンの溶解に酢酸が関与しているため，pHに変化がなく，酢酸が0.4 mol当量を超えたとき，溶液中に遊離の酢酸が存在しはじめ，pHが変化したと考えられる。また，他の有機酸についても測定を行っ

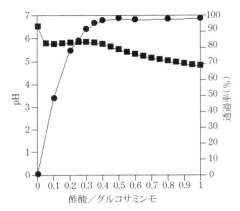

図9.11 酢酸に対するキトサンヒドロゲルの溶解曲線

たところ，一価の酸であるアクリル酸，グルコン酸などの場合，酢酸と同様に0.4 mol当量で溶解性を示し，二価の酸である酒石酸，シュウ酸などの場合，0.2 mol当量で溶解性を示した。これは，用いたキトサンの脱アセチル化度が80％程度であったことから，有機酸の持つカルボキシル基がキトサンのアミノ基に対して0.5 mol当量以上存在することで，キトサンが溶解することを示唆している。

また，キトサン懸濁液に一定量の酢酸を添加し，酢酸塩を形成後，凍結乾燥して得られた粉末の^{1}H-NMRスペクトルを測定し，キトサン／酢酸塩の形成状態を検討した（図9.12）。その結果，4.7 ppm，3.7 ppm，3.0 ppm付近のグルコサミン由来のピーク，および2.0 ppm付近にアセチル基由来のピークが確認できた。アセチル部分のピークを拡大すると，2.09 ppmに遊離の酢酸由来のピーク，2.06 ppmにキトサンの脱アセチル化されていないアセトアミド基由来のピーク，および1.93 ppmにキトサンと塩形成した酢酸由来のピークが観察された。この結果から，凍結乾燥によりキトサンと酢酸の塩形成をしたアセチル基由来のピークを明確に判別できることが確認された。

さらに，酢酸の添加量が0.4，0.7，1.0 mol当量の溶液を調整し，同様に凍結乾燥した後，塩形成に関与する酢酸量の測定を行った（図9.13）。酢酸

9.3 キトサン複合膜

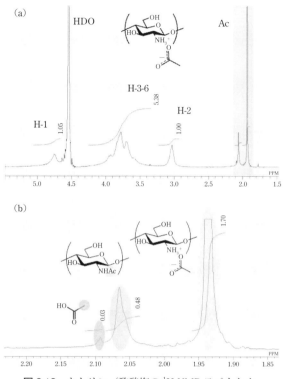

図 9.12 キトサン／酢酸塩の ¹H-NMR スペクトル
(a) 全体図，(b) アセチル部分の拡大図

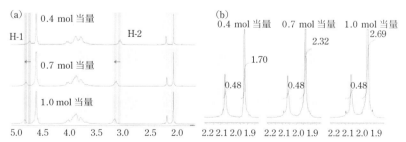

図 9.13 酢酸添加量を変化させたときのキトサン／酢酸塩の ¹H-NMR スペクトル
(a) 全体図，(b) アセチル部分の拡大図

が 0.4 mol 当量から 1.0 mol 当量に増加するにつれて，キトサンの H-1, 2 の
ピークが低磁場にシフトし，塩形成に関与している酢酸由来のピークは徐々
に大きくなることから，添加した酢酸の量により，塩形成の制御が可能であ
ることが確認された．

さらに，このキトサンヒドロゲルは溶液ではないにもかかわらず，ガラス板
上にキャストすることにより，平滑なフィルムを調製することも可能である．

9.3.3 キトサン複合膜の調製[6]

キチン膜のときと同様に，キトサンヒドロゲルを蒸留水中に懸濁し，サラ
ン製ろ過布とろ紙を用いて余剰な水をろ過した後，室温で一日，1トンの荷
重をかけて乾燥することにより，キトサン膜を調製した．さらに，ゼラチン
を蒸留水中，50℃に加熱して溶解し，キトサンヒドロゲル懸濁液を加え，得
られた混合液を上記と同様の処理をすることにより，キトサン／ゼラチン複
合膜を調製した．

得られたキトサン膜およびキトサン／ゼラチン複合膜の SEM 写真を図
9.14 に示す．いずれの膜も共に比較的平滑な表面を有していた．断面も大

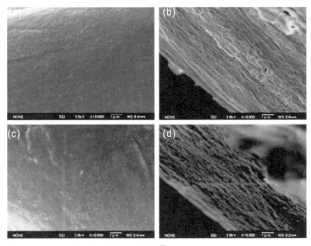

図 9.14 キトサン膜の SEM 写真[6]
 (a) キトサン／ゼラチン（50：50）複合膜の表面，(b)
 断面，(c) キトサン膜の表面，(d) 断面

きな空孔は観察されず，キトサンとゼラチンがよく混和していることが示唆された。次に，湿潤状態における引張試験を行った結果，キトサンとゼラチンの混合比が50：50のとき，応力，伸度共に最も高い値を示した（図9.15）。この湿潤状態での高い柔軟性と機械的強度は，組織培養に用いる場合において極めて有効であろう。また，キトサン膜の膨潤試験を行った結果，キトサン：ゼラチンの混合比が50：50のとき，最も低い重量膨潤率を示した（図9.16）。これは，この混合比のとき，キトサンとゼラチンが強く水素結合していることに起因し，引張試験の結果と一致する。さらに，膜からのゼラチンの溶出に関して検討した結果，24時間経過後も複合膜からゼラチンの溶出はほとんど見られなかった。この結果からも，キトサンとゼ

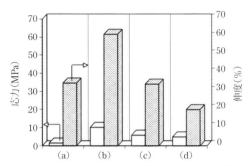

図9.15　キトサン膜の湿潤状態での引張試験[6)]
キトサン／ゼラチン複合膜（キトサン：ゼラチン）
(a) 30：70，(b) 50：50，(c) 70：30，
(d) キトサン膜

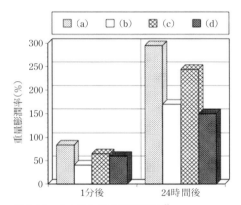

図9.16　キトサン膜の膨潤試験[6)]
PBS溶液（pH 7.2），37℃
キトサン／ゼラチン複合膜（キトサン：ゼラチン）
(a) 30：70，(b) 50：50，
(c) 70：30，(d) キトサン膜

ラチンが分子レベルで強く相互作用していることが示唆された。一方で，キトサン／ゼラチン複合膜の生体適合性を検討するため，MG-63との細胞接着試験を行い，膜表面をSEM観察した（図9.17）。その結果，24時間培養後において，細胞が突起伸長を伸ばしすでに接着しており，さらに96時間

●第 9 章● キチン・キトサンヒドロゲルを活用した生体適合材料

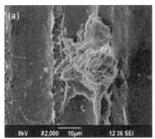 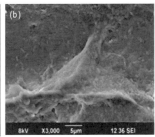

図 9.17　MG-63 細胞との接着試験後のキトサン／ゼラチン（50：50）複合膜表面の SEM 写真 [6]
(a) 24 時間後，(b) 96 時間後

後には膜表面に層状に仮足を伸ばしている様子が観察された。

9.4　キチンスポンジ [7]

　組織工学の分野において，生体適合性材料を素材とし，かつ適当な大きさの空孔を有するスカフォールドの開発も必要不可欠である。このような観点からも，生体適合性に優れたキチンを用いたスカフォールドは極めて有効なツールとなることが予測される。

　キチンスポンジの調製には，溶解性の高い β-キチンを用いた。ここでは，溶媒として塩化カルシウム六水和物／エタノール溶液を用いて β-キチン粉末を溶解し，透析により Ca を除去後，凍結乾燥によりスポンジ状の形態を調製した（図 9.18）。β-キチンスポンジの SEM 写真から，スポンジとして

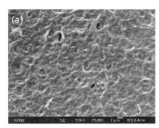 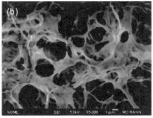

図 9.18　β-キチンスポンジの SEM 写真 [7]，(a) 表面，(b) 断面

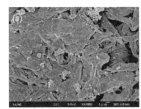  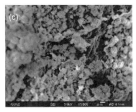

図 9.19 SBF 浸漬後の β-キチンスポンジの SEM 写真[7]
(a) 表面 (7 日後), (b) 表面 (14 日後), (c) 断面 (21 日後)

は比較的平滑な表面を有しているが，断面は多くの空孔を有しており，その大きさは 1.2-4.5 μm 程であった。生理食塩水に対する膨潤試験の結果，48 時間で約 14 倍の水を吸収し，空孔率の高さを示した。また，SBF を用いて生物活性試験を行った結果，SBF への浸漬時間の増加と共に，スポンジの表面だけでなく断面にもハイドロキシアパタイトの結晶成長が観察された（図 9.19）。

9.5 おわりに

従来，キチンの最大の問題とされてきた成型性の乏しさという点も，ヒドロゲルという形状を経ることにより容易に膜やスポンジなどへ成型できることを述べてきた。組織工学の担い手となる材料として，生体適合性に富み，程良い機械的特性を有する素材が望まれる昨今で，キチン・キトサンの利用は極めて有効なツールとしての役割を果たすであろう。また，ゼラチンにとどまらず，生物活性機能を有する素材との複合化を行うことで，キチン・キトサンが本来有する性質にプラス α の機能を付与した，これまでに例を見ない生体材料の開発が行われ，汎用化されることを期待する。

《参考引用文献》
1) Tamura, H., Furuike, T., *et al*.: Carbohydr. Polym., 84, 820-824 (2011).
2) Nagahama, H., Nwe, N., *et al*.: Carbohydr. Polym., 73, 295-302 (2008).
3) Nagahama, H., Kashiki, T., *et al*.: Carbohydr. Polym., 73, 456-463 (2008).
4) Jayakumar, R., Divya Rani, V. V., *et al*.: Int. J. Biol. Macromol., 45, 260-264 (2009).
5) Nagahama, H., Divya Rani, V. V., *et al*.: Int. J. Biol. Macromol., 44, 333-337 (2008).
6) Nagahama, H., Maeda, Y., *et al*.: Carbohydr. Polym., 76, 255-260 (2009).
7) Maeda, Y., Jayakumar, R, *et al*.: Int. J. Biol. Macromol., 42, 463-467 (2008).

第10章
キチン・キトサンの止血・創傷治癒促進・抗菌効果を活用した医療材料の開発

10.1　はじめに

　キチン・キトサンは生体親和性が高く，低抗原性，生分解性，無毒性，抗菌性，損傷部の保湿・保護効果，鎮痛効果，良好な肉芽組織形成および創傷治癒促進など，生体に有用な効果が数多く見いだされていることから，医療材料として注目されている。しかし，実際に市販されているものは数える程度であることから，キチン・キトサンを使用した医薬品および医療機器の開発，そして商品化は難しいものであることがわかる。これまでに筆者らはキトサンを使用し，止血剤（材），創傷被覆材，生体接着材，抗菌剤などの開発に取り組んできた。これらの開発に携わっている研究者に何かヒントとなるような，今までの研究・開発過程で得られた知見や情報を述べたい。

10.2　止血剤（材）の開発

　フィブリノーゲン，トロンビン，ゼラチン，Factor VIIIのタンパク質成分，カオリンなどのゼオライト成分，デンプン，キトサンなどの多糖類成分を使用した止血剤（材）が開発され，すでに救急・臨床現場で使用されている。急激な出血や全血液量の1/3以上の出血で生命に危険が及ぶ。交通事故や不慮の事故などにおいて止血は重要な応急救護処置の一つであるが，混乱した状況下では十分な止血を行うことはできず，未だ外傷死亡の約40％が出血

死によるものである。また，高度な医療機器が装備された手術においても，誤った操作で血管を切断したり損傷させたりすることがあり，本来の目的である手術よりも止血操作に手を煩わされる場合もある。数々の止血剤（材）が開発されているにもかかわらず，より効果的な止血剤（材）が今もなお求められているのが現状である。

キトサンを止血剤（材）に用いる利点は，生体親和性が高く，低抗原性，生分解性，無毒性，抗菌性，血管収縮効果，そしてカチオン性のためマイナスに帯電している血球系細胞や血小板を凝集させる効果を有することにある。止血は大きく血小板活性化を介する一次止血と，フィブリンポリマーによって血小板血栓を補強する二次止血に分けられる。生活習慣病およびその予備軍の人数は年々増加しており，それに伴いさまざまな薬剤を服用している人も多い。その一つであるワルファリンは血液凝固因子（第 II，VII，IX，X 因子）の生合成を抑制することによって，血液の凝集効果を抑制する抗凝固薬である。ワルファリン服用者の正確な人数は不明であるが，2005 年時点で国内おいて約 100 万人に処方されているとのことである。また，アスピリン，チクロピジンは一次止血を阻害するため抗血小板薬として用いられており，アスピリンは約 300 万人に処方されている。一方，キトサンはこれらの血液凝固カスケードに影響を与えることなく止血することが可能であることから，これらの服用者にも使用可能である。すなわち，キトサン主成分の止血剤は薬剤服用歴不明の救急患者にも使用できるといえよう。

一口にキトサンといえど製造元，分子量，脱アセチル化度によって大きく性質が異なる。筆者らは，止血材の開発にあたり分子量と脱アセチル化度の違いによる血液成分への影響について検討した。酢酸水溶液に脱アセチル化度および分子量の異なるキトサンとキトサンオリゴマー塩酸塩（キトサンオリゴマー）を溶解させ，さらに生体と塩分濃度を等しくなるようにリン酸緩衝生理食塩水を加え調整した。それらのキトサン溶液を血液に添加すると，血液凝集効果は脱アセチル化度および分子量の違いによって異なっていた（図 10.1）[1]。キトサンオリゴマーを除く脱アセチル化度が高いキトサンほど，赤血球および血小板の血液凝集効果が高くなった（図 10.2）[1]。アミノ基のプラスと血中のマイナスに帯電した血球あるいはタンパク質成分とのバラン

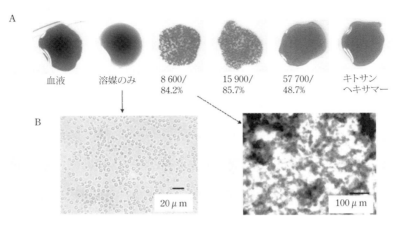

図 10.1 キトサン溶液と血液の反応
A. ラット血液と，溶媒を血液に添加したものと，異なる分子量と脱アセチル化度を持つキトサン溶液を血液に添加したときの凝集効果の観察。
B. 溶媒を添加したときの血液の顕微鏡観察（左），分子量 8 600，脱アセチル化度 84.2 % のキトサン溶液を添加したときの血液の顕微鏡観察（右）。

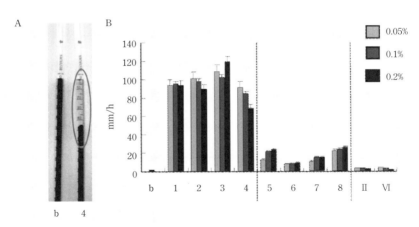

図 10.2 キトサンの血液凝集効果（文献 1 を改変）
A. 赤沈管を使用し赤血球沈降速度を求めた。b は溶媒を，4 は分子量 247 000，脱アセチル化度 87.6 % のキトサン溶液をラット血液に添加したとき。
B. 0.05，0.1，0.2 % のキトサン溶液を血液に添加したときの赤血球沈降速度。キトサンの種類は番号により表示し，各分子量と脱アセチル化度は図 10.3 を参照。

スが重要であることに加え，100％脱アセチル化されたキトサンオリゴマーは全くこれら凝集効果を示さなかったことから，ある程度の分子量（およそ9 000以上）が必要であることがわかる。ただ，可溶化したときのpHによりアミノ基の帯電性が変化することから，この結果が生体内での止血作用を直接反映しているわけでなく，このような機序も作用しているのではないかという一つの指標にすぎない。脱アセチル化度と分子量の影響だけでなく，キトサンを溶かした場合と顆粒のまま用いる場合とでも血液凝集効果が異なるという報告もある。これもpHやアミノ基による帯電性などに影響されるのではないかと思われる。

　止血機序において血小板を活性化させることは重要であり，活性化された血小板が出血点に接着し止血効果を発揮する。通常，循環している血小板は不活性血小板であり，表面はリン脂質によりマイナスに帯電し円盤状の形態をしている。活性化することにより形態が変化し，ホスファチジルセリンが表面上に露出すると同時に，血小板内にあるα顆粒から血小板特異タンパク質であるplatelet factor 4（PF4）が放出される。このPF4を定量することによって血小板の活性化について判断できる。キトサンは血小板活性化促進効果も持つ。この血小板の活性化についても，脱アセチル化度と分子量の異なるキトサンではPF4の分泌量が異なっていた（**図10.3**）[2]。キトサンオリゴマーは赤血球や血小板を凝集させないが，血小板の活性化を誘発したことから，活性化作用はキトサンの帯電以外にも別のメカニズムがあると推測される。

　これまでに数多の止血材が開発され，それは成分が異なるだけではなく，形状も異なったタイプのものが用途に応じて販売されている。今回は救急処置用の止血材に関して述べたい。救急用は一刻も早い止血が重要になる。救急処置の段階では止血するために安易に血管を結紮したり，クランプしたりすることは危険である。血管は神経と併走することが多く，下手な処置法は長期合併症の要因となる。救急・応急止血用の止血材に関して，一昔前は，出血部およびその周辺組織に振り掛け，圧迫止血を行う顆粒状の止血材が主流であった。筆者らも市販されている止血材をいくつか使用したが，同じ成分で同じ名前の止血材にもかかわらず顆粒タイプが圧倒的に止血効果があっ

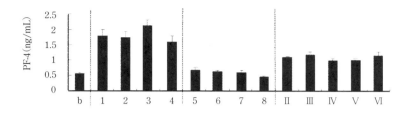

番号	1	2	3	4	5	6	7	8
分子量	8 600	15 900	50 000 - 190 000	247 000	28 800	30 000	57 300	57 700
脱アセチル化度(%)	84.2	85.7	75-85	87.6	50.3	35.5	33.6	48.7

番号	II (ダイマー)	III (トライマー)	IV (テトラマー)	V (ペンタマー)	VI (ヘキサマー)
分子量	413.25	610.87	808.49	1 006.11	1 203.72
脱アセチル化度(%)	100	100	100	100	100

図 10.3 血漿中に含まれる PF4 の量(文献 2 を改変)
ラット血液に分子量と脱アセチル化度の異なるキトサン溶液を添加し,1 時間インキュベートした後に遠心し,血漿中に含まれる PF4 量を ELISA で定量した。分子量と脱アセチル化度の異なるキトサンは番号により表示した。

た。しかし,屋外で使用すると風で飛ばされること,顆粒であるがゆえに組織に接着すると取り除くことが困難であること,血管に入って体内に循環するとどこに接着するかわからず,血栓の原因になるのではないかなど数多くの問題点が指摘された。現在使用中止になっているベントナイト主成分の顆粒状止血材は,動物実験での止血処置後に顆粒が血管から肺に移動した所見が見られたとのことで回収されている。

外傷性の大量出血の場合,ゲル・ゼリー状の止血材を用いることも考えないほうがよい。筆者らは過去にキトサンのアミノ基にラクトースを導入することにより,生理食塩水などの中性水溶液で可溶となり,さらにアジド基を導入することによって紫外線照射によりゲル化する光硬化性キトサンを開発した[3]。光架橋基としてアジド基 (2-3 %) を結合しているが,ヒト表皮角化細胞,線維芽細胞,血管内皮細胞に対する細胞毒性,微生物毒性,微生物突然変異性は検知されず,小動物に対する一般毒性も基準値を下回っていた。

この光硬化性キトサンを救急用止血材として用いることはできないかと検討したが，これだけでは適応できなかった。なぜならゲル状の光硬化性キトサンが出血部およびその周辺の組織と接着する前に大量の血液が流出し，全く止血効果が見いだせなかったからである。この欠点を改良するために吸収性の高い素材との併用により止血が可能となったが，溢れ出る血液を吸収しながら止血することが重要だということがわかった。現在は，主にガーゼやスポンジなどの固形素材にキトサンを付着・添加させた止血材が流通している。

出血後の感染は激しい損傷ほどそのリスクは高まる。キトサンの抗菌性により出血部から感染のリスクを軽減する報告もある。Hemcon® は開封した瞬間に酢酸のにおいがするが，この酸性条件がキトサンのポリカチオン性の維持に必要であり，これがグラム陰性バクテリアの膜を破壊する。すなわち，抗菌性・殺菌機能を持たせるためには，このような条件が必要であると思われる。

XStat™はユニークな止血材である。表面にキトサンがコーティングされている直径 1 cm の錠剤を出血部位に設置すると，血液を吸収しながら芋虫様の形状に変化し，瞬く間に膨張して出血部を抑え，止血する。これは銃創や深い刺傷に有効であると思われる。さらにユニークな形態として，救急用ではないが，スプレーすることで泡状のキトサン誘導体が噴出し，出血部を封じ込めるという止血材も開発されている[4]。キトサン誘導体のさまざまな止血材が開発されているが，化学的な素材面の検討だけでなく，形状の検討も考慮したほうがよいように思う。

10.3　創傷治癒促進材の開発

通常，生体には傷を治す自己治癒機能が備わっており，損傷部位は止血後に炎症（腫脹，発赤，発熱，疼痛）が起こり，肉芽形成に伴って血管新生が誘導され，リモデリングにより組織が修復されて治癒が完了する。組織再生には，血球・免疫細胞や血管内皮細胞などさまざまな細胞が関与し，軽傷の場合には自然と治癒される。ヒトの免疫機能は 10 歳代後半にほぼピークに

達し，その後徐々に低下し，40歳代ではピーク時の約半分に，70歳代では10分の1以下になるといわれ，組織治癒力も加齢によっても低下する。高齢者や難治性疾患者などは修復に時間がかかるが，治癒力がなくならない限りは，その機能を活性化させれば治療効果が期待できると考えられる。それゆえ，この低下した治癒力を補うためにさまざまな創傷治癒促進材が開発されている。昔からキチン・キトサンの創傷治癒促進効果については知られており，1990年にサハリンで大火傷を負った少年にキチンを主成分とした創傷被覆材（ベスキチン®）が使用され，順調に回復したことは有名な話である。現在，ベスキチン以外にもキチンが主成分のものは数種類販売されている（Talymed®，Kytocel®など）。この効果はキチン・キトサンの高い生体親和性，浸出液の吸収性，損傷部の保湿・保護効果，鎮痛効果，抗菌力，良好な肉芽組織形成および創傷治癒促進によるものといえる。また，筆者らはキトサン溶液をマウスの皮下に接種すると多くの炎症細胞が遊走されることを確認している。炎症は悪い作用だと考えがちであるが，正常な創傷治癒の初期過程で見られる重要な現象であり，この過程で遊走される炎症細胞などが有用なサイトカイン・増殖因子を分泌し，線維芽細胞の浸潤，コラーゲンの造成や血管新生を誘発するのである。

耳鼻咽喉科領域においてもキチンシートが鼓膜再建に利用されている。鼓膜穿孔閉鎖の治療法の一つに自己血清点耳療法というものがあるが，最近その治療にベスキチンを併用する手法が提案されている。これは鼓膜の穿孔部をベスキチンで覆った後，自己血清を点耳することによって鼓膜の再生を促す治療法である。多くの増殖因子が含まれている血清と高い生体親和性を持つキチンとの併用で，穿孔部周辺の細胞がベスキチンへと浸潤する効果を狙っているのである。

筆者らはキトサン誘導体の生分解性を調べるために，前述した粉末の光硬化性キトサンを生理食塩水で溶解した後，切開したラットの皮下に塗布して紫外線照射によりゲル化させ，縫合した。経時的に血中の白血球百分率を調べたところ，キトサン誘導体を埋め込んだ3時間後に著しい好中球数の上昇が見られ，それは3日間継続した。また，単球もシャム群よりも多く見られた（**図10.4 A**）[5]。埋め込んだ3日後に組織観察をするために再切開したと

ころ，ゲルは存在しておらず，液状の浸出液が貯留していた。この箇所に多くの好中球や単球が集族しているのが確認できたことから（図 10.4 B）[5]，リゾチームなどによって酵素分解を受けた後，マクロファージに貪食されたと考えられる。キトサンの生分解性については数多く言及されているが，このようなゲル化した誘導体でも生分解された。さらに，このキトサン誘導体を生理食塩水や蒸留水で可溶化させて火傷などの損傷部に使用するよりも，培地などに溶かして患部へ適用したほうがキトサン誘導体の分解が早くなり，治癒が促進されることを見いだしている[6]。キトサン自体にも炎症細胞を遊

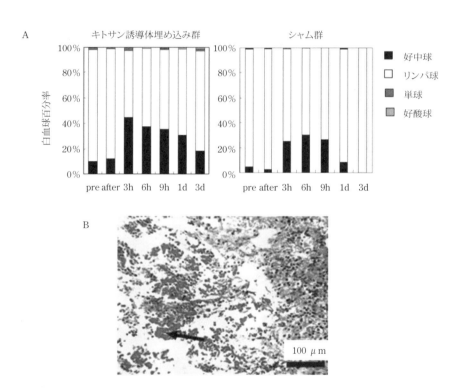

図 10.4　キトサン誘導体の生分解性（文献 5 を改変）
　　　　A. ラット皮下にキトサン誘導体を埋め込んだときの血中白血球百分率の経時的変化。シャム群はラット皮膚を切開した後に縫合した群である。
　　　　B. ラット皮下にキトサン誘導体を埋め込んだ 3 日後の組織像。多数の好中球や単球が集族しており，矢印は液状のキトサン誘導体である。

走させる能力があるが，培地は栄養分の元であるから培地だけでも炎症細胞は遊走される．キトサンと培地の相乗効果によって過剰な炎症細胞が集族した結果，創傷治癒のスタートが活性化され，治癒が促進されるものと推測する．前述した鼓膜再建においてもキチンシートだけでなく，血清との併用によって鼓膜再建が促進されるのであろう．

2014年，ヤンキースの田中将大投手が右肘靭帯部分断裂を負い，この治療のために多血小板血漿（platelet-rich plasma：PRP）療法が施された．当初，このPRP治療法を選択したことに対して賛否両論あった．なぜなら，メッツのマット・ハービー投手も右肘靭帯の治療のためにPRP療法を行ったが，効果は得られなかったからである．しかし，田中投手は予定どおり6週間後には見事にマウンドに復帰し，活躍している．このPRPとは文字どおり血小板が豊富に含まれている血漿のことである．血小板は血液凝固作用だけでなく，増殖因子を分泌する機能も持っている．血小板が活性化されるとα顆粒や濃染顆粒からPF4だけでなく，platelet-derived growth factor（PDGF）-AA，PDGF-AB，PDGF-BB，hepatocyte growth factor（HGF），insulin-like growth factor（IGF）-1，vascular endothelial growth factor，transforming growth factor-β，epidermal growth factorなど創傷治癒に有用なさまざまな増殖因子が分泌される．PRPを注入することは自己の体で作られた増殖因子を大量に注入することになる．PRP療法の効果の有無は，損傷の程度に大きく依存すると考えられるが，より効果的なPRP療法があれば，これまで効果のなかった疾患にも有効になるのではないかと考えられる．PRP中の活性化血小板を多くするために，血小板を活性化させる添加剤，例えばキトサンを添加すればPRPによる治療効果が高くなるのではないかと思われる．

繰り返しになるが，キトサンはキチンからの製造方法を変えることによって脱アセチル化度および分子量を変えることができ，脱アセチル化度と分子量が変わるとその性質も変化する．そのため，筆者らは脱アセチル化度と分子量が異なるキトサンを用いて，血小板の増殖因子分泌促進効果とそれに伴う創傷治癒促進の可能性について検討した．血小板が分泌するPDGF，HGF，IGF-1量を定量したところ，脱アセチル化度が高く，かつ分子量が8 000以

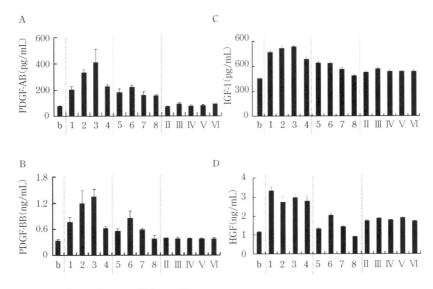

図 10.5 血漿中に含まれる増殖因子 [2]
ラット血液に各種キトサン溶液を添加し 1 時間インキュベートした後に遠心し，その血漿中に含まれる PDGF-AB (A)，PDGF-BB (B)，IGF-1 (C)，HGF (D) 量を ELISA で定量した。キトサンの種類は番号により表示し，各分子量と脱アセチル化度は図 10.3 を参照。

上のキトサンは，PDGF-AB, PDGF-BB, HGF, IGF-1 の高い分泌を促した（**図 10.5**）[2]。一方，アルブミンやフィブリノーゲンなどの他の血漿タンパク質成分には影響を与えなかった。またキトサンで刺激された PRP を線維芽細胞培地に添加して培養すると，良好な細胞増殖が確認された。これらの結果から将来的に PRP 療法の促進剤として，キトサンが使用できるのではないかと期待している。

10.4 抗菌材の開発

創傷の治療過程において感染対策は重要である。事故やケガなどで一命を取り留めた後の最大の難関は損傷部からの感染である。また，近年の健康・

10.4 抗菌材の開発

清潔志向に加え，Severe Acute Respiratory Syndrome（SARS），Middle East Respiratory Syndrome（MERS），鳥インフルエンザ，エボラ出血熱などの流行もあり，抗微生物・ウイルス剤に対する関心は高くなってきている。昔から，キチン・キトサンの抗微生物活性や，重金属や有害物質の吸着性についてはよく知られており，さまざまな製品が販売され使用されている。この抗微生物メカニズムは，弱い負電荷を有する菌やウイルスの細胞膜に正電荷を有するキチン・キトサンが強く相互作用し，細胞膜の変化，遊走の抑制，細胞質成分の溶出を引き起こすためであると考えられている。しかし，筆者らの経験では，キチン・キトサンをハイドロゲル，シート膜，粉末など固形体として使用したときに，キチン・キトサンの種類や製造会社の違いによって多少の違いがあったものの，多くの場合で雑菌の繁殖やカビの発生が確認された。キトサンの酸解離定数は，6.5であるため，pH 6.5よりも低い酸性の環境下においてアミノ基が帯電することにより抗菌性を発揮するといわれている。キチン・キトサンが存在する条件によって抗菌活性が左右されるのである。

キチン・キトサンに限らず，抗微生物・ウイルス活性を持つ素材は無数にあり，銀もその代表であろう。銀は古代より水の腐敗防止などに使用され，抗微生物活性という特徴を知らず知らずのうちに生活で活用していた。物質をナノサイズにすると，質量当たりの表面積が大きくなることから，表面活性が高くなり，化学的，電気的，生物学的，磁気的特性が変化し，新たな特徴を持った物質となる。近年のナノテクノロジー技術の発達により，医薬品，化粧品，抗菌剤などさまざまな用途に利用されている。銀ナノ粒子は，抗微生物・ウイルス活性に関して比較的低濃度で強い抗菌性が期待でき，広い抗菌スペクトルを有するだけでなく，抗生物質の過剰な使用により引き起こされる薬剤耐性のような現象はないといわれている。また，粒径10 nm以下の銀ナノ粒子は，HIV-1ウイルスのエンベロープに選択的に吸着し，不活化させることも見いだされている。グラム陰性菌である大腸菌（$E.\ coli$）は，銀イオンとの接触により菌体壁に多くの孔を形成する効果もある。また，微生物の細胞膜糖タンパク質との相互作用や，銀原子が酸化されるときに発生する強い活性酸素ラジカルが殺菌作用をもたらすのではないかとも考えられ

ている。銀イオンの殺菌活性は，銀イオンと菌体のチオール基を含んだタンパク質との相互作用に依存しており，菌体内外で発揮することが可能である。このメカニズムは，銀イオンがタンパク質のチオール基同志を架橋することで菌体を失活させ，その代謝系を破壊して殺菌に至るのではないかと考えられている。しかし，銀ナノ粒子の単独使用は，食物連鎖での拡散・濃縮，吸引による肺障害の誘発，アポトーシスによる細胞障害など，人体への影響が懸念されている。このような短所もあることから，筆者らは銀ナノ粒子を粒子単体で用いるのではなく，別の素材，例えばキチン・キトサン顆粒やシートなどに吸着させて使用することが望ましいと考えている。

　キチン・キトサンの化学的特性や生物学的効果については，分子量，脱アセチル化度，糖結合形態などの分子構造による研究が主に行われている。しかし，筆者らはキチン・キトサンに対する銀ナノ粒子の吸着性について検討したところ，この吸着は分子量，脱アセチル化度などに全く依存せず，表面構造に依存することを明らかにした。一口にキチン・キトサンといえど製造方法によって表面構造は変わる（**図 10.6 A**）[7,8]。一般に販売されているキチン・キトサンを走査型電子顕微鏡（SEM）によって表面構造を観察すると，ナノ繊維様表面構造を有しているタイプや平滑フィルム様表面構造を有しているタイプなど多種多様であった。さまざまな粉末粒径や表面構造を有するキチンやキトサンの 1 mg 当たりの銀ナノ粒子の吸着能は**図 10.6 B，C** のとおりで，ナノ繊維様表面構造を有するキチン（キチン A）が，銀ナノ粒子の吸着が高くなった。しかし，吸着量が低いキチン B を希酢酸処理後に乳鉢などで微粉末化し，キチン表面をナノ繊維様表面構造にすると吸着量が大きく増大した（**図 10.6**）[7,8]。この繊維状構造は，平滑フィルム様表面構造を有するキチン粉末を摩砕処理することで構成するキチン主鎖の開裂や解離が生じ，微粉末表面において互いに解れることによって形成されていると考えられる。これらのキチンの脱アセチル化度は全て 10 ％以下であり，キトサンの脱アセチル化度は約 80 ％であったことから，銀ナノ粒子の吸着能は脱アセチル化度に依存しないことがわかった。銀ナノ粒子は正電荷を帯びた銀イオンと異なりゼロ電荷であり，その表面はハロゲン化物あるいは酸化物が吸着して負電荷を有し，銀ナノ粒子全体としては負の電荷を帯びている。す

10.4 抗菌材の開発

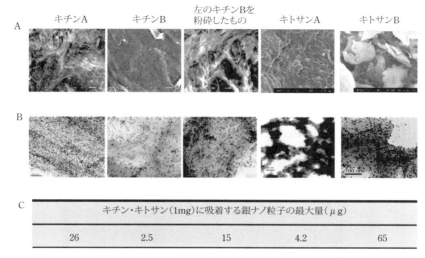

図 10.6 異なるキチン・キトサンの表面構造と銀ナノ粒子の吸着性 [7,8]
A. SEM による異なるキチン・キトサンの表面構造の観察。
B. 透過型電子顕微鏡（TEM）による各キチン・キトサンに対する銀ナノ粒子の吸着性の観察。
C. 各キチン・キトサンの 1 mg 当たりに吸着する銀ナノ粒子の最大量。

なわち重要な要因は，キチン・キトサンの脱アセチル化度よりも，固形粉末表面のナノ繊維様表面構造にあると考えられる。そして銀ナノ粒子は，微粉末の表面に形成されたナノ繊維構造と相互作用することによって，物理的吸着により結合するといえる。

キチン・キトサンおよびそれらの誘導体は，抗菌活性を有することが知られているが，我々が検討したところ，それら単独では非常に弱い活性であった。キチン単独では弱い抗菌活性しか観察できないが，ナノ繊維様の表面構造を持つキチン（図 10.6 のキチン A）10 mg に 0.5 µg/mL の銀ナノ粒子懸濁液 1 mL を添加し，吸着させた後，蒸留水で数回洗浄して乾燥させたキチン／銀ナノ粒子複合体は，強い抗大腸菌活性が観察された。同様の方法で 1, 2 µg/mL の銀ナノ粒子懸濁液 1 mL を添加し，吸着させたキチン／銀ナノ粒子複合体は，大腸菌の殺菌効果を示した（図 10.7 A）。一方，滑らかな表面構造を持つキチン（図 10.6 のキチン B）10 mg に 0.5, 1, 2 µg/mL の銀ナノ粒子懸濁液 1 mL を添加し，吸着させた場合には，銀ナノ粒子の濃度依存

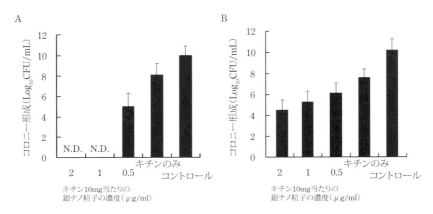

図10.7 キチン10 mg当たり0.5, 1, 2 μg/mLの銀ナノ粒子（平均粒径：5.1 nm）懸濁液1mLを吸着させた銀ナノ粒子／キチン複合体の抗大腸菌活性[7,8]
A. ナノ繊維様の表面構造を持つキチン（図10.6のキチンA）。
B. 滑らかな表面構造を持つキチン（図10.6のキチンB）。

的に抗大腸菌活性は向上したが，殺菌効果は見られなかった（**図10.7 B**）[7,8]。すなわちナノ繊維様表面構造を持つキチンに銀ナノ粒子を多く複合化させたものが高い効果を示した。おそらく銀ナノ粒子を多く添加しても，滑らかな表面構造を持つキチンに対しては吸着性が低く，そのため抗菌活性は低くなったと考えられる（**図10.7**）[7,8]。このようにキチン／銀ナノ粒子複合体の抗菌活性は，キチン粒子表面に吸着した銀ナノ粒子に起因するものと考えられた。銀ナノ粒子（粒径：5 nm）を浸潤・吸着させて調製するキチン／銀ナノ粒子複合体は，キチン単独と比べて，安定で強い抗微生物活性を示した。つまりナノスケールの繊維表面構造を有するキチンは，銀ナノ粒子の担体として優れた性能を有する。

ベスキチンについても銀ナノ粒子が吸着し，抗微生物活性を示すか否かを検討した。ベスキチンをSEMで観察すると，その表面はナノ繊維様表面構造を有しており（**図10.8 A**）[7,8]，平均粒径5 nmの銀ナノ粒子を添加すると，ナノ繊維様表面上に無数の銀ナノ粒子が吸着している様子が観察された（**図10.8 B**）[7,8]。ベスキチン単独では弱い抗菌活性（抗大腸菌，抗緑膿菌）しか示さないものの，ベスキチン単位面積当たり銀ナノ粒子を2.3 μg以上添加すると，濃度依存的に抗菌活性を示し，8.5 μg添加すると殺菌効果を示した[7,8]。

さらにベスキチン／銀ナノ粒子複合体は，ウイルス（H1N1 Influenza A）に対しても同様に，銀ナノ粒子の濃度依存的に抗ウイルス活性が上昇した（図10.8 C）[7,8]。弱い正電荷を帯びたナノ繊維様表面構造を有するベスキチンには，弱い負電荷を帯びた菌やウイルスを吸着化する能力がある。そこで固定化された菌やウイルスは，銀ナノ粒子の存在で細胞膜糖タンパク質との相互作用と銀原子の酸化による強い活性酸素ラジカルの発生により，効率的に不活性化するのではないかと推測している。したがって，銀ナノ粒子を素材の表面上に吸着させることが重要である。素材に練りこんだり，素材の内部に銀ナノ粒子を定着させたりしたとしても，微生物やウイルスが接触しない限り，抗微生物・ウイルス作用が発揮されない。そのため，銀ナノ粒子を練り

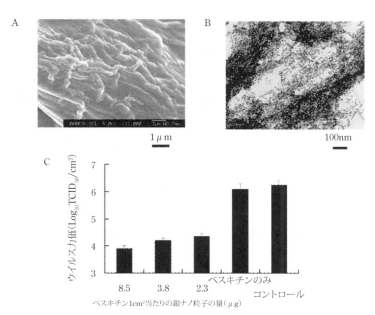

図10.8 ベスキチンに対する銀ナノ粒子の吸着性とベスキチン／銀ナノ粒子複合体の抗ウイルス活性（文献7，8を改変）
A. ナノ繊維様表面構造を持つベスキチンのSEMによる観察
B. ナノ繊維様表面に吸着する銀ナノ粒子のTEMによる観察
C. ベスキチン／銀ナノ粒子複合体の抗ウイルス活性
ベスキチン1 cm^{2}当たり，8.5，3.8，2.3 μgの銀ナノ粒子を吸着させた。

込んだ素材において，表面だけ吸着した素材と同等の抗微生物活性を得ようとするならば，練り込む銀ナノの粒子量は 100 倍以上必要となる。

　今後は，本キチン／銀ナノ粒子複合体について細胞培養を用いた細胞毒性，小動物を用いた急性炎症，突然変異などの安全性を評価・検討することが課題である。これらの知見は抗感染性仕様が求められている創傷被覆材，人工皮膚，人工血管，植込み式カテーテルなどへの適用など，医療応用へとつながっていくと期待される。

《参考引用文献》

1) Hattori, H., *et al.*: Biomed. Mater., 10, 015014. doi: 10.1088/1748-6041/10/1/015014（2015）.
2) Hattori, H., *et al.*: Exp. Ther. Med., in press
3) 特願 2000-581066.
4) Dowling, M. B., *et al.*: ACS Biomater. Sci. Eng., 1, 440-447（2015）.
5) Hattori, H., *et al.*: Ann. Biomed. Eng., 38, 3724-3732（2010）.
6) Kiyozumi, T., *et al.*: Burns, 33, 642-648（2007）.
7) Nguyen, V. Q., *et al.*: J. Nanobiotech., 12, 49. doi: 10.1186/s12951-014-0049-1（2014）.
8) Ishihara, M., *et al.*: Int. J. Mol. Sci., 16, 13973-13988（2015）.

第11章
キトサン複合体による薬物放出制御

11.1 はじめに

　キトサンは自然界から豊富に得られる素材であり，日常的に触れたり，食しても問題のない安全性の高い高分子である．それゆえに，医薬分野への応用が期待され，多くの研究が行われてきた．アミノ基を多く有しており，酸性下ではポリカチオンとしての性質を示し，水系溶媒に溶解する特徴を有する．キトサンは優れた生理活性を示すことが見いだされ，その機能性を生かした医療への応用研究が盛んに行われている．健康食品としての利用もその一例である．

　一方，キトサンは豊富かつ安価に生産されるので，医薬品分野では医薬品添加物としての利用にも関心が注がれてきた．いわゆる製剤素材としての有効利用が検討されてきた．錠剤は最も汎用されている剤形である．セルロースやデンプンはすでに医薬品添加物（賦形剤，結合剤，崩壊剤）として有用性が認可されている．キトサンに関しても検討され，添加物としても有用な可能性が見いだされている．同時に，キトサンのポリカチオンとしての機能性を利用した薬剤開発も行われてきた．多価アニオン，アニオン性高分子と相互作用し，凝集したりゲルを形成することが知られている．近年では，製剤に機能性を持たせた製剤開発，薬物送達法（Drug Delivery System：DDS）が注目されている．単なる賦形のみならず，含有医薬品の挙動を制御して，効果的でより安全な医薬品を創製することを目的とする．今日では，このような機能性を付与したDDSは製剤開発の重要な研究分野となってい

る。この章では,キトサンが多価アニオンやアニオン性高分子と相互作用して複合体形成する性質を利用し,製剤特性で最も重要な放出制御との関係について概説する。

11.2 キトサン複合体と剤形

　キトサンは弱酸性下でカチオン性高分子として溶液状態となる。したがって,多価アニオンあるいはアニオン性高分子と静電的な相互作用をし,ゲル化したり,凝集体を形成する。これがキトサンとポリアニオンとの複合体形成である。多価アニオンである硫酸,クエン酸,トリポリリン酸は,キトサンと複合体を形成することが知られている。アニオン性高分子には,アルギン酸,ヒアルロン酸,ペクチン,コンドロイチン硫酸,ヘパリン,デキストラン硫酸,カーボポール,カラギーナン,キサンタンガムなどがあり,キトサンと複合体形成することが知られている（**図 11.1**）。複合体形成によって得られるゲルや凝集体は,多価アニオンやアニオン性高分子の種類,混合比率,濃度,形成時間などの影響を受け,得られた複合体生成物はさまざまな

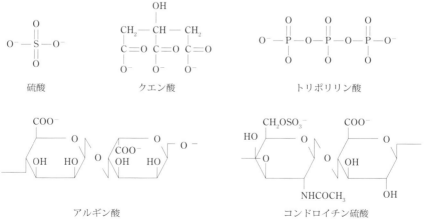

図 11.1　キトサンと複合体形成する多価アニオン,アニオン性高分子の例

物性を示す。その物性を利用した製剤化検討，DDS開発が多くなされ，錠剤，顆粒，ペレット，マイクロ粒子，ナノ粒子のような剤形に応用されている。これらの剤形において，最も重要な製剤物性として薬物放出特性がある。薬物放出は使用する薬物の種類や量によって変化する。さらに，剤形の調製法や組成変化で，異なる挙動を示すことが知られている。キトサン複合体を使用した場合も同様であり，多くの検討がなされてきた。したがって，キトサン複合体の利用法を一律に述べることは難しい。しかしながら，各薬物に適した複合体および剤形の選択をある程度過去の研究結果から推測することは可能である。

11.3　キトサン複合体による放出制御

11.3.1　キトサン／アニオン性素材複合体錠剤

キトサンは安全性の高い天然高分子として，食品や医薬品分野においてその利用が注目されてきた。キトサンの工業や食品への利用が展開されているが，医薬への応用はいまだ発展段階である。まず，医薬品添加物，特に錠剤の賦形剤としての可能性について検討が行われた。親水性高分子として吸水能を有し，結合剤や崩壊剤としての特性を有することが見いだされ，優れた医薬品添加物となりうる可能性が考えられる。同時に，キトサンがポリカチオンとして複合体形成する性質も注目されており，多価アニオンやアニオン性高分子との複合体について，錠剤化に関する研究が行われてきた。

（1）キトサン／アニオン性高分子物理的混合物マトリックス錠剤

水溶性高分子は圧縮成形により錠剤化したとき，吸水，膨潤，ゲル形成を起こすことが知られている。キトサンとアニオン性高分子を用いた際，あらかじめ複合体形成していない，すなわち物理的混合物として使用した場合においても，薬物放出特性に影響が見られる。これは水の侵入によってキトサンとアニオン性高分子が両者の界面で複合体形成し，フィルム形成が起こるからと考えられている。薬物放出は高分子の膨潤速度と溶解速度に依存する。キトサン／アルギン酸（75 mg／75 mg）混合物錠では，人工胃液（pH 1.2,

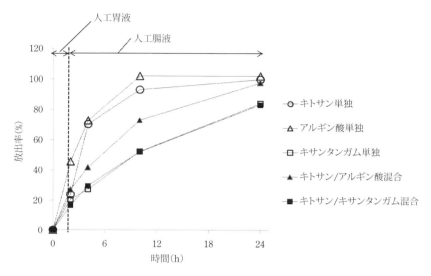

図11.2 高分子単独錠とキトサンとアニオン性高分子混合物錠からの薬物(テオフィリン)放出挙動[1]

enzyme free)や人工腸液(pH 6.8, enzyme free)中での溶解および膨潤がある程度速く起こる。一方、キトサン/キサンタンガム(75 mg / 75 mg)混合物錠では両溶媒中で、溶解や膨潤が抑えられることが見いだされた[1]。

キトサン、アルギン酸、キサンタンガム単独のテオフィリン剤とキトサン/アルギン酸、キトサン/キサンタンガム物理的混合物のテオフィリン錠の薬物放出性の比較では、キトサンとアルギン酸との複合体化において薬物放出の遅延化が見られた(図11.2)。この理由は混合物では界面で複合体フィルム形成が生じ、マトリックスの溶解が抑制されることによる。

(2) キトサン/アニオン性高分子複合体を用いた徐放錠

親水性高分子は水系溶媒中で水分吸収し、溶解するものが多い。圧縮成形してえられる錠剤やペレットも、吸水、膨潤、溶解などを起こす。含有薬物は高分子の挙動によって、制御放出される。通常は、高分子はそのまま単体あるいは混合されて、打錠によって成形される。キトサン/アニオン性高分子複合体も薬物の担持体としてその機能性が期待される。キトサン、ヒアル

ロン酸，ペクチン，アルギン酸は安全性の高い親水性高分子で，安価でもあり，圧縮成型性もいいので，錠剤として多く検討されている。

これらのアニオン性高分子の水溶液と弱酸性のキトサン水溶液とを混合することで容易に複合体が形成される。複合体形成には両者が最もよく結合していると考えられる比率（最適混合比率）があるが，これは複合体形成に関与しなかった高分子を分離，定量することで見積もることが可能である。高分子単独，キトサン／アニオン性高分子複合体を賦形剤とする錠剤について，

錠剤名	ニコランジル (mg)	高分子総量 (mg)	グリセリンモノステアレート (mg)	乳糖 (mg)	アエロジル (mg)	ステアリン酸 Mg (mg)
Ch錠	20	20	-	74	5	1
HA錠	20	20	-	74	5	1
AL錠	20	20	-	74	5	1
Ch/HA錠	20	20	-	74	5	1
Ch/AL錠	20	20	-	74	5	1
Ch/AL(60)錠	20	60	-	74	5	1
Ch/AL(60)/GM錠	20	60	20	74	5	1

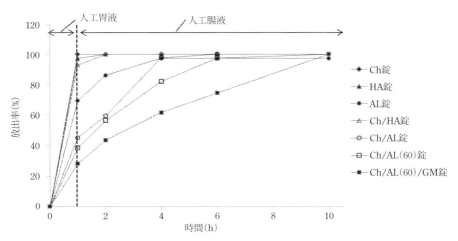

図 11.3 高分子単独およびキトサン／アニオン性高分子複合体を用いて調製した錠剤 1 錠当たりの組成（mg／錠）と薬物（ニコランジル）放出挙動[2]
Ch：キトサン，HA：ヒアルロン酸，AL：アルギン酸，GM：グリセリンモノステアレート

薬物放出挙動の違いが報告されている[2]。すなわち,水溶性薬物であるニコランジルを薬物とし,キトサン,ヒアルロン酸,アルギン酸,キトサン／ヒアルロン酸複合体,キトサン／アルギン酸複合体を用いて,放出特性が検討された[2]。錠剤組成と放出挙動は図 11.3 のように得られた。さらに,グリセリンモノステアレート（GM）を添加したキトサン／アルギン酸／グリセリンモノステアレート錠（Ch／AL（60）／GM 錠）は,徐放化を目指して調製した錠剤である。キトサン,ヒアルロン酸,アルギン酸は人口胃液中で溶解することによって,速やかに薬物を放出するのに対し,複合体で調整した錠剤は放出速度を低下する方向に働くことが見いだされた。キトサン／アルギン酸複合体は優れた徐放錠となることが見いだされた。さらに,グリセリンモノステアレート添加によって,放出速度が抑えられることも確認された。複合体を賦形剤とすることで,胃液から腸液に移行する過程での pH 変化に対して,放出速度はほとんど影響を受けないことが見いだされた。健常人による $in\ vivo$ 経口吸収実験においても,キトサン／アルギン酸／グリセリンモノステアレート錠において,持続的吸収が達成された。

(3) キトサン／硫酸複合体錠の組成と放出特性

キトサン／多価アニオン複合体による錠剤について,多価アニオンとして硫酸イオンを用いた錠剤が報告されている。薬物として水溶性薬物であるテオフィリンが用いられ,湿式顆粒法によって錠剤調製が行われた。すなわち,テオフィリン（100 mg）／キトサン（75 mg）／硫酸ナトリウム（0, 18.75, 37.5, 75, 150, 225 mg）／硫酸カルシウム（500 mg）／ステアリン酸マグネシウム（2％）の組成を持つ錠剤が顆粒湿式法で調製された。キトサン／硫酸複合体は,薬物／硫酸ナトリウム／硫酸カルシウム混合物にキトサン溶液を添加して練合して湿塊を調製し,ふるいで造粒を行い,乾燥し,500〜800 μm の乾燥顆粒を得たのち,2％（w/w）ステアリン酸マグネシウムを添加して混合し,圧縮打錠して調製された[3]。キトサン／硫酸ナトリム（1:0.5, 1:1, w/w）の処方においては,8 時間以上にわたる徐放性が見いだされた。硫酸ナトリウム過剰添加（Ch $<<$ SO_4^{2-}）では,水溶媒の浸透の際,過剰な硫酸ナトリウムが溶出し,マトリック中に空隙が生じ,速い薬物放出が起

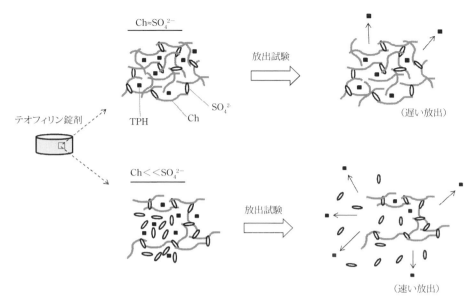

図 11.4 キトサン／硫酸イオンの組成の違いによる放出への影響[3]
TPH：テオフィリン，Ch：キトサン

こったものと推測された。マトリックス構造の変化と放出挙動の違いの模式図を図 11.4 に示した。複合体形成が高い状態において放出速度は緩やかになった。キトサンの分子量を高くしたり，使用量を増やすことで，放出速度はより抑制された。また，複合体錠からの放出挙動は放出溶媒を水，人工胃液（pH 1.2, enzyme free），人工腸液（pH 7.4, enzyme free）いずれにおいても類似して得られ，消化管内での徐放性が推測された。

11.3.2　キトサン／多価アニオン複合体顆粒

キトサン／多価アニオン複合体の顆粒剤としての検討も行われている。複合体を粒子化することは必ずしも容易ではない。キトサン溶液と多価アニオン溶液を単純に混合するだけでは，界面と内部との析出速度の違いから脆い，あるいは密度の低い構造のものが形成されやすいので，一定の強度を有する顆粒調製には工夫が必要になる。

Shuらはゼラチンが低温化で析出しやすい性質を利用して顆粒調製を行い，その後イオン複合体形成して，キトサン／多価アニオン複合体顆粒剤を調製している[4]。すなわち，キトサン（4％），ゼラチン（4％），リボフラビン（1％）の酢酸水溶液（37℃）を低温のごま油（4℃）中にシリンジで滴下して，ゼラチンの凝集を利用して粒子形成を行う。その後，粒子を採取し，多価アニオンの冷水溶液（0.25～5％，4℃）に入れ，ゆっくり撹拌することで，キトサン／多価アニオン複合体顆粒を調製した。複合体顆粒を水で洗浄し，真空乾燥して顆粒を得た。この調製により高い封入率で薬物を含有させることが可能であった。多価アニオンとして，硫酸イオン，クエン酸，トリポリリン酸を使用した場合，硫酸イオン，クエン酸では複合体形成が内部まで速やかに進行し，球形粒子が容易に得られた。一方，トリポリリン酸を使用した場合には，球状粒子を得るには高い濃度とある程度の複合体形成時間を必要とした。しかしながら，形成した顆粒の強度はキトサン／トリポリリン酸複合体顆粒において，硫酸イオンやクエン酸を用いた場合と比較して10倍近い強度が得られ，大きな違いが見いだされた。

　薬物放出挙動においても，硫酸イオン，クエン酸の複合体とトリポリリン酸の複合体では大きな違いが見られた。キトサンと硫酸イオン，クエン酸の複合体は人工胃液中では，プロトン化が起きて，キトサンとの相互作用が崩れ，膨潤，溶解が容易に生じ，人工胃液中で速い放出が見られた。一方，トリポリリン酸はキトサンと強く相互作用して，pH＜1の条件下でも容易に解離しないことが見いだされ，キトサン／トリポリリン酸複合体においては，人工胃液中で放出が抑制されることが見いだされた。人工腸液ではいずれの複合体も，イオン結合によって安定化しており，薬物放出は抑制されることが見いだされた。キトサン／トリポリリン酸複合体顆粒では，放出挙動がpHに左右されにくく，徐放化に有用であることが見いだされた（図11.5）。また，キトサン／トリポリリン酸複合体顆粒の放出挙動は，溶媒のイオン強度の影響も受けにくいことも見いだされている。後述するように，キトサン／トリポリリン酸複合体はマイクロ粒子やナノ粒子にも応用され，薬物担体として幅広く利用できることが見いだされており，有用性が期待されている。

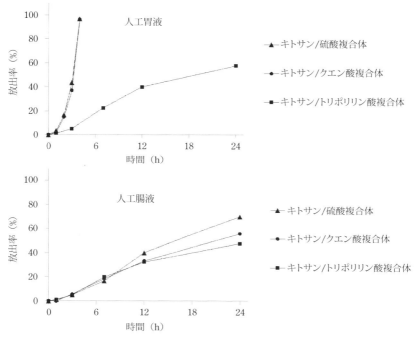

図11.5 キトサン／多価イオン複合体顆粒からのリボフラビンの放出挙動[4]
多価イオン5%，複合体形成時間1hで調製した顆粒を使用。

11.3.3 キトサン複合体微粒子

近年では，キトサン／多価アニオン，キトサン／アニオン性高分子複合体を微粒子化し，マイクロ粒子，ナノ粒子として薬物送達能と制御放出を駆使した製剤化検討が行われている。複合体形成は基本的には静電的な相互作用に基づいており，薬物放出は複合体の物理的特性（吸水性，膨潤性，溶解性など）に依存している。さらに薬物の性質（電荷，分子量，親水性，疎水性）も放出速度に大きくかかわる。低分子薬物からタンパク性薬物まで多くの薬物があり，薬物に合わせた複合体の選択が必要である。

(1) アルギン酸／カルシウム／キトサン複合体微粒子

　キトサン単独，キトサンを混合あるいはコートした微粒子剤形は，タンパク性薬物において多く検討されている。マイクロオーダー，ナノオーダーの製剤による放出制御は，ミリオーダーの錠剤や顆粒に比べて必ずしも容易ではない。特にキトサンは親水性で，膨潤しやすく，微小粒子での放出制御は容易ではない。キトサンをコートしたリポソームやポリ乳酸ナノ粒子はタンパク性薬物の消化管吸収に有用であることが知られている。消化管内では，タンパク性医薬品は胃液や腸液の消化酵素で分解を受け，かつ分子量が大きいために腸管粘膜透過性は低く，吸収性が低い。マイクロ粒子やナノ粒子でタンパク性薬物を保持することで，酵素分解をかなり回避できる。さらに，微粒子は消化管粘液層に侵入し，粘膜吸収表面に薬物を局所化して吸収を高められると考えられている。ペプチドやタンパク性薬物の，微粒子による経口吸収改善は多く確認されている。

　ラクトフェリンは抗菌作用や免疫増強作用を示すタンパク性生理活性物質で，近年，その健康や医療の分野で注目されている。ラクトフェリンは胃内での分解を抑えることで消化管吸収され，生理活性が高まることが示されている。アルギン酸／カルシウム／キトサン複合体の系を用いてラクトフェリンの放出制御が試みられた[5]。ラクトフェリンはキトサン単独で用いても微粒子化が可能であるが，必ずしも良好な放出性が得られない。アルギン酸／カルシウム／キトサン複合体粒子は，まず，アルギン酸水溶液のW/Oエマルジョンに塩化カルシウム水溶液を添加して，アルギン酸／カルシウム粒子を調製し，この粒子をキトサン溶液（0.25〜1％）で処理することで得られる[5]。キトサン濃度を高めることで，粒子サイズや粒子重量の増加が認められた。アルギン酸／カルシウム粒子は人工胃液（pH 1.2）中では懸濁状であるが，人工腸液（pH 6.8）中では容易に溶解した。一方，キトサン処理によって得られるアルギン酸／カルシウム／キトサン複合体粒子は，人工腸液で溶解することなく，人工胃液，人工腸液中で緩やかな放出挙動を示した（図11.6）。キトサンがアルギン酸と相互作用して複合体形成がおこり，粒子安定化が起こったものと推察された。低濃度キトサン処理のほうが薬物放出は抑制されたが，ラクトフェリンが塩基性タンパクであるために，キトサンと

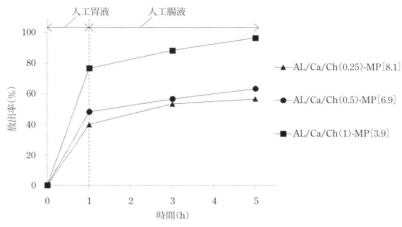

図 11.6 アルギン酸／カルシウム／キトサン複合体マイクロ粒子からのラクトフェリンの放出挙動[5]
AL／Ca／Ch（0.25）：アルギン酸／カルシウム粒子を0.25％キトサン溶液処理して得た微粒子
AL／Ca／Ch（0.5）：アルギン酸／カルシウム粒子を0.5％キトサン溶液処理して得た微粒子
AL／Ca／Ch（1）：アルギン酸／カルシウム粒子を1％キトサン溶液処理して得た微粒子
[ ] 内数値：微粒子生成物中のラクトフェリン含有率（％，w/w）

の反発効果が寄与している可能性が考えられた。ラクトフェリン含有アルギン酸／カルシウム／キトサン複合体粒子は，カラギーナン浮腫ラットモデルを用いた *in vivo* 実験において，ラクトフェリン水溶液よりも優れた浮腫予防効果を示した[6]。

(2) キトサン／トリポリリン酸複合体ナノ粒子

キトサン複合体を利用した薬物送達システム（DDS）において，ナノ粒子化とその応用研究が盛んに行われているのが，キトサン／トリポリリン酸複合体である。前項でも述べたように，多価アニオンの中でも，トリポリリン酸は物理的に強固で安定な粒子化に寄与することが見いだされている。薬物担持体としてキトサン／トリポリンリン酸複合体ナノ粒子を用いた最近の報告例を**表 11.1** に示した。

キトサン／トリポリリン酸複合体は，通常，トリポリリン酸水溶液をキト

表11.1 キトサン/トリポリリン酸ナノ粒子の薬物送達システムへの応用例

薬物分子量	分類	薬物名(参考文献)
低分子	抗菌,抗ウイルス	vancomycin(8), acyclovir(9, 10)
	抗がん	doxorubicin(11), gemcitabine(12), 5-fluorouracil(13), curcumin(14)
	抗パーキンソン	prometazine(15)
	抗酸化	glutathione(16)
高分子	糖尿治療	insulin(7, 17)
	抗凝血	heparin(18)
	ケモカイン	stromal cell-derived factor-1(19)
	粘膜免疫	ovalbumin(20, 21)
	核酸医薬	plasmid DNA(22, 23), siRNA(24)

サンの弱酸性溶液に滴下することで調製できる。ナノ粒子形成が可能なトリポリリン酸，キトサン濃度の領域があり，その範囲を外れた場合には凝集などが起き，良好な粒子形成は見られなくなる。Panらはキトサン（0.9〜3 mg/mL），トリポリリン酸（0.3〜0.8 mg/mL）の範囲で，ナノ粒子形成が起こることを示している[7]。

　ナノ粒子は最終的には，乾燥粉末化することが重要であるが，Cerchiaraらはナノ粒子懸濁液に凍結保護剤（糖あるいはグリセリン，1％）を添加して遠心分離して集め，凍結乾燥する方法と，ナノ粒子懸濁液をそのまま噴霧乾燥する方法で獲得できることを示している[8]。噴霧乾燥と凍結乾燥で得た粒子では，放出挙動に違いが見られる。バンコマイシン含有キトサン/トリポリリン酸複合体ナノ粒子では，遠心分離，凍結乾燥したものがより薬物放出を遅延した。インスリンはペプチド性薬物であり，酵素的分解を受けやすいため，注射以外の方法では生物学的利用能が低い。糖尿病患者ではインスリン投与を長期に必要とすることから，経口投与や直腸，口腔あるいは鼻腔投与による粘膜吸収研究が行われている。ペプチドやタンパク質医薬品が多く開発されており，ますます粘膜吸収は重要になってきている。粘膜吸収はナノ粒子化により改善されることが多くのタンパク性薬物において見いだされている。これはナノ粒子が粘膜表面に長期にトラップされ，粘液層に入り込み吸収面に近接し，吸収されやすくなるためと考えられる。この場合にお

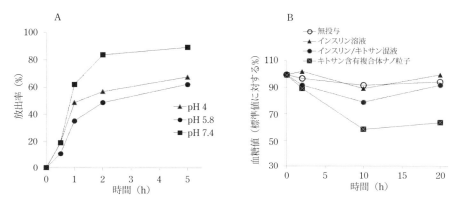

図 11.7 キトサン／トリポリリン酸複合体ナノ粒子の放出挙動（A）と糖尿病モデルラットに経口投与後の血糖値の変化（B）[7]
ナノ粒子インスリン含量＝ 9.6％，インスリン投与量＝ 14 I.U. で実験

いても，薬物放出制御は重要である。急速な薬物放出は粒子の分布が良好になる前に放出されてしまい，機能性が発揮されないと考えられる。放出が遅すぎる場合にも，薬物送達性は良好でも放出されないために，薬物の機能が発揮されない可能性がある。Pan らのインスリンナノ粒子は，図 11.7 に示すように適度な速さで放出されることが見いだされている。実際，糖尿病モデルラットを用いた経口吸収実験において，インスリン溶液，インスリン／キトサン混液に比べ，優れた血糖降下作用を示すことが見いだされている[7]。

(3) キトサン／アニオン性高分子複合体ナノ粒子

キトサンとアニオン性高分子との複合体によるナノ粒子についても報告がなされているが，応用例は多くはない。アニオン性高分子としてはカルボキシメチルセルロース，ペクチン，フコイダン，ヘパリン，ヒアルロン酸，ポリアクリル酸，アルギン酸などを用いたナノ粒子化が報告されている。ナノ粒子形成に必要な条件（濃度，比率など）の探索，pH に依存した放出性の変化などが調べられている。基本的には，薬物放出特性は複合体マトリック顆粒の場合と同様に，吸水性や膨潤性，溶解性に従って決まることになる。

11.4 キトサン複合体研究の動向と展望

11.4.1 キトサン誘導体の利用

キトサン誘導体についても複合体形成するので，応用検討がなされている（図11.8）。トリメチルキトサンおよびヒドロキシプロピルトリメチルキトサンは粒子化に応用されている。トリメチルキトサン／アルギン酸複合体は銀ナノ粒子封入剤としてのビーズの調製[25]，ヒドロキシプロピルトリメチルキトサンはトリポリリン酸との複合体形成で，インスリン封入ナノ粒子化に応用されている[26]。ヒドロキシプロピルトリメチルの置換度のちがい（33％，52％）は粒子サイズや薬物封入率，放出プロファイルに大きくは影響しない結果が得られている。これら誘導体を使用するとき，キトサン複合体とは異なった粒子特性（サイズ，表面電位など）が得られ，薬物放出速度にも違いが見られた。

アニオン性高分子であるフコイダン（図11.8）は，カチオン性であるキトサンやトリメチルキトサンと複合体形成をする。フコイダン水溶液をキトサンの1％酢酸水溶液に添加して得られるトリメチルキトサン／フコイダン

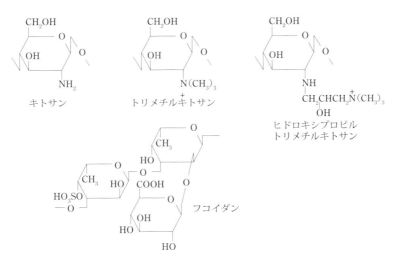

図11.8 キトサン，トリメチルキトサン，ヒドロキシプロピルトリメチルキトサン，フコイダンの化学構造式

ナノ複合体粒子は，320 nm 程度の粒子径を示したが，キトサン／フコイダン粒子ではサイズ幅が大きく，平均粒径が 2.8 μm となった。必ずしも最適な条件ではなかったが，ナノ粒子形成はトリメチルキトサンにおいて良好であった。フコイダンは免疫賦活作用があり，それ自体で抗がん作用を有することが知られている。キトサン／フコイダンナノ粒子の抗がん効果を調べた結果，経口投与実験においてフコイダン溶液よりも高い抗がん効果を示すことが見られた。これはナノ粒子化による免疫賦活作用の増強によるものと推察された[27]。

11.4.2　複合体形成と化学結合を利用した放出制御

　これまでに述べてきたキトサン複合体は，物理的あるいは物理化学的相互作用に基づいて形成される。すなわち，その成形物（剤形）はアニオン性高分子や多価アニオンの種類，キトサンとポリアニオンとの比率，調製法の違いなどに依存して，性状の異なるものが得られる。したがって，放出速度を確実に制御するには，処方および調製法において精密操作が必要とされる。複合体形成物の放出速度をより確実に制御するには，化学結合を利用して複合体や薬物を修飾する方法が有用である。例としては，グルタルアルデヒドを用いたキトサンの架橋がある。グルタルアルデヒドはキトサン複合体を化学的に架橋して硬化を行い，物理的安定性を増すために一般的に放出が抑制される[28]（図 11.9）。

　さらに，別の方法として，キトサンあるいはアニオン性高分子の薬物コンジュゲートを複合体形成して粒子化する方法がある。たとえば，コンドロイチン硫酸－グリシルプレドニゾロンコンジュゲートは，中性あるいは弱塩基性条件下でエステル結合の加水分解により，プレドニゾロンを一次速度的に放出する。このコンジュゲートをキトサン複合体とした微粒子は，化学的加水分解速度に依存して放出が制御される。ただ，このようなシステムではコンジュゲートと遊離薬物の同時放出が起こるので，放出制御しうる薬剤設計が必要となる[29]（図 11.9）。

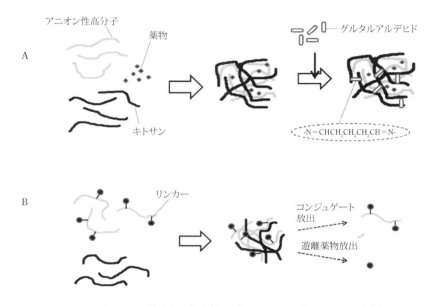

図 11.9　キトサン／アニオン性高分子複合体のグルタルアルデヒドによる安定化（A）とキトサン／高分子コンジュゲート複合体による放出制御（B）[28, 29]

11.4.3　キトサン複合体と制御放出の展望

　キトサンの医薬品への応用は幅広く検討されてきた。医薬品添加物素材としての性質に関しては，成形性，取り扱いやすさが問題となる。他の多くの添加物との比較から実用の可能性が検討される。これまで述べたように，キトサン複合体は単体としての高分子とは異なる性質を製剤に付与できる。徐放機能，膨潤特性，溶解特性などが改変されるが，今後は，個々の薬物との組み合わせにおいて，薬物挙動（放出性，吸収性など）がどのように改善されるかが鍵になると考えられる。キトサン複合体による製剤調製，放出様式はほぼ把握されてきた。薬物送達システムとの関連においては，さらに放出制御が求められる。放出制御は物理化学的手法のみでは難しい場合があり，やはり化学的結合の性質を利用した制御を組み込むことで，改善が得られる可能性がある。他の製剤開発（抗がん薬 DDS など）においても，このことは経験されているところである。キトサン複合体とその制御放出においても，

フィジカルコントロールとケミカルコントロールの融合で，飛躍的発展や改善が得られることが期待される。

《参考引用文献》
1) Li, L., Wang L., *et al*.: Int. J. Pharm., 476(1-2), 253-265(2014).
2) Abdelbary, G. A., Tadros, M. I.: Eur. J. Pharm. Biopharm., 69(3), 1019-1028(2008).
3) Alsarra, I. A., El-Bagory, I., *et al*.: Drug Dev. Ind. Pharm., 31(4-5), 385-95(2005).
4) Shu, X. Z., Zhu, K. J.: Int J Pharm., 233(1-2), 217-25(2002).
5) Koyama, K., Onishi, H., *et al*.: Yakugaku Zasshi, 129(12), 1507-1514(2009).
6) Onishi, H., Koyama, K., Sakata, O., Machida, Y.: Drug Dev Ind Pharm., 36(8), 879-884 (2010).
7) Pan, Y., Li, Y. J., *et al*.: Int. J. Pharm., 249(1-2), 139-147(2002).
8) Cerchiara, T., Abruzzo, A., *et al*.: Eur. J. Pharm. Biopharm., 92, 112-119(2015).
9) Hasanovic, A., Zehl, M., *et al*.: J. Pharm. Pharmacol., 61(12), 1609-1616(2009).
10) Calderón, L., Harris, R., *et al*.: Eur. J. Pharm. Sci., 48(1-2), 216-222(2013).
11) Ramasamy, T., Tran, T. H., *et al*.: Pharm. Res., 31(5), 1302-1314(2014).
12) Derakhshandeh, K., Fathi, S.: Int. J. Pharm., 437(1-2), 172-177(2012).
13) Honary, S., Ebrahimi, P., *et al*.: Curr. Drug Deliv., 10(6), 742-752(2013).
14) Chuah, L. H., Billa, N., *et al*.: Pharm. Dev. Technol.,18(3), 591-599(2013).
15) Elwerfalli, A. M., Al-Kinani, A., *et al*.: Carbohydr. Polym., 131:447-461(2015).
16) Koo, S. H., Lee, J. S., *et al*.: J. Agric. Food Chem., 59(20), 11264-11269(2011).
17) Fernández-Urrusuno, R., Calvo, P., Remuñán-López, C: Pharm Res., 16(10), 1576-1581 (1999).
18) Wang, J., Tan, H., *et al*.:J. Biomed. Nanotechnol., 7(5), 696-703(2011).
19) Huang Y. C.1., Liu T. J.: Acta Biomater., 8(3), 1048-1056(2012).
20) Slütter, B., Plapied, L.: J. Control. Release, 138(2), 113-121(2009).
21) Li, N., Peng, L. H., *et al*.: Nanomedicine., 10(1), 215-223(2014).
22) Csaba, N., Köping-Höggård, M.: Int. J. Pharm., 382(1-2), 205-214(2009).
23) Gaspar, V. M., Sousa, F.: Nanotechnology, 22(1), 015101(2011).
24) Raja, M. A., Katas, H., *et al*.: PLoS One., 10(6), e0128963(2015).
25) Martins, A. F., Facchi, S. P., *et al*.: Int. J. Biol. Macromol., 72, 466-471(2015).
26) Hecq, J., Siepmann, F., *et al*.: Drug Dev. Ind. Pharm., 27, 1-8(2015).
27) Hayashi, K., Sasatsu M., *et al*.: Curr, Nanosci., 7(4), 497-502(2011)
28) Barakat, N. S., Almurshedi, A. S.: J. Pharm. Pharmacol., 63(2), 169-178(2011).
29) 大西　啓：キチン・キトサン研究, 20(2), 150-151(2014).

第12章
キトサンの抗酸化作用を利用した酸化ストレス関連疾患への応用

12.1 はじめに

　通常，生体内では，酸素を利用する過程において種々の活性酸素（Reactive Oxygen Species: ROS）が生成している。しかし，生体はこのROSを消去する巧みな防御機能を十分に備えているために，生理的条件下では酸素代謝の副産物であるROSやフリーラジカルは，必ずしも怖いものではない。しかし，ROSの過剰な生成や不適切な部位での生成は，その局所でのROS生成と消去のバランスを崩すことになり，いわゆる酸化ストレス負荷の状態となる。この状態において，多くの病態との関連性が示唆されている。特に腎不全は代表的な酸化ストレス疾患として位置づけられており，腎機能の悪化にROSの過剰産生に起因した酸化ストレスが重要な役割を果たしていることが数多く報告されている[1,2]。そのため，これまでの抗酸化治療としてはビタミンCあるいはE製剤をはじめとしたROSスカベンジャーの投与により，いかにROSを消去するかという点に関心が集まっていた[3,4]。しかし，これらの抗酸化剤では腎不全の進行を抑制するという明確なエビデンスは得られておらず，現在ではむしろROSの発生を抑制するような新しいタイプの抗酸化剤の開発が望まれている。これまでにキトサンの抗酸化作用について，脱アセチル化度や分子量の影響が示唆されているものの[5-7]，断片的な報告のみであり，その詳細について検討した例はほとんど見当たらない。さらにヒトを対象としたキトサンの抗酸化作用に関する研究は皆無であった。このような背景の下，著者らはキトサンの基本構造単位であるD-グルコサ

ミンから分子量 1.0×10^6 のキトサンまでの抗酸化作用を in vitro および in vivo 研究において多面的に評価し，抗酸化作用を付与した新たなキトサン利用の可能性について検討した．以下，これまで当研究室で得られたデータを中心に解説する．

12.2　*In vitro* における各分子量キトサンの抗酸化作用

キトサンは健康食品の一つとして使用されており，分子量サイズにより作用が異なる．高分子キトサン（分子量が 3.0×10^4 以上）は消化管内における脂質排泄やコレステロール低下作用などが期待できる．一方，低分子キトサン（分子量が 3.0×10^4 以下）は消化管から吸収され体内を循環することから，有害物質の吸着や免疫力の向上などが期待できる．そこで著者らは消化管吸収後，全身循環系に移行すると考えられる低分子キトサン（CT_1；MW：2.8×10^3）に着目し，血管内での抗酸化作用について，血中酸化タンパクのモデルとしてヒト血清アルブミン（Human serum albumin: HSA）の水溶性ラジカル開始剤 2-2'- アゾビス（2- メチルアミジノプロパン）二塩酸塩（2,2'-Azobis（2-methylpropionamidine）Dihydrochloride: AAPH）による酸化の程度を指標とし，キトサンの基本構造である D- グルコサミン（GlcN）およびその誘導体である N- アセチル - グルコサミン（GlcNAc），また抗酸化剤としてアスコルビン酸（VC）を用いて比較検討した．その結果，キトサン誘導体および VC の添加により HSA の酸化は抑制された（**図 12.1**）．また，この抗酸化効果は VC > CT_1 > GlcN >> GlcNAc の順であった．特に，CT_1 は VC には及ばないものの，キトサン誘導体の中で高い抗酸化作用を有することが明らかとなった．また，キトサンの基本構造単位を形成する 6 員環の C2 位に N- アセチル基を含む GlcNAc はほとんど抗酸化作用を示さないことが明らかとなった．次に代表的なラジカル消去試薬であるジフェニルピクリルヒドラジル（1,1'-diphenyl-2-picrylhydrazyl: DPPH）を用いてラジカル消去能を評価した結果，キトサン誘導体および VC の濃度依存的な抗酸化作用が観察され，このとき IC_{50}（抗酸化作用が 50％を示す値）は VC > CT_1

＞＞GlcN＞＞GlcNAc（$IC_{50}=$ 0.12, 0.87, 1.64, 10＜mg/mL）の順であった。これまでの結果より，GlcNAc は抗酸化作用を示さないことから，CT_1 の構成単位である GlcN の C2 位に存在するアミノ基（$-NH_2$）が抗酸化能に寄与している可能性が示唆された[8]。事実，Peng らはキトサンの基本構造単位である 6 員環の C2，C3，C6 位に存在するアミノ基やヒドロキシル基がフリーラジカルと反応すると報告している[9]。また，Feng らはキトサンが捕捉する代表的なフリーラジカルとして，生体内で最も強力なラジカルであるヒドロキシルラジカルを報告しており，その消去率は実に 84 ％にも及ぶといわれている[10]。また，この結果を Mendis らも ESR スピントラップ法により確認している[11]。しかしながら，これらの測定に利用されたキトサンの分子量は各研究機関において異なることから，次に著者らは脱アセチル化度 90 ％以上で分子量が 1.0×10^6 までの各分子量サイズのキトサン（使用した各分子量キトサンの特性について**表 12.1** に示す）について，その抗酸化作用を測定し，その分子量との関連性について検討した。

各分子量キトサンの抗酸化作用を DPPH ラジカル消去能により評価した結果，低分子のキトサン程，濃度依存的に高い抗酸化作用を示し，その IC_{50} 値はそれぞれ，0.87，3.28，4.68，8.15，9.34 mg/mL

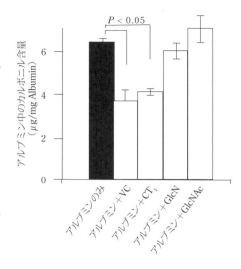

図 12.1 各サンプルによるアルブミンの酸化抑制効果の比較[8]

表 12.1 実験に使用したキトサンの各分子量[12]

サンプル名	分子量（，$\times 10^3$）
CT_1	2.8
CT_2	17.0
CT_3	33.5
CT_4	62.6
CT_5	87.7
CT_6	604
CT_7	931

すべてのサンプルは，脱アセチル化度 90％以上のものを利用した。

を示した。一方，分子量 1.0×10^5 以上の CT_6 と CT_7 の高分子キトサンはほとんど抗酸化作用を示さなかった。また，代表的なラジカル消去試薬である 2,2'-アジノビス（3-エチルベンゾチアゾリン-6-スルホン酸（2,2'-azinobis (3-ethylbenzothiazoline-6-sulfonic acid）：ABTS）ラジカルにおいても同様の結果を示した。さらに，キトサン分子量の増大に伴い，抗酸化作用が低下することが明らかとなった（**図 12.2**）[12]。これら抗酸化作用を示す一つのメカニズムとして，通常，キトサンの基本構造単位である 6 員環の C2，C3，C6 位に存在するアミノ基やヒドロキシル基がラジカルを消去し，抗酸化作用を示すと考えられるが，キトサンの高分子化による構造変化に伴い，これら残基の反応性の低下が示唆される[9]。今後，各分子量キトサンにおいて，NMR スペクトルなどの詳細な構造解析により明らかにする必要があるものと考えられる。また，その他のメカニズムとして，キトサンの既存効果であるキレート作用の関連も示唆される。事実，ヒドロキシルラジカルの発生に関与する鉄（II）のキレート作用を Peng らは報告していることから，今後，遷移金属のキレート効果についても各分子量キトサンにおける検討が必要であると考えられる[9]。

　これまでに機能性食品としてのキトサンは消化管からの再吸収を基準として，分子量が 3.0×10^4 以上の高分子キトサンと 3.0×10^4 以下の低分子キトサンの二つに大別される。一般に高分子のほうが高い吸着能力があり，腸で

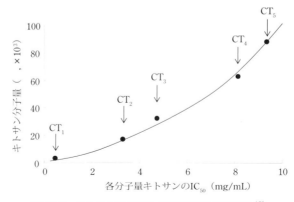

図 12.2 キトサン分子量と抗酸化作用の関連性[12]

脂質排泄，コレステロール低下作用などの重要な働きを行うものの体内に吸収しにくく，消化管に限られた作用であるといわれている。一方，低分子キトサンは若干，吸着能力は低下するものの，体内に吸収されやすいため，消化管における作用に加え，全身循環系での同様の作用も期待されている。これまでの結果から，機能性食品として利用する場合，ある程度の分子量を持つ低分子キトサンが新規効果である抗酸化作用を付加した効率的な食品と考えられる。しかしながら，これまでに各分子量のキトサン摂取による in vivo における抗酸化作用を比較した検討は見当たらない。著者らは分子量約 3.0×10^4 の低分子キトサンおよび分子量約 1.0×10^6 の高分子キトサンを利用して，メタボリックシンドロームモデルラットを対象として，各分子量キトサン服用に伴う血漿中酸化ストレスの変動について，生化学値の変動と併せて調査を行った。

12.3 メタボリックシンドロームモデルラットにおける各分子量キトサンの抗酸化作用

メタボリックシンドロームにおいて酸化ストレスはその病態の発症および進展に深く関与している[13,14]。生体が酸化ストレスに暴露された際，より初期の酸化過程においては，HSA に唯一遊離状態で存在する 34 位のシステイン残基（^{34}Cys）の酸化が報告されている[15]。還元型 HSA（Human Nonmercapt Albumin: HNA）はその SH 基によってさまざまな物質と結合，運搬，解毒などを行っていると考えられている。著者らはこれまでに，HSA の ^{34}Cys の酸化還元状態を指標とするアルブミン酸化度を用いて，アンジオテンシン II 受容体拮抗薬オルメサルタンの血管内における抗酸化作用を in vitro モデルおよび血液透析患者を対象とした初期の臨床試験で用いられるオープンラベル試験により明らかにしている[16]。また，この指標を利用して腎不全モデルラットを用いた動物実験および慢性腎不全患者を対象としたオープンラベル試験により，尿毒素吸着剤クレメジン® の抗酸化作用も明らかにしている[17]。これらの効果はいずれも，既存の効果（オルメサルタン：

降圧作用，クレメジン：尿毒素吸着作用）に加えたプレイオトロピックエフェクト（多面的作用）としての抗酸化作用であり，腎不全治療に対する新たな治療戦略と考えられる。また，アルブミン酸化度を指標とした酸化ストレス評価法は，上記病態時に限らず，健常時においても老化に伴う酸化ストレスの亢進を確認している（図12.3）。さらに最近では，アルブミン酸化度の減少が腎不全患者の寿命の延長に直接寄与していることが報告されており，アルブミン酸化度の評価法としての重要性が認識されてきている[15-19]。そこで，著者らはメタボリックシンドロームモデルとして肥満・高血圧自然発症ラット（SHR/NDmcr-cp）を利用し，高分子キトサン（Mw: 1.0×10^6）および低分子キトサン（Mw: 3.0×10^4）摂取（キトサン1日摂取量として1 g/kg）によるアルブミン酸化度を利用した抗酸化作用について，生化学値の変動と併せて検討した。その結果，高分子キトサン摂取時のみ有意な脂質吸収抑制作用が観察された。一方，低分子キトサンの摂取は高分子キトサンの摂取に比べ高い抗酸化作用を示した（表12.2）。このとき，in vitro モデルにおけるラジカル消去能を検討した結果，用量，時間依存的に低分子キトサンは高分子キトサンに比べて高いラジカル消去能を示したことから（図12.4），低分子キトサンの高い抗酸化作用が，肥満・高血圧自然発症ラットの血中の酸化ストレス抑制につながったと考えられた。一方，高分子キトサ

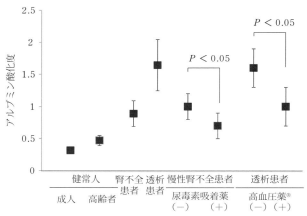

図12.3　各病態におけるアルブミン酸化度の変動 [15-19]

12.3 メタボリックシンドロームモデルラットにおける各分子量キトサンの抗酸化作用

表 12.2　メタボリックシンドロームモデルラットにおける各分子量キトサン摂取 4 週後の各パラメータ[20]

	通常食	低分子キトサン	高分子キトサン
体重（g）	332.5 ± 9.6	275.0 ± 19.2*	300.0 ± 14.1*
総コレステロール（mg/dL）	154.8 ± 13.6	140.1 ± 7.5	131.8 ± 12.1*
HDL（mg/dL）	109.7 ± 10.2	119.4 ± 13.6	123.3 ± 10.2
LDL（mg/dL）	28.2 ± 4.7	23.5 ± 0.9*	21.3 ± 4.8*
アルブミン酸化度	0.62 ± 0.05	0.46 ± 0.02*	0.54 ± 0.02*

*$p < 0.05$, 通常食群との有意差

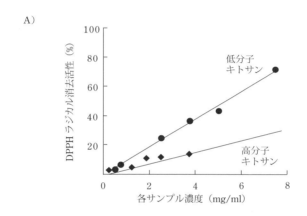

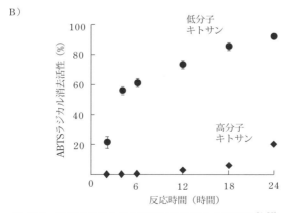

図 12.4　各分子量キトサンにおけるラジカル消去能[21,22]

ンは in vitro においてほとんど抗酸化作用を示さないものの，血中での抗酸化作用が観察されたことから，高分子キトサンが低密度リポタンパク質（Low-density lipoprotein: LDL）のような酸化促進成分を消化管内において顕著に吸着して糞中に排泄することにより，血中酸化促進成分の減少による二次的な抗酸化作用を血中において発揮したものと考えられた。以上の知見より，キトサンはメタボリックシンドロームに対しての治療のみならず，予防へも適応可能な機能性食品として有用であることが示唆された[20]。

12.4　メタボリックシンドローム予備軍における各分子量キトサンの抗酸化作用

　低分子キトサンおよび高分子キトサンともに，研究デザインは前向きのオープンラベル試験として，4週間のベースラインの観察後，4週間の各分子量キトサン（キトサンアップ®；Mw：約 2.0×10^4，キトサミン®；Mw：約 1.0×10^6，キトサン1日摂取量として 540 mg）の摂取を，それぞれメタボリックシンドローム予備軍を含む健常人10例を対象として行った。全対象例は研究の目的および計画の説明を口頭および文書にて受けた後，同意を得られた対象者のみ採血を行った。試験期間中における生化学パラメータの変動を測定した結果，キトサンアップおよびキトサミンともに血圧，血糖値および総コレステロールは服用後低下傾向を示した。また高密度リポタンパク質（High-density lipoprotein: HDL）は有意な上昇を示し，キトサン摂取による血液改善効果が観察された（表12.3）。一方，キトサンアップおよびキトサミンともにカルシウムおよびリン濃度に有意な変動は観察されなかった。次にキトサンアップおよびキトサミン摂取に伴う血漿中の酸化ストレスの変動をアルブミン酸化度により経時的に検討した。その結果，キトサンアップおよびキトサミンともに摂取4週後にアルブミン酸化度の有意な低下が観察された（図12.5）。この効果はキトサミンよりもキトサンアップにおいて強い傾向が見られ，前述のメタボリックシンドロームモデルラットの検討結果を支持するものとなった。また，キトサミン摂取における血中の酸化ストレ

12.4 メタボリックシンドローム予備軍における各分子量キトサンの抗酸化作用

表12.3 メタボリックシンドローム予備軍における各分子量キトサン摂取4週後の各パラメータ[21, 22]

	キトサンアップ®		キトサミン®	
	摂取前	摂取後	摂取前	摂取後
収縮期血圧 (mmHg)	117.6 ± 5.5	113.4 ± 4.6	133.9 ± 12.5	129.0 ± 8.2
拡張期血圧 (mmHg)	69.7 ± 5.4	69.8 ± 4.3	80.7 ± 4.5	82.5 ± 5.2
血中グルコース濃度 (mg/dL)	124.8 ± 3.5	100.0 ± 4.3*	117.0 ± 12.5	114.1 ± 8.8
総コレステロール (mg/dL)	195.6 ± 18.1	168.9 ± 13.5	172.9 ± 18.1	140.3 ± 19.2
LDL (mg/dL)	107.8 ± 10.5	101.6 ± 8.4	155.8 ± 32.4	143.3 ± 29.2
HDL (mg/dL)	62.7 ± 5.2	78.5 ± 6.2*	48.8 ± 2.2	55.5 ± 2.7*

* $p < 0.05$, 摂取前との有意差

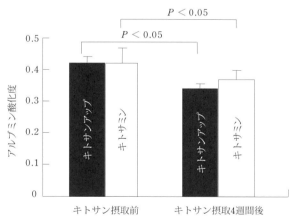

図12.5 メタボリックシンドローム予備軍における各分子量キトサン摂取4週後のアルブミン酸化度の変動[21, 22]

ス変動とメタボリックシンドロームの指標である動脈硬化指数の関係について検討した結果，良好な相関関係が確認された．このことより，キトサミンはLDLなどの脂質成分の吸着作用による間接的な抗酸化作用により，血中酸化ストレスを軽減するものと考えられた．今回得られた知見は，今後，特定保健用食品として利用されているキトサンに対し，メタボリックシンド

ロームの予防期から治療期までの幅広い期間での応用を期待させるものと考えられる[21]。

12.5 慢性腎不全モデルラットにおけるキトサンの抗酸化作用

腎不全時に惹起される酸化ストレスの機序の一つに，"尿毒症物質"と称される体内反応代謝産物の蓄積に伴う酸化ストレスの亢進が挙げられる。その代表的尿毒症物質として，最も研究されているものの一つがインドキシル硫酸（Indoxyl sulfate: IS）である。ISは食事中のタンパク質の代謝産物と考えられており，消化管で前駆物質のインドールが吸収された後，肝臓で硫酸抱合を受けて生成される。ISは血中では大部分がアルブミンと結合しており，代謝を受けずに主に腎臓から排泄される。そのため，腎機能の低下により血清中に高濃度に蓄積し，透析患者では血中濃度が正常時の100倍近くまで増加することもある。最近の研究において，ISが血管中で酸化ストレスを惹起する可能性が明らかになってきていることから，ISを除去することにより，全身循環系の酸化ストレスの軽減，ひいては酸化ストレス亢進によって引き起こされる心血管系疾患（Cardiovascular Diseases: CVD）の発症を予防する可能性が期待される[23,24]。しかし現在までのところ，これらの尿毒症物質を排除する方法は少なく，慢性腎不全患者に対して日常臨床で使用できるのは薬用活性吸着炭クレメジンとタンパク質摂取の厳格な制限のみである。これまでの検討から，キトサンが脂質吸収抑制作用に加え，優れた抗酸化作用を有していることが実証された[20-22]。さらに最近，キトサンが in vitro モデルでISを吸着することが明らかにされ[21]，腎保護効果を有する可能性が示唆されたことから，慢性腎不全モデルラットを用いてキトサンの抗酸化および腎保護効果について検討した。その結果，キトサン投与（Mw: 1.0×10^6，1日摂取量として 1.5 g/kg）により腎機能パラメータである尿中アルブミン，血中ISおよび血清クレアチニン濃度の有意な減少が観察され，腎不全の進行抑制が確認された（**表12.4**）。これは投与されたキトサンが消化管内で尿

12.5 慢性腎不全モデルラットにおけるキトサンの抗酸化作用

表 12.4 慢性腎不全モデルラットにおけるキトサン摂取 4 週後の各パラメータ[25]

	通常食	キトサン
体重（g）	357.5 ± 7.6	304 ± 5.2 *
血中グルコース濃度（mg/dL）	201.8 ± 15.6	115.0 ± 2.8 *
トリグリセリド（mg/dL）	110.8 ± 14.8	88.9 ± 14.9
血中アルブミン濃度（mg/dL）	3.10 ± 0.1	3.10 ± 0.1
尿中アルブミン排泄量（mg/day）	159.7 ± 14.2	91.8 ± 15.4 *
血中クレアチニン濃度（mg/dL）	2.22 ± 0.22	1.68 ± 0.32 *
血中インドキシル硫酸濃度（μM）	41.5 ± 5.61	19.5 ± 5.33 *

毒症物質あるいはその前駆体を吸着したまま糞中に排泄し，体内蓄積ひいては血中蓄積を抑制した結果，腎不全の進行が抑制されたものと考えられた。次に，慢性腎不全モデルラットを用いて生体内酸化ストレスに及ぼすキトサンの影響について，アルブミン酸化度および抗酸化力（Biological antioxidant potential: BAP）テストにより評価した結果，キトサン非投与群と比較して有意な抗酸化作用が観察された。また，IS 濃度変化と酸化ストレスの指標であるアルブミン酸化度の変化に良好な相関が認められたことから，キトサンによる消化管内尿毒症物質の吸着作用が血中の抗酸化作用の増加に

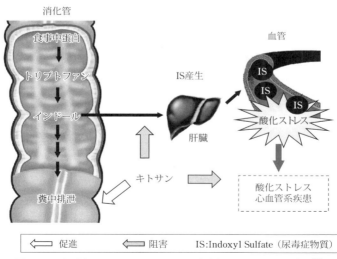

図 12.6 腎不全におけるキトサンの尿毒症物質吸着メカニズム[25]

つながったものと考えられた（**図 12.6**）。以上の知見より，慢性腎不全モデルラットへのキトサン投与は腎不全の進行を抑制するだけでなく，血中の抗酸化作用も示すことが明らかとなった[25]。

12.6　透析患者におけるキトサンの抗酸化作用

慢性腎不全モデルラットを用いた *in vivo* 研究の結果より，キトサンは消化管内における尿毒症物質排泄作用に加え，多面的効果として抗酸化作用が期待できる。そこで次に，松下会あけぼのクリニックで透析中の患者 11 例を対象として，キトサン摂取に伴う腎障害の進行度および酸化ストレスの変動について調査を行った。キトサンは日本化薬フードより提供された特定保健用食品であるヘルケット®（キトサンビスケット：1 袋 0.5 g キトサン（分子量 1.0×10^6）含有）を使用した。採血はキトサン摂取前の最終透析前を 0 週とし，キトサン摂取後 4，8，12 週後まで行った。なお全対象例は研究の目的および計画の説明を口頭および文書にて受けた後，同意を得られた患者のみ採血を行った。また研究計画は松下会あけぼのクリニック倫理委員会の承認を得て行った。腎不全の状態は血清リン（P）および尿毒症物質の一つである IS の変動により評価した。また，血清アルブミンを用いたアルブミン酸化度および血漿抗酸化能測定，ラジカル消去能などによる抗酸化作用も併せて評価した。その結果，透析患者におけるキトサンの摂取は，キトサン摂取前と比較して有意な血清 P および血中 IS の低下を惹起した。また，各種抗酸化測定により，キトサン摂取前と比較して酸化ストレスの減少が観察された。さらに，酸化ストレス亢進因子であり，CVD 発症のリスクファクターでもある血中タンパク質過酸化物（Advanced oxidation protein products: AOPP）の有意な減少が観察されたことから，透析患者におけるキトサンの服用は CVD 発症の予防にもつながるものと考えられた（**表 12.5，図 12.7**）[25]。

12.6 透析患者におけるキトサンの抗酸化作用

表 12.5 透析患者におけるキトサン摂取後の各パラメータの変動[26]

	0 週	4 週	8 週	12 週
血中アルブミン濃度（g/dL）	3.8 ± 0.1	3.8 ± 0.1	3.8 ± 0.1	3.7 ± 0.1
血中尿素窒素濃度（mg/dL）	55.4 ± 3.5	52.7 ± 3.8	56.6 ± 5.1	53.2 ± 4.1
血中クレアチニン濃度（mg/dL）	10.8 ± 0.8	10.6 ± 0.7	10.5 ± 0.7	10.5 ± 0.7
血中カルシウム濃度（mg/dL）	8.8 ± 0.2	8.7 ± 0.2	8.5 ± 0.2	8.9 ± 0.3
血中リン濃度（mg/dL）	6.1 ± 0.2	6.4 ± 0.5	6.1 ± 0.5	5.2 ± 0.4*
インドキシル硫酸濃度（mg/dL）	357 ± 42.1	237 ± 27.5*	230 ± 27.3*	237 ± 26.8*

*$p < 0.05$, キトサン摂取前（0 週）との有意差

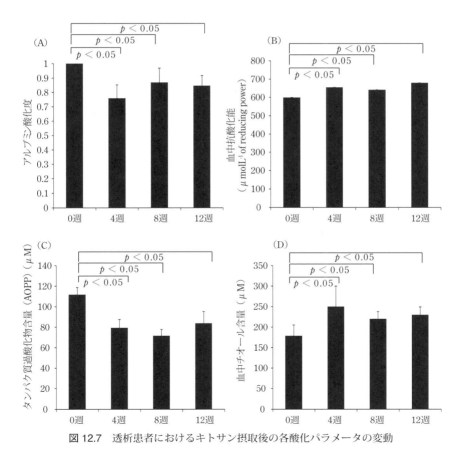

図 12.7 透析患者におけるキトサン摂取後の各酸化パラメータの変動

12.7　おわりに

　現在，多くの生活習慣病の危険因子として酸化ストレスの負荷が注目され，酸化ストレスの抑制が病態進行の抑制や予防につながるものと期待されている。本研究では，機能性食品であるキトサンが血中脂質濃度や尿毒症物質であるIS濃度を減少させ，全身循環系において酸化ストレスを軽減することを初めて見いだした。キトサンのユニークな抗酸化作用は他の抗酸化剤であるレニン・アンジオテンシン系阻害剤や抗酸化ビタミンと異なることから，キトサン単独あるいはこれらの薬剤との併用投与は，メタボリックシンドロームや腎不全をはじめとした生活習慣病時における新規抗酸化治療戦略となる可能性が示唆される。また，キトサンは機能性食品であることから，酸化ストレス関連疾患に対する予防あるいは早期治療に有用であると考えられる。これらの知見はキトサンの脂質吸収抑制効果や腎保護効果に加えた多面的作用としての抗酸化作用を明らかにするのみならず，今後，機能性食品におけるキトサンの抗酸化剤としての位置づけを明確化するとともに，機能性食品の適正使用を支援していくうえで有用な基礎データになるものと考えられる。

《参考引用文献》
1) Mastalerz-Migas, A., Steciwko, A., Pokorski, M., Pirogowicz, I., Drobnik, J., Bunio, A., Muszynska, A., Jasinska, A.: J. Physiol. Pharmacol., 57, 199-205(2006).
2) Sasaki, S., Yokozawa, T., Cho, E. J., Oowada, S., Kim, M.: J. Pharm. Pharmacol., 58, 1515-1525(2006).
3) Zwolinska, D., Grzeszczak, W., Szczepanska, M., Kilis-Pstrusinska, K., Szprynger, K.: Nephron Clin. Pract., 103, 12-18(2006).
4) McCord, J. M.: Drug Discov. Today, 9, 781-782(2004).
5) Kim, K. W., Thomas, R. L.: Food Sci., 101, 308-313(2007).
6) Chien, P. J., Sheu, F., Huang, W. T., Su, M. S.: Food Chem., 102, 1192-1198(2007).
7) Koryagin, A. S., Erofeeva, E. A., Yakimovich, N. O., Aleksandrova, E. A., Smirnova, L. A., Malkov, A. V.: Bull. Exp. Biol. Med., 142, 461-463(2006).
8) Anraku, M., Kabashima, M., Namura, H., Maruyama, T., Otagiri, M., Gebicki, J. M., Furutani, N., Tomida, H.: Int. J. Biol. Macromol., 43, 159-164(2008).

9) Peng, C., Wang, Y., Tang, Y.: J. Appl. Polym. Sci., 70, 501-506(1998).
10) Feng, T., Du, Y., Wei, Y., Yao, P.: Eur. Food Res. Technol., 225, 133-138(2007).
11) Mendis, E., Kim, M. M., Rajapakse, N., Kim, S. K.: Life Sci., 80, 2118-2127(2007).
12) Tomida, H., Fujii, T., Furutani, N., Michihara, A., Yasufuku, T., Akasaki, K., Maruyama, T., Otagiri, M., Gebicki, J. M., Anraku, M.: Carbohydr. Res., 344, 1690-1696(2009).
13) Chen, K., Lindsey, J. B., Khera, A., De Lemos, J. A., Ayers, C. R., Goyal, A., Vega, G. L., Murphy, S. A., Grundy, S. M., McGuire, D. K.: Diab. Vasc. Dis. Res., 5, 96-101(2008).
14) Ishizaka, N., Ishizaka, Y., Yamakado, M., Toda, E., Koike, K., Nagai, R.: Atherosclerosis, 204, 619-623(2009).
15) Anraku, M., Kitamura, K., Shintomo, R., Takeuchi, K., Ikeda, H., Nagano, J., Ko, T., Mera, K., Tomita, K., Otagiri, M: Clin. Biochem., 41, 1168-1174(2008).
16) Kadowaki, D., Anraku, M., Tasaki, Y., Kitamura, K., Wakamatsu, S., Tomita, K., Gebicki, J. M., Maruyama, T., Otagiri, M.: Hypertens. Res., 30, 395-402(2007).
17) Shimoishi, K., Anraku, M., Kitamura, K., Tasaki, Y., Taguchi, K., Hashimoto, M., Fukunaga, E., Maruyama, T., Otagiri, M.: Pharm. Res., 24, 1283-1289(2007).
18) Mera, K., Anraku, M., Kitamura, K., Nakajou, K., Maruyama, T., Otagiri, M.: Biochem. Biophys. Res. Commun., 334, 1322-1328(2005).
19) Anraku, M., Mera, K., Kitamura, K., Nakajou, K., Maruyama, T., Tomita, K., Otagiri, M.: Hypertens. Res., 28, 973-980(2005).
20) Anraku, M., Michihara, A., Yasufuku, T., Akasaki, K., Tsuchiya, D., Nishio, H., Maruyama, T., Otagiri, M., Maezaki, Y., Kondo, Y., Tomida, H.: Biol. Pharm. Bull., 33, 1994-1998(2010).
21) Anraku, M., Fujii, T., Kondo, Y., Kojima, E., Hata, T., Tabuchi, N., Tshuchiya, D., Goromaru, T., Tsutsumi, H., Kadowaki, D., Maruyama, T., Otagiri, M., Tomida, H.: Carbohydr. Polym., 83, 501-505(2011).
22) Anraku, M., Fujii, T., Furutani, N., Kadowaki, D., Maruyama, T., Otagiri, M., Gebicki, J.M., Tomida, H.: Food Chem. Toxicol., 47, 104-9(2009).
23) Saito, H.: Biochem. Pharmacol., 85, 865-872(2013).
24) Watanabe, H., Miyamoto, Y., Honda, D., Tanaka, H., Wu, Q., Endo, M., Noguchi, T., Kadowaki, D., Ishima, Y., Kotani, S., Nakajima, M., Kataoka, K., Kim-Mitsuyama, S., Tanaka, M., Fukagawa, M., Otagiri, M., Maruyama, T.: Kidney Int., 83, 582-592(2013).
25) Anraku, M., Tomida, H., Michihara, A., Tsuchiya, D., Iohara, D., Maezaki, Y., Uekama, K., Maruyama, T., Otagiri, M., Hirayama, F.: Carbohydr. Polym., 89, 302-304(2012).
26) Anraku, M., Tanaka, M., Nahumo, K., Iohara, D., Maezaki, Y., Uekama, K., Maruyama, T., Hirayama, F., Otagiri, M.: Carbohydr. Polym., 112, 152-157 (2014).

第13章
キトサンを用いたナノ粒子による遺伝子デリバリーシステム

13.1 はじめに

　先天性の遺伝子疾患であるアデノシンデアミナーゼ（ADA）欠損症の治療法として，1990年にADA遺伝子を組み込んだレトロウイルスの投与が成功を収めたことを契機として，遺伝子治療への関心が高まった。その後は，遺伝子治療の対象は化学療法などでは良好な治療効果が得られない悪性腫瘍が中心になってきた。治療用の遺伝子を細胞に送り込むベクター（運び屋）としては，レトロウイルスやアデノウイルスなどのウイルスベクターが用いられている。ウイルスベクターでは遺伝子治療の効果は優れているが，ウイルスベクターの病原性や染色体への治療用遺伝子のランダムな組み込みによる副作用が懸念されている。そのような懸念を避けるために，非ウイルスベクターの開発も活発に行われている。非ウイルスベクターで利用される治療用の遺伝子は環状DNAであるプラスミドDNA（pDNA）である。本稿で述べる遺伝子デリバリーとはpDNAのデリバリーのことを意味している。pDNAは水溶性で負の電荷を有する高分子であることから，細胞内への取り込み効率が低い。そこで，細胞内への導入効率を高めるための工夫が必要になってくる。その一つは，pDNAと非ウイルスベクターとの複合体を形成させる方法である。pDNAと複合体を形成する非ウイルスベクターとしては，pDNAが負の電荷を有していることから，カチオン性の脂質や高分子が頻繁に用いられている。pDNAとカチオン性分子とのポリイオン複合体が細胞との相互作用に適したサイズのナノ粒子を形成することから，非ウイルスベク

ターを用いた遺伝子の細胞内導入に関する研究が盛んに行われるようになった。1980年代後半より非ウイルスベクターとしてカチオン性脂質の開発が行われている。1990年以降にはカチオン性高分子を用いた研究も活発に行われるようになってきた。カチオン性高分子としては，ポリ-L-リジンやジエチルアミノエチル（DEAE）化-デキストランが使われていたが，近年では遺伝子の細胞内への導入効率に優れているポリエチレンイミン（PEI）が多くの研究で使われている。これ以外にも，外来遺伝子を細胞内に導入するために多くの材料が報告されている。一方，キトサンは1990年代後半より遺伝子デリバリーに利用されるようになってきた[1,2]。筆者らは，1996年にDNAとカチオン性の多糖（ポリガラクトサミンpGalNとキトサン）の複合体が，がん細胞や白血球細胞に効率よく取り込まれることを報告した[3]。それ以降，キトサンを用いた遺伝子デリバリーシステムとしての構造や機能の評価を行ってきた。一般的に，遺伝子デリバリーにおいては，細胞毒性の低さと遺伝子の細胞内導入効率の高さが要求される。そのような点を考慮しながら，本稿では，遺伝子デリバリーにおけるキトサンの利点に関するこれまでの成果を以下にまとめる。

13.2　キトサンを用いた遺伝子デリバリー

著者らは，キトサンを用いた遺伝子デリバリーとして大きく分けて以下の三つの手法を開発してきた（図13.1）。
① pDNAとキトサンとの複合体[4,5]
② pDNAと糖修飾キトサンとの複合体[6,7]
③ pDNA／キトサン／アニオン性多糖で形成される三元複合体[8,9]

①は遺伝子とキトサンとのポリイオン複合体である。遺伝子／キトサン複合体ががん細胞に取り込まれることは1996年に報告したが，その時点では遺伝子発現活性は測定できていなかった。その後，ルシフェラーゼ遺伝子をコードしたpDNA（pLuc）を用いた遺伝子発現活性を種々の化合物を用いてスクリーニングしたところ，キトサンが他の化合物に比較して顕著に高

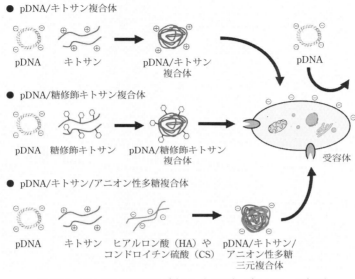

図 13.1 キトサンを用いた遺伝子（pDNA）デリバリーの概要

い活性を有していることを見いだした。遺伝子／キトサン複合体は正の表面電荷を有しており，細胞とは静電的な相互作用により結合する。ドラッグデリバリーシステムの分野においては，このような静電的な相互作用は受動的ターゲティング（passive targeting）に分類されている。もう一つの相互作用は能動的ターゲティング（active targeting）である。能動的ターゲティングは細胞表面に提示された受容体を介した相互作用により行われる。そこで②では，細胞親和性のある糖鎖をキトサンに修飾した糖修飾キトサンと遺伝子とのポリイオン複合体を作製することで，能動的ターゲティングによる遺伝子デリバリーを達成することができる。③では，能動的ターゲティングを達成するためにアニオン性多糖であるコンドロイチン硫酸（CS）やヒアルロン酸を用いた。遺伝子，キトサン，アニオン性多糖の3種類の高分子を混合して得られる三元複合体では，遺伝子／キトサン複合体の表面をアニオン性多糖で被覆した構造を有している。アニオン性多糖と細胞表面の受容体を介した相互作用により，遺伝子の細胞内導入効率を高めることができる。特に，細胞株を用いた *in vitro* での実験だけでなく，小動物を用いた *in vivo* で

の遺伝子発現にも有用であった。これらの3種類の複合体の性能の概要について以下に述べる。

13.3 遺伝子デリバリーに適したキトサン [4,5]

キトサンが細胞内への高い遺伝子導入活性を示す理由に関して，キトサンの構造，複合体の構造，細胞との相互作用の条件，および細胞内輸送経路の観点から検討を行った。

13.3.1 キトサンの構造

最初の論文では，7量体，平均分子量40 000，84 000および110 000の4種類のキトサン塩酸塩を用いた。筆者らはキトサンの遺伝子デリバリーとしての性能を知るために，目的に応じて複数のpDNAを用いており，その一つがpLucである。pLucとキトサンとの複合体をヒト膵臓がん由来SOJ細胞と相互作用させて，pLucの発現活性をルミノメーターにより定量的に評価した。その結果，分子量40 000のキトサンで最も高い発現活性が見られ

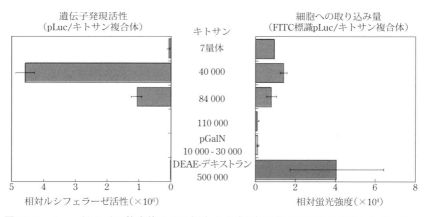

図13.2　pLuc／キトサン複合体とSOJ細胞を4時間相互作用させたときのルシフェラーゼアッセイ法による遺伝子発現活性とフローサイトメトリー法による細胞への取り込み量の定量結果 [5]

た（**図 13.2**）。7 量体あるいは分子量 110 000 のキトサンでは，遺伝子発現活性は非常に低かった。これまでに多くの論文でキトサンを用いた遺伝子デリバリーが行われているが，用いられている分子量は 10 000 から 400 000 までさまざまである[2]。しかしながら，筆者らが多種類のキトサンの活性評価を実施した経験では，分子量が 40 000-50 000 程度で，脱アセチル化度が 80-90 ％程度のキトサンが遺伝子デリバリーに適していることが示されている。脱アセチル化度が 100 ％のキトサンでは遺伝子発現効率は顕著に低下しており，脱アセチル化度も重要な構造的要素である。

13.3.2　複合体の構造

複合体の作製時に検討すべきことは遺伝子とキトサンとの混合比（P:N比）である。ここで，P は pDNA のリン酸基の数，N はキトサンのアミノ基の数である。pLuc／キトサン複合体と SOJ 細胞との相互作用では，P:N が 1:3～1:5 のときに高い遺伝子発現活性が見られた。pDNA とキトサンとの複合体はイオン相互作用により形成される。よって，pLuc に対して加えるキトサンの割合を増やすことで，得られる複合体のゼータ電位が異なってくる。P:N 比が 1:3～1:5 では複合体のゼータ電位は正の電荷（＋20 mV 程度）を示すようになる。そこで，負の表面電荷を有する細胞との静電的相互作用により pLuc の取り込み効率が向上し，その結果，遺伝子発現効率が向上する。最適な P:N は遺伝子や細胞の種類に依存して変わってくるが，これまでの実験では 1:3～1:8 の間であった。

pLuc／キトサン複合体の粒子サイズは 150 nm 程度であり，細胞への取り込みに適したサイズであった。その形態を原子間力顕微鏡（AFM）で観察したところ，グロビュール構造，トロイド状の構造，およびロッド状の構造が観察された（**図 13.3**）。その中でもグロビュール構造が主に観察された。グロビュール構造は，環状の pDNA 鎖が球状に折り畳まれることで形成される。pDNA はリン酸アニオンによる静電的な反発により，溶液中では分子鎖が広がった構造を取っている。ここにキトサンのアミノ基のカチオンが相互作用することで，pDNA の電荷が中和されて凝縮する。pDNA 鎖がトロイド状やロッド状の構造では，DNA 分解酵素（DNaseI）による分解を受けや

すいことから，完全なコンパクションが起きていない状態であると考えられる。一方，グロビュール構造ではDNA分解酵素による分解が抑制されており，安定性が向上していた。DNA分解酵素はDNAのリン酸基を攻撃することから，キトサンが静電的に結合することで分解酵素から保護されていると考えられる。このような分解酵素に対する安定性により，細胞内での酵素的分解が抑制され，細胞内導入後のpDNAの発現活性の向上に寄与することが期待される。

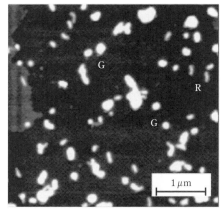

図13.3 pLuc／キトサン複合体のAFM像。Gはグロビュール構造，Rはロッド状の構造を示す[8]

13.3.3 細胞との相互作用条件

キトサンのpKaは6.5程度であることから，キトサンのアミノ基のプロトン化の程度は細胞培養を行うpH 7.4から弱酸性の範囲で大きく変化する。このことは，溶媒や培地のpHがpDNAとの複合体の形成能および複合体と細胞との相互作用に影響することを意味している。そこで，複合体の作製と細胞との相互作用の際のpHの影響を調べてみると，pH 7前後で遺伝子発現活性が大きく影響され，弱酸性のpHで高い遺伝子発現が見られた。そこで，筆者らは安定して高い遺伝子発現を達成するために，複合体の作製と細胞とのトランスフェクション時のpHを6.5に調整して実験を行っている。

非ウイルスベクターによるpDNAの細胞内導入を行う際に，培地中の血清が遺伝子発現活性に影響することが知られている。血清タンパク質は遺伝子複合体と相互作用して細胞内への取り込みを阻害する可能性がある。事実，無血清培地中では遺伝子発現がある遺伝子複合体でも，10％血清含有培地では活性が低下することが知られていた。ところが，pLucとキトサン複合体では無血清培地よりも10〜20％の血清を含んだ培地のほうが，高い遺伝

子発現活性を示した。血清成分のアルブミンによりpLuc／キトサン複合体の凝集は生じるが，複合体の崩壊には至っていないと考えられる。

13.3.4 細胞内輸送経路

pDNAが細胞内に取り込まれて遺伝子発現活性が得られるには，核内まで移行しなくてはならない。pDNA複合体が細胞表面と相互作用した後に，図13.4に示すような経路で，細胞内を輸送されて核内に移行すると考えられている。その輸送経路は，① 細胞内への取り込み，② 初期および後期エンドソームからの脱出，③ 核内への移行に分けて考えることができる。筆者らはpDNA／キトサン複合体の細胞内輸送経路について検討してきた。細胞内での輸送経路は，各種阻害剤で前処理した細胞を用いて遺伝子発現活性を定量すること，または細胞内での局在を共焦点レーザー顕微鏡などで観察することで評価している[10]。

① 細胞表面に静電的な相互作用で結合した複合体は，細胞内にエンドサ

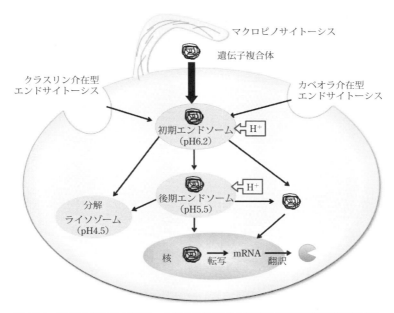

図 13.4　遺伝子複合体の細胞への取り込み経路と細胞内での輸送経路の概略図

イトーシスで取り込まれる。一般的なエンドサイトーシスの経路としては，マクロピノサイトーシス，クラスリン介在型エンドサイトーシス，およびカベオラ介在型エンドサイトーシスがある。取り込み経路を知るために，エンドサイトーシスの阻害剤で前処理した細胞での遺伝子発現活性を評価した。アフリカミドリザル腎臓由来COS7細胞を用いた実験では，pLuc／キトサン複合体での遺伝子発現はサイトカラシンDやワートマニンにより大きく低下することから，マクロピノサイトーシスにより取り込まれていることが示唆された。

② エンドサイトーシスで細胞内に取り込まれた遺伝子複合体が核に到達するには，エンドソームから脱出しなくてはならない。エンドソームではH^+が流入してpHの低下が生じる。H^+の流入を阻害するバフィロマイシンやモネンシンで細胞を前処理することで，pLuc／キトサン複合体の遺伝子発現活性は大きく低下した。これにより，エンドソーム内へのH^+の流入が遺伝子発現に寄与していることが示された。前述したように，pLuc／キトサン複合体と細胞との相互作用には培地のpHが影響していたことから，キトサンのプロトン化の程度が細胞内でのバッファリング効果に影響を与えると推測される。複合体形成時の溶媒のpHは6.5であることから，複合体中のキトサンのアミノ基が完全にプロトン化されていないことは遺伝子デリバリーにとって重要な要素である。pLuc／キトサン複合体を取り込んだエンドソーム内にH^+が流入しても，キトサンのアミノ基がH^+を吸収するために，エンドソーム内のpHの低下は抑制される。これによりエンドソーム内に流入するH^+の濃度が増加し，それと同時に対アニオンも流入することで塩濃度が上昇する。そこで，エンドソーム内の浸透圧の上昇により水が流入することで，エンドソームが破裂してしまうと考えられている。これがキトサンの有するバッファリング効果によるエンドソームからのpLuc／キトサン複合体の脱出メカニズムである。キトサンのバッファリング効果はポリ-L-リジンのようなアミノ基を有する他の高分子よりも2.5倍程度高い。このようなキトサンの性質が遺伝子デリバリーにおける優れた機能にかかわっている。ただし，エンドソームから脱出で

きなかった複合体はライソゾームへ移行していることも観察されている。このことは共焦点レーザー顕微鏡での観察において，ライソゾーム移行性のプローブ（ライソトラッカー）と複合体との共局在により確認された。ライソゾームに移行した pLuc は分解して失活すると考えられる。

③ 外来遺伝子が細胞内で転写・複製されるには，エンドソームから脱出した遺伝子複合体は核内に移行しなくてはならない。一般的に，分子量 60 000 以上の分子は拡散により核膜孔を透過できないといわれている。それにも拘わらず pLuc／キトサン複合体が高い遺伝子発現活性を示すということは，核膜孔を通過していることを意味している。事実，蛍光標識した pLuc／キトサン複合体の細胞内での局在を共焦点レーザー顕微鏡で観察してみると，5 時間後に核内への移行が見られた。このとき，核内では pLuc とキトサンは共局在していることから，複合体の状態で核内へ移行していることが示されている。また，細胞から単離した核と蛍光標識 pLuc との相互作用はキトサンとの複合化により向上していた。これには正の電荷を有する pLuc／キトサン複合体と核膜との静電的な相互作用が寄与していると考えられる。しかしながら，核膜孔の透過性については十分に解明できておらず，現在も検討を継続している。

13.3.5 遺伝子デリバリーにおけるキトサンの特徴と問題点

遺伝子デリバリーにおけるキトサンの特徴をまとめると以下のようになる。
- 遺伝子デリバリーに適したキトサンは平均分子量が 40 000-50 000 程度，脱アセチル化度が 80-90 ％程度であった。
- pDNA／キトサン複合体は 150 nm 程度のサイズであり，正のゼータ電位を有するグロビュール構造のナノ粒子である。
- キトサンとの複合化が pDNA の酵素による分解を抑制する。
- pDNA／キトサン複合体は血清存在下でも遺伝子発現活性を有している。
- 細胞内に取り込まれた pDNA／キトサン複合体はキトサンの持つバッファリング効果によりエンドソームから脱出して，核内に移行する。

- 遺伝子導入試薬として頻繁に用いられているカチオン性高分子の一つであるポリエチレンイミンと比べて細胞毒性は非常に低い。

一方，以下のようなキトサンの問題点もいくつか明らかとなった。
- pDNA／キトサン複合体は正のゼータ電位を有することから，赤血球や血清成分と相互作用して凝集する。
- pDNA／キトサン複合体は細胞特異性がない。
- 細胞内導入後，一部の複合体がライソゾームに移行する。
- pDNA／キトサン複合体を凍結および凍結乾燥すると遺伝子発現活性が低下する。
- 腫瘍移植マウスを用いた *in vivo* での実験において遺伝子発現活性が低い。

以上のような問題点を解決するために，pDNAと糖修飾キトサンとの複合体およびpDNA／キトサン複合体の表面をアニオン性多糖で被覆した三元複合体の開発を行った。

13.4　糖修飾キトサンによる遺伝子デリバリー [6,7]

　pDNA／キトサン複合体に細胞特異性を付与するために，ラクトースやマンノースを修飾したキトサンを用いた（**図 13.5**）。ラクトースはアシアロ糖タンパク質受容体を発現する肝がん細胞などに親和性を示し，マンノースはマンノース受容体を発現するマクロファージなどと親和性を示すことが知られている。このような糖鎖認識は多くのドラッグデリバリーシステムにおいて利用されてきた。筆者らはキトサン（分子量 53 000，アセチル化度 7％）に単糖当たり 8％ と 33％ のラクトースが修飾されたラクトース修飾キトサン（Lac-キトサン）および単糖当たり 5％，21％，47％ のマンノースが修飾されたマンノース修飾キトサン（Man-キトサン）を用いた。pDNA／キトサン複合体の問題点の解決ができたかどうかを，複合体形成，細胞との親和性，細胞内輸送経路，および *in vivo* での遺伝子発現という点から検討した。

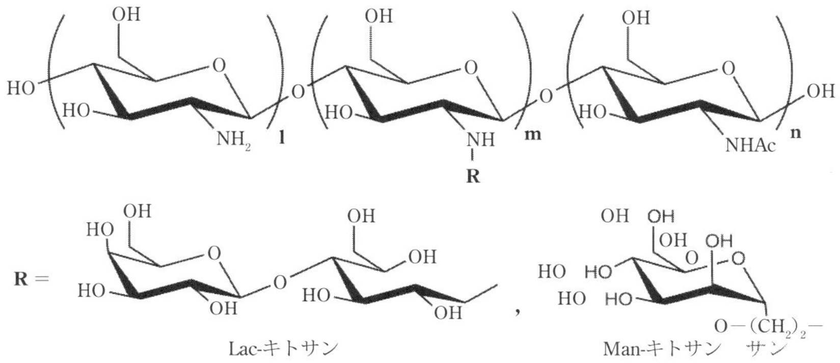

図 13.5 用いた糖修飾キトサンの構造
Lac- キトサンでは l : m : n = 85 : 8 : 7 および 60 : 33 : 7,
Man- キトサンでは l : m : n = 88 : 5 : 7, 72 : 21 : 7 および 46 : 47 : 7

13.4.1 pDNA と糖修飾キトサンとの複合体形成

　Lac- キトサンおよび Man- キトサン共に pLuc と複合体を形成することはアガロース電気泳動により確認された。pLuc ／糖修飾キトサン複合体の平均粒子サイズは糖の種類や修飾率にかかわらず 230-240 nm 程度であった。しかしながら，ラクトースやマンノースの修飾率の違いにより，複合体の形態や物性は異なっていた。8 ％ Lac- キトサンでは pLuc との複合体の形態はグロビュール構造であったが，33 ％ Lac- キトサンではトロイド状やロッド状の構造が多数混在していた。また，5 ％ Man- キトサンと 21 ％ Man- キトサンでは pLuc との複合体はグロビュール構造であったが，47 ％ Man- キトサンではトロイド状やロッド状の構造が多数混在していた。また，DNA 分解酵素に対する耐性はグロビュール構造の複合体で高く，トロイド状やロッド状の構造の複合体では酵素分解を受けやすいことが示された。

　pLuc ／糖修飾キトサン複合体のアルブミンによる凝集はいずれの糖修飾キトサンを用いた場合も観察されなかった。一方，特異的な糖鎖認識性はレクチンとの会合挙動により確認された。pLuc ／ Lac- キトサン複合体では RCA レクチンにより誘起された凝集が見られ，pLuc ／ Man- キトサン複合体ではコンカナバリン A により誘起された凝集が見られた。これによりラ

クトースやマンノースが pLuc 複合体の表面に提示され，標的タンパク質を特異的に認識することが示された。

13.4.2 細胞との親和性および遺伝子発現活性

pLuc／Lac-キトサン複合体と細胞との相互作用は肝がん細胞の一つである HepG2 細胞を用いて評価した（図 13.6）。遺伝子発現活性は 8 % Lac-キトサンで最も高く，キトサンおよび 33 % Lac-キトサンでは低かった。pLuc／Lac-キトサン複合体の遺伝子発現活性はアシアロフェツイン共存下で阻害されることから，ラクトースの糖鎖認識により HepG2 細胞に取り込まれていることが示唆された。

pLuc／Man-キトサン複合体と細胞との相互作用は，マウスの腹腔マクロファージを用いて評価した。遺伝子発現活性は 5 % Man-キトサンで最も高く，キトサンおよび 21 % Man-キトサンでは低かった。pLuc/Man-キトサン複合体のマクロファージへの取り込みはマンナン共存下で阻害されることから，マンノースの糖鎖認識によりマクロファージに取り込まれていることが示唆された。また，コントロールとして市販のマンノース修飾ポリエチレンイミン（Man-PEI）を用いた。pLuc／Man-PEI 複合体は，pLuc／5 % Man-キトサンより 1.5 倍程度の高い遺伝子発現活性を示していたが，濃度依存的に高い細胞毒性が見られた。安全性という点ではキトサンの優位性が示された。

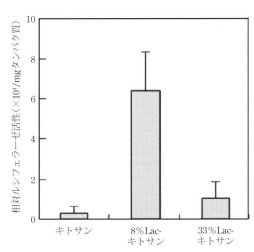

図 13.6　pLuc／Lac-キトサン複合体の HepG2 細胞での遺伝子発現活性

13.4.3 細胞内輸送経路

細胞内輸送経路を明らかにするために，pLuc／Lac-キトサン複合体とHepG2細胞との相互作用において，取り込み量，初期エンドソームから後期エンドソームへの移行という観点から検討した。13.3.4において，pLuc／キトサン複合体では，細胞内に取り込まれた後に初期エンドソームから後期エンドソームに移行することでライソゾームなどでの分解を受けやすくなることが示されていた。これに対して，pLuc／8％Lac-キトサン複合体では初期エンドソームから後期エンドソームに輸送されることが示された。後期エンドソームに移行することで核周辺に輸送されるために，核内への移行に有利であると考えられている。後期エンドソームに移行するとエンドソーム内のpHの低下により分解されやすくなると危惧されるが，エンドソーム内での複合体の安定性の向上とラクトースが介在した細胞内輸送が関与することで遺伝子発現が向上したと考えられる。pLuc／33％Lac-キトサン複合体はpLuc／8％Lac-キトサン複合体と同程度には細胞内に取り込まれたが，遺伝子発現活性が低かった。この複合体はDNA分解酵素に分解されやすいことから，細胞内においても酵素的な分解を受けやすかったと考えられる。

13.4.4 *in vivo* での遺伝子発現

in vivo での遺伝子発現活性は，β-ガラクトシダーゼの遺伝子をコードするpDNA（pGal）とLac-キトサンとの複合体を用いて評価した。ヒト肝がん細胞HuH-7を皮下移植したマウスにpGal／8％Lac-キトサン複合体を腫瘍内に3日連続投与し，その翌日に腫瘍部分の組織切片を作製して，β-ガラクトシダーゼの発現をガラクトースにインドール基を結合した化合物（X-Gal）を用いた染色により観察した。その結果，pGal単独とpGal／キトサン複合体では腫瘍周辺に限定的な発現が見られたのに対して，pGal／8％Lac-キトサン複合体では腫瘍内の広い範囲での発現が観察された。Lac-キトサンと肝がん細胞との糖鎖認識が介在した相互作用により，腫瘍内での有意な遺伝子発現が見られたと考えられる。

13.5 pDNA／キトサン複合体の表面をアニオン性の多糖で被覆した三元複合体による遺伝子デリバリー[8,9]

　pDNA／キトサン複合体は正のゼータ電位を有することから，アニオン性高分子で被覆することができる。筆者らが用いたアニオン性高分子は，糖修飾ポリエチレングリコール誘導体[11]と天然由来のアニオン性多糖である。多種類のアニオン性多糖が存在しているが，特にコンドロイチン硫酸やヒアルロン酸を用いることで，安定で高い遺伝子発現活性を示す三元複合体が得られた。このような三元複合体ではpDNA／キトサン複合体の問題点として取り上げたすべての項目を解決できることが見いだされた。本稿では，pDNA／キトサン／コンドロイチン硫酸（CS）三元複合体での成果について述べる。CSはグリコサミノグリカンの一つであり，グルクロン酸とN-アセチルガラクトサミンの繰り返し単位を有している。繰り返し二糖当たりに硫酸基の修飾部位が3ヶ所あり，由来などにより硫酸基の修飾位置や硫酸化度が異なる。

13.5.1　pDNA／キトサン／CS三元複合体の形成

　分子量や硫酸化度の異なったコンドロイチン硫酸を用いてpLuc／キトサン／CS三元複合体を作製し，キャラクタリゼーションを行った。用いたCSの種類に依存して，粒子サイズが200-300 nmのグロビュール構造の複合体，あるいは1 000 nm程度の凝集体が得られた。ゼータ電位は粒子サイズにかかわらず−40 mV程度であったことから，CSがpLuc／キトサン複合体を被覆していることが示された。また，いずれの複合体でもDNA分解酵素存在下でのpLucの分解やBSAによる凝集が見られないことから，pLucは多糖により保護されていることが示された。さらに，赤血球凝集アッセイを行ったところ，pDNA／キトサン複合体では凝集を誘起したが，pDNA／キトサン／CS三元複合体では凝集抑制が観察された。以上のことから，生体内に投与した場合でも血清成分や赤血球との凝集が抑制されると期待される。

13.5.2 細胞での遺伝子発現と細胞内輸送機構

　COS7 細胞でのルシフェラーゼアッセイにより，遺伝子発現活性は 200-300 nm のグロビュール構造の三元複合体で高く，1 000 nm 程度のサイズの三元複合体では低いことがわかった。また，遺伝子発現活性は細胞への取り込み量と良い相関を示していた。

　pDNA／キトサン／CS 複合体での遺伝子発現活性はサイトカラシン D やワートマニンなどで阻害されることから，マクロピノサートーシスで取り込まれていることが示唆された。また，バフィロマイシンやモネンシンによる阻害が見られたことから，細胞内に取り込まれた後は，エンドソーム内へのプロトン流入により pH が低下することが遺伝子発現に必要であることが示された。また，CS で被覆された複合体であってもキトサンが有するバッファリング効果は維持されていた。このことより，pDNA／キトサン複合体と同様に，三元複合体は細胞内でもバッファリング効果によりエンドソームから脱出すると考えられる。また，エンドソームからリリースした複合体はノコダゾールによる阻害が見られないことから，微小管を経由することなく核内に移行していることが示唆された。細胞内での局在を pDNA，キトサン，CS のそれぞれに蛍光標識をして共焦点レーザー顕微鏡により観察したところ，pDNA，キトサン，および CS は核内において共局在していることが示された。これにより CS で被覆された複合体は核内に移行できることが示された。細胞内局在における pDNA／キトサン／CS 複合体の特徴は，ライソゾームとの共局在がほとんど見られなかったことである。CS で被覆された遺伝子複合体は分解経路への輸送が抑制されていることが判った。

13.5.3 凍結乾燥による遺伝子複合体の活性評価

　動物実験での投与を行う際に凍結乾燥した状態で保存することができれば，複合体を連日用時調整する手間が省けるため実験上大変便利である。また，製剤化を行う際には，粉末で安定に保存できることが望まれる。そこで，pLuc／キトサン複合体と pLuc／キトサン／CS 三元複合体を，溶液保存（4℃，室温），凍結保存（－20℃）および凍結乾燥保存（－20℃，4℃，室温）

した後に，遺伝子発現活性の保持効率の評価を行った。その結果，pLuc／キトサン複合体ではほとんどの条件でpLucの分解が生じていることがアガロース電気泳動により示され，遺伝子発現活性も消失していた。一方，pLuc／キトサン／CS三元複合体では活性の低下は認められるものの消失することはなかった。特に，凍結乾燥後に－20℃で1週間から7週間保存した場合には，用時調整に比較して5割程度の遺伝子発現活性が残っていた。これにより，CSは乾燥に対する保護効果に寄与していることが示された。

13.5.4 *in vivo*での腫瘍増殖抑制効果

がんの遺伝子治療の一つに自殺遺伝子療法がある。これはチミジンキナーゼをコードするpDNA（pTK）を投与した後に，プロドラッグであるガンシクロビル（GCV）を投与することで，がん細胞内でGCV三リン酸が生成され，アポトーシスを誘導する方法である。HuH-7細胞を皮下移植したマウスに，pTK複合体を腫瘍内に3日連続投与した後にGCVを腹腔内に5日連続投与した。GCV投与直後の腫瘍のサイズを100としてその後の増殖率を**図13.7**に示した。無治療の場合と同様に，pTKやpTK／キトサン複合体（P：N＝1：8）を投与したグループでは有意な腫瘍増殖抑制は見られなかった。これに対して，pTK／キトサン／CS三元複合体では腫瘍サイズの減少が見られた。また，凍結乾燥したpTK／キトサン／CS三元複合体でも，用時調整した複合体と同程度の抗腫瘍活性が得られた。pDNA不含のキトサン／CS混合物を投与しても腫瘍増殖の抑制は見られないことから，CSの毒性による腫瘍増殖の抑制ではないと判断される。

*in vitro*では，pLuc／キトサン複合体はpLuc／キトサン／CS三元複合体と同様に高い遺伝子発現活性を示していた。しかしながら，*in vivo*においてはpTK／キトサン複合体による腫瘍増殖抑制効果はほとんど見られなかった。腫瘍内での遺伝子発現活性は培養細胞での遺伝子発現とは明らかに異なっていた。そこで，pGalを用いて腫瘍内での遺伝子発現の観察を行った。その結果，pGal／キトサン複合体では腫瘍内の限られた部位のみで発現が見られたのに対して，pGal／キトサン／CS複合体では腫瘍全体での発現が見られた。よって，pTK／キトサン／CS三元複合体で見られた高い抗腫瘍

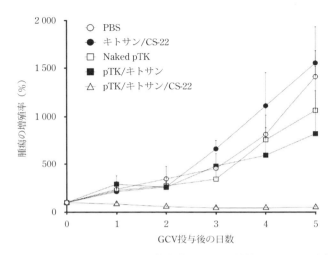

図 13.7　pTK／キトサン／CS 複合体の HuH-7 移植マウスでの腫瘍増殖抑制効果[9]

効果は，遺伝子複合体が腫瘍内で拡散しやすいことに加えて，腫瘍細胞との CS 特異的な親和性が寄与していると考えられた。

13.6　ま と め

　遺伝子（pDNA）と複合体を形成できるカチオン性高分子として，キトサンは唯一の天然由来の多糖である。これまでの研究を通して，遺伝子デリバリーとして用いられている他のカチオン性高分子と比較して，細胞毒性の低さと遺伝子発現活性という点でキトサンは大変優れた多糖であることが見いだされた。しかしながら，細胞親和性，構造安定性，保存安定性という点では十分ではないことも判ってきた。その解決策として，糖修飾キトサンおよび遺伝子／キトサン複合体をアニオン性多糖で被覆した三元元複合体の利用は有用であった。改良された遺伝子複合体は自殺遺伝子療法による腫瘍増殖抑制も達成できた。ただし，キトサンを遺伝子デリバリーとして用いるには，分子量や脱アセチル化などを制御するための生産技術が必要である。また，

生体への投与を考えると精製度を高める生産技術も要求されてくるであろう。近年，遺伝子治療に加えて核酸医薬による各種疾病の治療法の開発が注目されている。そのような核酸分子のデリバリーとしてキトサンの用途はますます広がって行くと期待される。

《参考引用文献》
1) Hashimoto, M., Yang, Z., *et al.*: Non-viral Gene Therapy, Gene Design and Delivery, eds, Taira, K., Kataoka, K., Niidome, T., Springer-Verlag, Tokyo, 63-74（2005）.
2) Hagiwara, K., Anastasia, R., *et al.*: Curr. Drug Dis. Tech., 8, 329-339（2011）.
3) Sato, T., Shirakawa, N., *et al.*: Chem. Lett., 25, 725-726（1996）.
4) Sato, T., Ishii, T., *et al.*: Biomaterials, 22, 2075-2080（2001）.
5) Ishii, T., Okahata, Y., *et al.*: Biochim. Biophys. Acta, 1514, 51-64（2001）.
6) Hashimoto, M., Morimoto, M., *et al.*: Bioconjugate Chem., 17, 309-316（2006）.
7) Hashimoto, M., Morimoto, M., *et al.*: Biotech. Lett., 28, 815-821（2006）.
8) Hagiwara, K., Nakata, M., *et al.*: Biomaterials, 33, 7251-7260（2012）.
9) Hagiwara, K., S. Kishimoto, *et al.*: J. Gene Med., 15, 83-92（2013）.
10) 佐藤智典：DDSキャリア作製プロトコル集，丸山一雄監修，シーエムシー出版，109-117（2015）.
11) Hashimoto, M., Koyama, Y., *et al.*: Chem. Lett., 37, 266-267（2008）.

第 14 章

天然生理活性素材キトサンをジーンデリバリーシステムに活用した硬組織（象牙質）再生療法の開発

14.1 遺伝子治療

　遺伝子治療とは，疾病の治療を目的として遺伝子または遺伝子を導入した細胞を人の体内に投与することおよび遺伝子標識（疾病の治療法の開発を目的として標識となる遺伝子または標識となる遺伝子を導入した細胞を人の体内に投与すること）をいう[1]。具体的に人への遺伝子治療は，1990 年 9 月に米国（National Institute of Health）においてアデノシンデアミナーゼ（ADA）欠損症（重症複合免疫不全症）[2]の 4 歳女児へ ADA 遺伝子を組み込んだ（レトロウイルスベクターを使用）リンパ球を体内へ戻すプロトコルにのっとり世界で初めて実施された[3]。日本では，北海道大学で 1995 年 8 月に同じADA 欠損症の 6 歳男児へ遺伝子治療が臨床研究として行われた。1990 年から本年まで世界では 2 000 例以上の遺伝子治療が登録されており，1999 年ごろから毎年 100 症例程度の遺伝子治療が実施されている[3]。

　2015 年現在，世界で臨床試験として実施された遺伝子治療 2 210 症例中，適応症としての内訳は，悪性腫瘍（1 415 症例，64 ％），一対の遺伝子で制御される疾患（209 症例, 9.5 ％), 心血管疾患（175 症例, 7.9 ％), 感染症（174 症例, 7.9 ％), 健康な協力者（53 症例, 2.4 ％), 遺伝子標識（50 症例, 2.3 ％), 神経疾患（43 症例, 1.9 ％), 炎症疾患（14 症例, 0.6 ％), その他（46 症例, 2.1 ％）となっている[4]。

14.1.1 ウイルスベクター

遺伝子治療で重要となるのは,ベクターと呼ばれる遺伝子の運び屋の有効性,安全性である。これまでの遺伝子治療2 210症例で,使用頻度の高いウイルスベクターはアデノウイルス(480症例,21.7 %),レトロウイルス(417症例,18.9 %)である[4]。一方,代表的な遺伝子治療での事故として,1999年米国で18歳の少年へ遺伝子治療として,遺伝学的に操作したアデノウイルス(肺炎や結膜炎の原因ウイルス)ベクターの大量肝臓注入後の死亡例である[5]。その後,フランスにて4例[6],イギリスにて1例[7]のレトロウイルス(マウスの白血病ウイルス)ベクター投与による白血病の発症が報告されている。このようなウイルスベクターを使った副作用の報告によって,ベクターの安全性に関して強い関心が払われるようになった。最近の我が国の遺伝子治療(**表14.1**)では,センダイウイルス,単純ヘルペスウイルスも,効率,安全性の面からウイルスベクターとして利用されるようになっている[8]。さらに,ウイルスベクターによる拒絶反応,合併症の発生を防ぐため,現存のウイルスの先祖型のタイプの活用も検討されている[9]。

14.1.2 非ウイルスベクター

ウイルスベクターの遺伝子導入効率は高いが,上記の事故症例のように,その抗原性やまた変異ウイルスの出現などの問題が挙げられる。これに対して非ウイルス性ベクターとして,最も使用頻度の高いプラスミド(p)DNA(2 210症例中387症例,17.5 %)[4]のほか,リポソーム,カチオン性ポリマー,デンドリマー,ポリマーミセルなどさまざまな材料をベースに開発が行われている[10-13]。

本稿の主題であるキトサンはまさにカチオン性ポリマーに属する。残念ながら,臨床においてまだ使用するまでには至っていないが,キトサンとDNAとの電荷の違いによる複合体形成能,遺伝子配送において非ウイルスベクターとして有益性が着目され,特に,5 000以下の低い分子量のキトサンの低い細胞障害性,非溶血性,DNA保護効果が証明されている[14]。キトサンの形状として,4級化したキトサンオリゴマー[15],24モノマー単位キ

14.1 遺伝子治療

表 14.1 我が国で最近実施されている遺伝子治療の臨床研究

実施承認年	実施施設	対象疾患	導入遺伝子	ベクター種類／導入方法
2014	九州大学病院	間歇性跛行	線維芽細胞増殖因子-2	センダイウイルス／in vivo
2014	東京大学医科学研究所病院	進行性膠芽腫	線維芽細胞増殖因子-2	単純ヘルペスウイルス G47／腫瘍内
2014	岡山大学病院	悪性胸膜中皮腫	がん抑制因子 (Dkk-3)	アデノウイルス 5 型／胸腔中
2014	自治医科大学	難治性 B 細胞性悪性リンパ腫	CD19 特異的キメラ抗原受容体	レトロウイルス／ex vivo（患者リンパ球）
2013	東京大学医科学研究所病院	進行性嗅神経芽細胞腫	β-ガラクトシダーゼ（マーカーとして）	単純ヘルペスウイルス G47／腫瘍内
2013	三重大学病院	食道がん	MAGA-A4 抗原特異的 T 細胞受容体 α・β 鎖	レトロウイルス／ex vivo（患者リンパ球）
2013	三重，愛媛，藤田保健衛生，名古屋各大学病院	非寛解期急性骨髄性白血病	WT1 抗原特異的 T 細胞受容体 α・β 鎖	レトロウイルス／ex vivo（患者リンパ球）
		骨髄異形成症候群	T 細胞受容体に対する siRNA 発現配列	

国立医薬品食品衛生研究所遺伝子細胞医薬部作成表（2012 年）[8] 改変

トサンオリゴマー[16] の活用，ならびに 100 nm 程度のナノ粒子複合体[17] などが考案されている。

14.1.3　ゼータ電位 [18]

　液体中に分散された粒子は荷電しており，粒子の分散状態の安定性は荷電状態に左右される。この荷電状態の指標としてゼータ電位が用いられる。粒子表面の液体面には粒子と逆の符号のイオンが集まり（固定層），その周囲は電気的に中性が保たれた拡散層が形成される。粒子はこれら固定層と拡散層の一部を伴って移動すると考えられている。移動が生じる面を滑り面と呼んでおり，滑り面の電位がゼータ電位に相当する。

　微粒子ではゼータ電位の絶対値が増加すれば，粒子間の反発力が強くなり，粒子の安定性は高くなる。逆に，ゼータ電位がゼロに近くなると粒子は凝集しやすくなる。適切に遺伝子を細胞に導入するためには，粒子（キトサン-遺伝子複合体）の安定性が高い状態が望ましい。実際の電位として，キトサンと pDNA 複合体では 40 mV 程度と報告されている[19]。

14.2　ジーンデリバリーシステム

　ジーンデリバリーシステムとは遺伝子治療における遺伝子配送系のことで，遺伝子治療時の遺伝子導入系を意味する。遺伝子導入には上述したようなウイルスベクター，非ウイルスベクター使用など種々の方法がある。ここではキトサンを使った方法を中心に概説する[20]。

　一般に，DNAと結合する媒体としてのカチオン性ポリマーを基本とした非ウイルスベクターによる遺伝子配送は，複数の因子すなわち，複合体のサイズ，複合体の安定性，毒性，免疫原性，DNaseからの保護能，DNAの細胞質内での移動と変化に依存している。

　次に，遺伝子導入によって標的細胞の形質を転換するには，① 適切なベクター系によるpDNAとの複合体形成，② 複合体の標的細胞への特異的結合，③ 細胞内のエンドソームへの複合体の取り込み，④ 細胞質へのエンドソームから効果的な複合体の放出，⑤ 細胞内の移動とDNAの核内極在，⑥ 核内でのベクターのDNAからの解離といった一連の過程が必要である。カチオン性ポリマーは永久的なプラスの荷電によって，負に荷電のDNAと静電気的に反応し，安定な複合体を形成する。キトサンは安価で，生体適合性があり生分解能を有し，非毒性カチオン性ポリマーなため，DNAと高分子電解質複合体を形成する[21]。したがって，キトサンおよびキトサン誘導体は安全で効果的なジーンデリバリーのためのカチオン性キャリアとなる[22]。

14.2.1　キトサンを用いたジーンデリバリーシステム

　キトサンポリマー，オリゴマーとDNAとの複合体形成は，1995年にキトサン溶液とpDNAとを混和することによって初めて報告された[23]。複合体の大きさ（150-500 nm）はキトサンの分子量（$108\text{-}540 \times 10^3$）およびキトサンとDNAの混和比に依存する[24,25]。DNA配送系の重要な点はDNaseによる影響を防ぐことである。非ウイルスキャリアを使った配送系において，一般にDNAはDNaseによる破壊を受けやすいとされている。高純度のキトサン分画（分子量 $< 5\,000$，$5\,000\text{-}10\,000$，および $> 10\,000$）とDNAとの複

合体（電荷比 1：1）では，ほぼ完全に DNaseII による DNA の分解が防止された[26]。おそらく DNA の三次元構造の変化によるものと考えられている。

14.2.2　キトサンと遺伝子との複合体に関連した形質転換

初期の研究で，10 万以下のキトサンと遺伝子は 100-200 nm の細かな複合体形成に適しており，培養細胞へ複合体を投与した場合，培地中の 10 % の血清と反応して複合体の安定性に変化が見られた[24]。ウサギの小腸への取り込み実験では，複合体とエンドソーム溶解性ペプチドの混合物がプラスミド発現のため使われている。粘膜免疫に関してはキトサンの微小粉末（200-750 nm）が用いられ[27]，ピーナツアレルギーマウスに対して粘膜および経口投与によって，分泌型 Ig A と Ig G2a の産生が確認されている[28]。

14.2.3　キトサン - 遺伝子複合体の改良

高分子キトサンは凝集しやすい（低いゼータ電位），中性域での低溶解性，配送時の高粘稠性，pDNA の遊離・放出が遅いため遺伝子の導入効率が悪いとされている[29-32]。このような背景からキトサンオリゴマーの応用が検討され，種々のモノマーユニットのオリゴマーについて比較されている。その結果，モノマーユニット 15-21 のキトサンが，ポリエチレンイミンとほぼ同等の遺伝子導入効率を示すことが明らかとなっている[33]。さらに，*in vitro* および *in vivo* での遺伝子導入に関しても検討が加えられ，前者では，キトサン - 遺伝子複合体の細胞内への取り込みは生理的なエンドサイトーシス（複合体の細胞膜への接触後，細胞質内への取り込みのため細胞膜が陥入）によって行われる。後者では，マウスの気管へ 28 G（直径 0.36 mm）の注射針で注入が行われている。なお，遺伝子導入効率はルシフェラーゼ遺伝子発現（実際には蛍光を観察）の分布によって解析可能である。

さらに，キトサンの糖修飾による肝細胞への効率的な取り込みへの試みも行われている[19,34]。置換されるラクトース残基が 8 % のとき，ラクト - キトサンは優秀な DNA 結合能，DNase からの DNA の保護，自己凝集と血清凝集の抑制を示した。さらに細胞形質転換効率はアシアロ糖タンパク質レセプターを有する培養肝細胞で大きかった。このことは pDNA ／ラクト - キト

サン複合体が晩期エンドソーム（エンドサイトーシスによって細胞内へと取り込まれたさまざまな物質の選別・分解・再利用などを制御するオルガネラの総称）へ配送され，核周辺部へDNAが分布することによると考えられる。

14.2.4　キトサンモノマーの細胞膜保護作用[35]

キトサンモノマーであるD-グルコサミンは極低濃度で培養細胞の増殖，分化を促進し，また最小の炎症反応のみで理想的な歯髄創傷を生じさせる[36]。したがって，D-グルコサミンはキトサンポリマー（我々の教室の動物実験データでは，歯髄に応用した場合，初期に強い炎症反応を生じることが判明している[37]）と異なり，創傷治癒の初期ステージで極めて生体適合性のよい薬剤といえる。この研究から，D-グルコサミンの細胞膜への賦活作用に関して興味が持たれた。そこで，D-グルコサミンの神経線維膜の安定化を電気生理学的に初めて解析した結果[38,39]，D-グルコサミンが下歯槽神経への有害刺激に対する反応を明瞭に抑制することが証明された。すなわち，このことはD-グルコサミンが神経線維膜の安定性に寄与することを意味している。さらに，このD-グルコサミンの骨芽細胞の細胞膜への安定性に及ぼす影響に関して，量子ドット[40]とエレクトロポレーション（電気穿孔法：細胞膜へ微小な穴を開けることで，DNAを細胞内へ送り込む）[41,42]という二つの方法を使って検討した。

量子ドットは，蛍光性のナノ粒子で人工的な導電子性の結晶（セレン化カドミウム，使用サイズ：コア3 nm，修飾後20-30 nm）で，スペクトルの幅が狭く，傾向がシャープ，コントラストが高い，光退色時間が長いという特徴を有している。D-グルコサミンの細胞内への移行を直接観察するため，カルボキシル化量子ドットとD-グルコサミンのアミノ基を結合させ，培養骨芽細胞への取り込み過程をレーザー共焦点顕微鏡を使って蛍光観察を行った。その結果，D-グルコサミンと結合した量子ドットでは，スムーズな細胞内への移行を観察できた（図14.1，図14.2）。

エレクトロポレーションは培養細胞への遺伝子導入を効果的に行うために併用されている。今回は，培養骨芽細胞への通電時のエレクトロポレーターの設定条件は以下のとおりである[41]。

14.2 ジーンデリバリーシステム

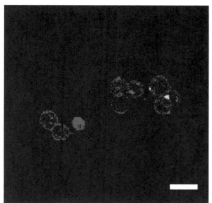 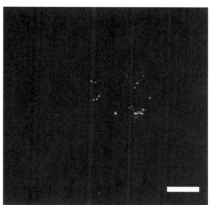

図 14.1　D- グルコサミン添加培養 3 時間後の QD の動態[40]。QD（黄緑の蛍光）は細胞膜（オレンジ色に蛍光）の内側に見られる。スケールバー＝ 15 μm。

図 14.2　D- グルコサミン添加培養 1 日目の QD 動態[40]。多くの QD（緑蛍光）が細胞内にラベルされている。ライソゾーム（赤色ドットに蛍光）と重なっていないことに注目。スケールバー＝ 15 μm。

① 設定電圧：120 V
② 培養皿底に気泡が残らないように電極を圧接
③ 通電前，電気抵抗 10-15 Ω 程度を確認
④ ON：5 m 秒，OFF：95 m 秒の間隔で 5 回通電
⑤ 電極のプラス，マイナスを交代
⑥ ON：5 m 秒，OFF：95 m 秒の間隔で 5 回通
⑦ 実効電圧：40-70 V 程度
⑧ 電流：4.0-4.4 A 程度

本実験は，細胞膜へのエレクトロポレーション時の電気的なストレスに対して，D- グルコサミンの保護（安定）効果を検討するため行った。Green fluorescent protein を指標として解析した結果，図 14.3，図 14.4 で明らかなように，緩衝液へ D- グルコサミンを添加した群では約 30 ％形質転換効率が高かった。このことから，D- グルコサミンをエレクトロポレーション時に応用した場合，細胞膜機能は活性化すると考えられる。

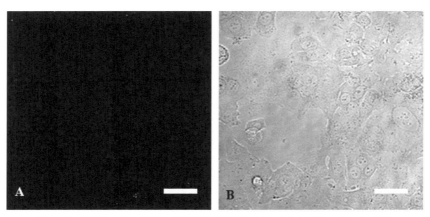

図14.3 (A) D-グルコサミン無添加緩衝液にてエレクトロポレーション後の
GFP陽性細胞[42]。
(B) Aの位相差イメージ，スケールバー＝ 20 μm

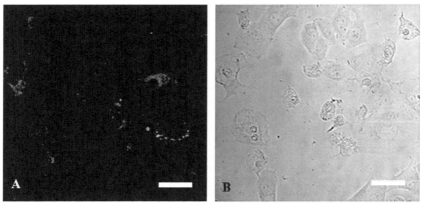

図14.4 (A) D-グルコサミン添加緩衝液にてエレクトロポレーション後の
GFP陽性細胞[42]。
(B) Aの位相差イメージ，スケールバー＝ 20 μm

14.3　硬組織（象牙質）再生療法へのキトサンの応用

　再生療法とは，細胞，栄養素（成長因子），足場の3要素を使って欠損部の修復を行う医療である。これら3要素は植物の成長で不可欠な種子，肥料，

14.3 硬組織（象牙質）再生療法へのキトサンの応用

土壌に相当するものである。ここでは，人体を構成する骨，歯といった硬組織再生について，歯を構成する硬組織のうち象牙細管を有する象牙質（図14.5）の再生へのキトサン応用の考え方を概説する。

すでに述べたように D- グルコサミンの重要性を加味し，同時に遺伝子治療の基本にのっとったジーンデリバリーシステムを組み立てるため，歯髄幹細胞へ象牙質形成に関連するタンパク質の遺伝子をエレクトロポレーションによって導入することで，再生療法（医療）へ応用することを検討した。特定の遺伝子を過剰（強制）発現さて石灰化を生じさせることは，大腸菌に石灰化と関連するアルカリフォスファターゼを遺伝子導入するという実験系で，大腸菌を人為的に石灰化させたことで，すでに証明されている[43]。

硬組織形成の開始は，有機質と無機質との相互作用が生じることが不可欠である。象牙質を構成する無機質は，主にリン酸カルシウム塩であるハイドロキシアパタイトと第三リン酸カルシウム（whitlockite）からなっている。一方，有機質成分の 90 %は I 型コラーゲンで，象牙質内では骨格的な機能を有している。残りの 10 %程度が非コラーゲン性タンパク質（NCP）で，カルシウムとの結合による石灰化と密接に関連している。一般に，RDG 配列[44]（アルギニン Arg- グリシン Gly- アスパラギン Asp 配列を有し，細胞表面のインテグリンと結合）を持つものおよびシアル酸を持つものは重要とさ

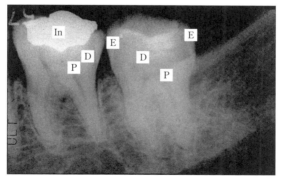

図 14.5　ヒト大臼歯の歯科用エックス線写真
エナメル質（E），象牙質（D），歯髄（P），治療による修復物（In）

れている。また，骨と象牙質における NCP は共通したものが多いのも特徴である。

　象牙質に特有な NCP としては，前駆体である象牙質シアロリンタンパク質から分かれる象牙質リンタンパク質（DPP）と象牙質シアロタンパク質（DSP），ならびに象牙質マトリックスタンパク質（DMP-1）がある[45]。これらの3種のタンパク質は象牙芽細胞の分化マーカーでもある[46]。そこで，歯髄幹細胞へエレクトロポレーション法にてこれら3種の遺伝子を導入（象牙芽細胞へ分化誘導，なお 14.2.4 で述べたとおり，D- グルコサミンも併用）したのち，足場としてのコラーゲン溶液と混和したものを歯髄欠損部へ注入，あるいはコラーゲンスポンジに遺伝子導入細胞を注入後に欠損部へ被覆する方法が有望である。さらに，コラーゲン - 細胞複合体の表層は凍結乾燥したスポンジ状の D- グルコサミンをスペーサーとして置いたのち，辺縁漏洩を防ぐため歯科用セメントあるいは接着性コンポジットレジンを用いて入口を密封することで処置を終了する。

14.4　結　　論

　キトサンをジーンデリバリーシステムにおける非ウイルス性ベクターとして使用する試みは，初めにキトサンポリマーを使って電荷を介して遺伝子を結合させる方式であった。その後，遺伝子導入・発現効率を向上することを目指してキトサンオリゴマーや誘導体としてのラクトキトサンの開発が行われている。

　本稿では，著者らが独自で効果を確認しているキトサンモノマー（D- グルコサミン）の遺伝子導入時の細胞膜保護・安定化作用について，現状を概説した。また，遺伝子導入と再生医療との合体した技術も現実のものとなろうとしている。今後，技術革新によってジーンデリバリーシステムの改良・改善がさらに進み，安心で安全な効率のよい医療への応用が期待されている。

《参考引用文献》

1) 「遺伝子治療臨床研究に関する指針」文部科学省, 厚生労働省 2002 年 3 月 27 日, 2014 年 11 月 25 日一部改正（http://www.mhlw.go.jp/file/06-Seisakujouhou-10600000-Daijinkanboukouseikagakuka/sisin.pdf）.
2) e-免疫.com (http://www.emeneki.com/knowledge/tcell_bcell/detail01.html).
3) Anderson, W. F.: Science, 256, 808-812 (1992).
4) The Journal of Gene Medicine (http://www.abedia.com/wiley/index.html).
5) Marshall, E.: Science, 286, 2244-2245 (1999).
6) Hacein-Bey-Abina, S., Le Deist, F., *et al.*: New Engl. J. Med., 346, 1185-1193 (2002).
7) Howe, S., Mansour, M., *et al.*: J. Clin. Invest., 118, 3143-3150 (2008).
8) 国立医薬品食品衛生研究所 (http://www.nihs.go.jp/cgtp/cgtp/sec1/gt_prtcl/prtcl-j3.html).
9) Zinn, E., Pacouret, S., *et al.*: Cell Reports, 12, 1056-1068 (2015).
10) Mintzer, M. A., Simanek, E. E.: Chem. Rev., 109, 259-302 (2009).
11) Pack, D. W., Hoffman, A. S., *et al.*: Nat. Rev. Drug Discov., 4, 581-593 (2005).
12) Kataoka, K., Harada, A., *et al.*: Adv. Drug Deliv. Rev., 47, 113-131 (2001).
13) Bhattacharya, S., Bajaj, A.: Chem. Commun., 4632-4556 (2003).
14) Richardson, S. C. W., Kolbe, H. V. J., *et al.*: Int. J. Pharm., 178, 231-243 (1999).
15) Thanou, M., Florea, B. I., *et al.*: Biomaterials, 23, 153-159 (2002).
16) Koping-Hoggard, M., Mel'nikova, Y. S., *et al.*: J. Gene Med., 5, 130-141 (2003).
17) Corsi, K., Chellat, F., *et al.*: Biomaterials, 24, 1255-1264 (2003).
18) 北原文雄, 古澤邦夫ほか：ゼータ電位―微粒子界面の物理化学, サイエンティスト社 (1995).
19) Hashimoto, M., Morimoto, M., *et al.*: Bioconjugate Chem., 17, 309-316 (2006).
20) Borchard, G.: Adv. Drug Deliv. Rev., 52, 145-150 (2001).
21) Hirano, S., Seino, H., *et al.* : Progress in Biomedical Polymers, eds. C. G. Gebelein, R. L. Dunn, Springer, New York, 283-290 (1990).
22) Rolland, A. P.: Crit. Rev. Ther. Drug Carrier Syst., 15, 143-198 (1998).
23) Mumper, R. J., Wang, J., *et al.*: Proc. Intern. Symp. Control. Rel. Bioact. Mater., 22, 178-179 (1995).
24) MacLaughlin, F. C., Mumper, R. J., *et al.*: J. Control. Rel., 56, 259-272 (1998).
25) Thanou, M., B. Florea, *et al.*: Biomaterials, 23, 153-159 (2001).
26) Richardson, S. C. W., Kolbe, H. V. J., *et al.*: Int. J. Pharm., 178, 231-243 (1999).
27) Leong, K. W., Mao, H. Q., *et al.*: J. Control. Rel., 53, 183-193 (1998).
28) Roy, K., Mao, H. Q., *et al.*: Nature Med., 5, 387-391 (1999).
29) Koping-Hoggard, M., Tubulekas, I., *et al.*: Gene Therapy, 8, 1108-1121 (2001).
30) MacLaughlin, F. C., Mumper, R. J., *et al.*: J. Control. Rel., 56, 259-272 (1998).
31) Koping-Hoggard, M., Mel'nikova, Y. S., *et al.*: J. Gene Med., 5, 130-141 (2003).
32) Varum, K. M., Ottoy, M. H., *et al.*: Carbohydr. Polym., 25, 65-70 (1994).
33) Koping-Hoggard, M., Varum, K. M., *et al.*: Gene Therapy, 11, 1441-1452 (2004).

34) Issa, M. M., Koping-Hoggard, M., *et al*.: J. Control. Rel., 115, 103-112 (2006).
35) World Biomedical Frontiers (http://biomedfrontiers.org/arthritis-2014-12-4/).
36) Matsunaga, T., Yanagiguchi, K., *et al*.: J. Biomed. Mater. Res., 76, 711-720 (2006).
37) Yanagiguchi, K, Ikeda, T., *et al*.: CHITIN AND CHITOSAN, eds. T. Uragami, K. Kurita, T. Fukamizo, Kodansha Scientific LTD., Tokyo, 240-243 (2001).
38) Kaida, K., Yamashita, H., *et al*.: J. Dent. Sci., 8, 68-73 (2013).
39) Kaida, K., Yamashita, H., *et al*.: Biomed. Res. Int., 2014, Article ID 187989, 6 (2014).
40) Igawa, K., Xie, M. F., *et al*.: Biomed. Res. Int., 2014, Article ID 821607, 5 (2014).
41) 特開 2008-278815.
42) Igawa, K., Ohara, N., *et al*.: Biomed. Res. Int., 2014, Article ID 485867, 4 (2014).
43) Ohara, N., Ohara, N., *et al*: New Microbiologica, 25, 107-110 (2002).
44) Pierschbacher, M. D., Ruoslahti, E.: Nature, 309, 30-33 (1984).
45) Hao, J., Ramachandran, A., *et al*.: J. Histochem. Cytochem., 57, 227-237 (2009).
46) 新潟大学学術リポジトリ (http://dspace.lib.niigata-u.ac.jp/dspace/bitstream/10191/7257/1/).

第15章
キチンナノファイバーの生体機能

15.1 はじめに

　現在までに，キチン，キトサンおよびグルコサミンなどキチン質のさまざまな生体機能が明らかとなっており，創傷治癒，農業分野および食品分野での応用がなされている[1]。近年，キチンナノファイバー（CNF）の簡便かつ効率的な作製が可能となり，その応用研究もあわせて行われている[2-4]。特に，CNFおよびキトサンナノファイバー（CSNF）の生体機能に関する報告が年々増加している[5-7]。キチン質のナノファイバー化は，表面積を増大させるのみならず新たな生体機能を付与することが可能であることが示唆されている[5]。CNFおよびCSNFの生体機能に関して，特に多いのは生体組織工学および創傷治癒分野に関する報告である[5-7]。さらに最近では，再生医学分野でのCNFの利用に関する報告も存在する[5]。しかし，それらは *in vitro* での報告が中心であり実験動物などの個体を用いた検討・報告は限られている。しかし，ヒトへの応用を考慮する際には，個体レベルでの効果の検証は必須である。そこで筆者らは，CNFの生体機能を個体レベルで評価し，その効果を見いだしている。本章ではまず，CNFおよびCSNFの生体機能に関するこれまでの知見を概説する。次に，病態モデル動物を用い我々が見いだしてきたCNFの生体機能を紹介する。

15.2 *in vitro* でのキチンナノファイバーおよびキトサンナノファイバーの生体機能評価

　CNF および CSNF をはじめとする繊維性材料において重要なことは，生物学的ならびに形態学的に本来の細胞外基質（extracellular matrix: ECM）に類似していることである[8]。CNF および CSNF は，ECM の構成成分の一つであるグリコサミノグリカンやコラーゲン線維に構造が類似しており，それらは細胞の足場として広く利用されている。これまでに CNF および CSNF が生体組織工学分野において非常に有用であることが示されている[9]。CNF および CSNF では，骨芽細胞の付着および増殖が可能で，骨基質の石灰化を促す。さらに，CNF および CSNF はさまざまな形態に成形可能であり，生体適合性，生分解性および抗菌活性を有しているという点においても優れている[6]。特に骨の生体組織工学研究では，ハイドロキシアパタイトを一緒に利用することで骨芽細胞の生存率および活性を高め，足場への接着性を高めることが可能であることが知られている[7]。

　心血管系疾患に対する生体材料として，現在人工材料，同種間組織，自家組織および異種組織が使用されている。しかしこれらの生体材料では，血栓形成あるいは感染といった問題があり，新たな生体材料の開発も盛んに行われている。近年では，ナノ構造を有した生体材料の応用が多数試みられており，ポリグリコール酸（PGA），ポリ乳酸（PLA），ポリカプロラクトン（PCL），コラーゲン，シルクおよびキトサンなどを用いた報告がある。これまでに，CSNF と PCL による機能性材料が血液内皮細胞増殖に有効である可能性が示唆されている[7-9]。また，CSNF と PCL による材料は神経細胞の増殖にも有用であることが報告されている[7]。さらには，幹細胞の増殖にもCNF が有効であることが明らかとなり，CNF とアルギン酸による繊維材料が幹細胞の増殖，伸展に効果があることが報告されている[5]。

15.3　キチンナノファイバーの皮膚に対する効果

　皮膚は外界からの微生物・有害物質の体内への侵入を物理的に阻止している。特に皮膚上皮は，常に外界からの刺激に暴露されており，刺激による損傷と修復を繰り返している。これまでの研究により，CNFが皮膚上皮に対し有益である可能性が示されている。CNFおよびCSNFは，皮膚での酵素反応や血小板の働きを助け肉芽形成を促進する[5]。また，CSNFが皮膚上皮および真皮層ともに再生を促すことが報告されている。Itoらは3次元培養皮膚モデルならびにフランツ型拡散セルを用いてCNFの皮膚に対する効果を報告している[10]。CNFおよびキチンナノクリスタル（CNC）群では，顆粒層にてコントロール群と比較して顆粒の増加が確認された。フランツ拡散型セルにてCNF添加によるインターロイキン1β（IL-1β）およびトランスフォーミング成長因子β（TGF-β）の産生量を測定した。CNFおよびCNC群においてTGF-β産生量はコントロール群と比較して有意に減少した。

　さらに，ItoらはCNFを含有させたレーヨンがマウス皮膚に与える影響を検討している[11]。CNF配合レーヨンはヘアレスマウスにおいてコラーゲン線維の密度を増加させ，3次元培養皮膚モデルにて皮膚の肥厚を促し，I型コラーゲンおよび線維芽細胞増殖因子（FGF）を活性化することが明らかとなっている。これらの結果はCNFが皮膚保護効果を有している可能性を示唆するものであるが，詳細な作用機序に関する今後の検討が期待される。

15.4　キチンナノファイバーの創傷治癒に対する効果

　キチンおよびキトサンの創傷治癒促進効果はこれまでに多数報告されている[12]。キチンおよびキトサンは，創傷治癒におけるすべてのステージ（炎症期，増殖期およびリモデリング期）に影響を与えること，好中球，マクロファージ，線維芽細胞，血管内皮細胞および皮膚上皮細胞などさまざまな細胞を活性化することが明らかとなっている[12]。同様にCNFおよびCSNFが

創傷治癒に与える影響も報告されている。創傷治癒ではハイドロゲル，生体膜，繊維およびスポンジなどさまざまな形態のものが創傷被覆材として使用されるが，さまざまな形状に成形可能であるという点においてもCNFおよびCSNFは有用である。

近年，キチンナノファイバーの表面のみを脱アセチル化処理した表面脱アセチル化キチンナノファイバー（SDACNF）の作製も可能となっている[13]。SDACNFはキチンのみならずキトサンの性質も持ち合わせており，その利用が期待される素材である。筆者らは，ラット円形皮膚欠損モデルを用いてSDACNFの創傷治癒促進効果を検討し，キチンおよびCNFのそれと比較した[14]。Wistarラット（6週齢，メス）の肩甲背部に直径8 mmの円形皮膚欠損を作製した。皮膚欠損作製直後，2，4および8日目に50 mg／頭のSDACNF，CNF，キチンあるいはキトサンを欠損部に塗布した。皮膚欠損作製から4および8日目に，安楽殺処分後皮膚を採材し組織学的検索に供した（**表15.1**）。SDACNF塗布群では，4日目に不完全ではあるが上皮の再生が認められた。その一方でコントロール，CNF，キチンおよびCSNF群では，4日目に上皮再生は確認されなかった。8日目において，SDACNF群ではほぼ完全な上皮化を認めた。CNF群では，上皮化がおおむね認められるもののSDACNF群のそれと比較すると不十分であった。キチンおよびCSNF群では，上皮化はわずかに認められる程度であった。8日目の皮膚組織にマッソントリクローム染色を実施し，膠原線維の増生を評価した。SDACNFおよびCSNF群では，顕著な膠原線維の増生を認めた。その一方で，CNFおよびキチン群においても膠原線維の増生は認められるものの，SDACNF群のそれと比較すると不十分であった。以上の結果から，SDACNFは速やかな上皮化を促すとともに，膠原線維の増生も促進させることが明らかとなった。現在動物（主に犬・猫）にてSDACNFの創傷治癒促進効果の評価を行っている。SDACNFはフィルムあるいは固形のゲルにも成形が可能であるため，その医療分野への応用が期待される。

創傷への応用を考慮する場合，その材料の治癒促進効果と同時にその材料が有する抗菌活性も重要である。特に，皮膚の創傷は細菌に暴露されている場合も多く，感染の存在は創傷の治癒を遅延させる。キトサンには，従前よ

15.4 キチンナノファイバーの創傷治癒に対する効果

表 15.1 キチン，キトサンおよびそれらの誘導体繊維 [3]

(a) 4 日目

	I	P	R
NT	5	1	0
Water	5	1	0
Chitin	4	3	0
CNF	4	3	0
SDACNF	3	3	1
CSNF	4	3	0

(b) 8 日目

	I	P	R
NT	3	1	1
Water	3	3	1
Chitin	3	3	1
CNF	1	3	3
SDACNF	1	5	5
CSNF	4	4	1

欠損孔作製後4および8日目の皮膚標本を用いて，創傷治癒における炎症期（I），増殖期（P）およびリモデリング期（R）への移行をそれぞれ，なし（0点），軽度（1点）〜高（重）度（5点）とし数値化した。NTは無処理。

り抗菌活性が報告されており，同様にCSNFの抗菌活性も報告されている。CSNFの抗菌活性の発現メカニズムは，確立されていないもののいくつかの可能性が報告されている[7]。これまでの報告では，キトサンが有するアミノ基の存在，分子構造，ナノファイバーからのオリゴマーの放出および細胞膜周囲へのCSNFの接着が抗菌メカニズムとして挙げられている[7]。SDACNFの抗菌活性がこれまでに報告されているが，植物に関連する微生物に関する報告である。医療分野における抗菌活性に関するさらなる研究が必要である。また，CSNFにおいても銀ナノ粒子など抗菌活性を持つ他の物質との組み合わせにより相加，相乗効果を期待することができる可能性も示唆されている。この点に関しても，今後の研究が期待される。

15.5　キチンナノファイバーの食品としての効果

15.5.1　潰瘍性大腸炎モデルに対する効果

　炎症性腸疾患（IBD）は慢性的な消化管炎症が持続する病態で，クローン病と潰瘍性大腸炎（UC）に分類される。原因にはさまざまな要因が関連しており，遺伝的背景，食餌・生活環境，ストレスなどが複合的に影響して発症すると考えられている[15]。以前よりその治療には，ステロイド，免疫抑制剤などが使用されていた。近年，生物学的製剤の開発・普及によりUCを完解に導くことも可能となっている。しかし，薬剤が高価であること，敗血症などの重篤な感染症のリスクといった問題点も残っている。したがって，薬剤の使用量・頻度を低減させるためには食餌管理も非常に重要となる。アミノ酸，ω-3脂肪酸および食物繊維などにUCに対する有用性が報告されている。また，キトサンのモノマーであるグルコサミンやグルコサミンのオリゴマー経口投与にもUCに対する抗炎症効果が示唆されている[16]。筆者らは，CNF経口摂取による抗炎症効果をUCモデルにて検討した[17-20]。

　今回は，デキストラン硫酸ナトリウム（DSS）経口投与によるUCモデルマウスを用いた。具体的には，マウス（C57BL/6，メス，6週齢）にDSSを水道水に3％溶解し飲料水とした。DSS投与1週間前より0.1％CNF分散液あるいは0.1％キチン懸濁液を経口投与した。0日目より6日目まで，0.1％CNF分散液および0.1％キチン懸濁液に3％となるようにDSSを溶解したものを自由飲水させた。試験期間中は1日1回体重の増減，下痢および血便の程度をスコアリング（臨床スコア）した。臨床スコアは5日目において，CNF群ではコントロール群と比較して有意に低値を示した。また，6日目においてCNF群ではコントロールおよびキチン群と比較して臨床スコアは有意に低値を示した。マウスは3，5および6日目に安楽死処分を実施し，血液および大腸を得た。血液は炎症性サイトカイン濃度測定に，大腸組織は組織学的検索に供した。ヘマトキシリン・エオジン（HE）染色にて，大腸上皮の損傷を0から5点にスコア化し評価した。CNF経口摂取により，大腸上皮の破壊軽減，炎症細胞の上皮および粘膜下組織への浸潤の抑制および肥厚の軽減が確認された（図15.1）。5および6日目において，CNF投与群

ではコントロール群と比較して有意に組織損傷スコアは低値を示した（図15.2）。また6日目において，CNF投与群ではキチン投与群と比較して有意に組織損傷スコアは低値を示した（図15.2）。またCNF経口投与により，大腸において酸化ストレスマーカーの一つであるミエロペルオキシダーゼ活

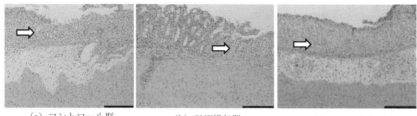

（a）コントロール群　　（b）CNF投与群　　（c）キチン投与群

図15.1　UCモデルにおいてCNF経口投与が大腸上皮に及ぼす影響
　　　　写真は（a）コントロール群（大腸炎のみ），（b）CNF投与群，（c）キチン投与群をそれぞれ示している。矢印は大腸上皮の消失部位を示している。CNF投与群では，大腸上皮の損傷は観察されるもののコントロール群およびキチン投与群と比較すると軽度であった。バーは100 μm。文献17より引用。

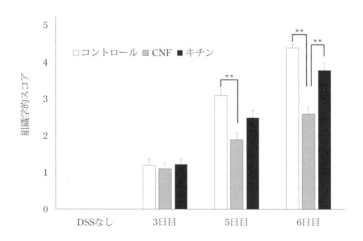

図15.2　CNF経口投与による組織損傷スコアの変化
　　　　各個体に関して，大腸の損傷度合いを0〜5点でスコア化した。CNF摂取群（Chitin-NF）では，コントロール群およびキチン群（Chitin-PS）と比較してスコアは低値を示した。結果は平均値±標準誤差を示している。**:$p < 0.01$。文献17より改変引用。

性は抑制された（図 15.3）。また，UC の大腸での炎症にて重要な役割を担っている nuclear factor-κB（NF- 要統一κB）の大腸上皮での局在ならびに発現量を NF-κB 免疫組織染色にて検討した。コントロール群およびキチン群では大腸上皮全体的に NF-κB 陽性部位が観察された。しかし，CNF 投与群では大腸に NF-κB 陽性部位は散見される程度であった。画像解析により陽性部位の面積率を算出すると，CNF 投与群において NF-κB 陽性面積率はコントロールと比較して有意に減少していた（図 15.4）。しかし，キチン投与群ではコントロール群との差は認められなかった。また，マッソントリクローム染色を実施し線維化の進行を確認したところ，CNF 投与群ではコントロール群と比較して線維化が顕著に軽減されていた。また，CNF 投与群において血清中 interleukin-6（IL-6）および monocyte chemotactic protein-1（MCP-1）濃度測定を実施した。CNF 投与群において，血清 IL-6 および MCP-1 濃度は有意に低値を示した。これら一連の結果は，α-キチンを原料とした α-CNF にのみ確認された。β-CNF でも同様の試験を実施し

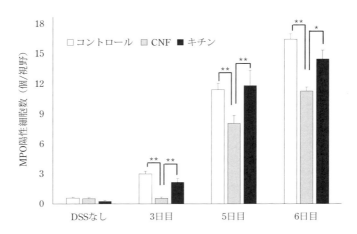

図 15.3　キチン NF 経口投与が大腸 MPO に与える影響
　　　　　各個体に関して，光学顕微鏡（視野 200 倍）観察にて，MPO 陽性細胞数を計数した。CNF 摂取群（Chitin-NF）では，コントロール群およびキチン群（Chitin-PS）と比較して陽性細胞数は減少した。結果は平均値±標準誤差を示している。**：$p < 0.01$，*：$p < 0.05$。文献 17 より改変引用。

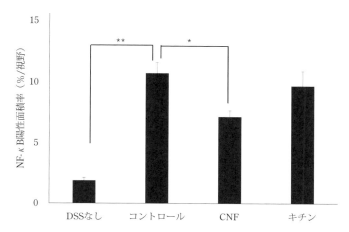

図 15.4 キチン NF 経口投与が大腸 NF-κB に与える影響
NF-κB 陽性面積率を算出した。結果は平均値±標準誤差を示している。CNF 摂取群（Chitin-NF）では，コントロール群と比較して陽性面積率は減少した。**：$p<0.01$，*：$p<0.05$。文献 17 より改変引用。

たが，UC モデルにおける抗炎症効果は確認されなかった。

以上の結果から，CNF 経口投与は UC の臨床症状の進行を抑制し，組織学的に大腸上皮の損傷を抑制した。また，大腸組織における NF-κB およびミエロペルオキシダーゼ活性を低下させる可能性が明らかとなった。また，血清中の炎症性サイトカイン濃度を減少させた。CNF は，UC 患者における機能性食品として有効である可能性が示されている。しかし，ヒトでの効果は不明なため今後慎重な検討が必要である。

15.5.2 肥満モデルに対する効果

肥満はメタボリックシンドロームの一病態で，心血管系疾患のリスクファクターの一つとなりうる。患者数は世界中で増加傾向にあり，治療以上に発症の予防が重要であると考えられている[21]。カテキンなど，ある種の食事成分が肥満の予防に有効であることが知られている。これまでにキトサンが肥満の改善・予防に有効であることが知られている。キトサンは脂肪およびコレステロールに直接吸着し，消化管からの吸収を阻害する[22-24]。そこで今

回は,SDACNF の抗肥満効果をキトサンと比較した[5]。

マウス(C57BL/6, オス, 6週齢)を通常食(ND)群, 高脂肪食(HFD)群, 高脂肪食＋CNF 投与(HFD＋CNF)群, 高脂肪食＋SDACNF 投与(HFD＋SDACNF)群および高脂肪食＋キトサン投与(HFD＋キトサン)群の5群に分けた(1群当たり5-6匹)。CNF, SDACNF およびキトサン投与の2週間前より, 高脂肪食群には高脂肪食(High Fat Diet 32, 日本クレア(株), 大阪)を摂取させた。CNF, SDACNF およびキトサン投与開始日を0日目とし, 45日目まで3日おきに体重測定を行った。46日目に採血後安楽死処分を実施し, 肝臓および腹腔内脂肪重量を測定した。血液は血清に分離後, 血清中コレステロール(T-cho), 中性脂肪(TG)およびグルコース(Glc)濃度を測定した。さらに, ELISA 法にてレプチン濃度を測定した。肝臓組織より, HE 染色標本を作製し組織学的検索を行った。体重変化の結果を図15.5 に示した。SDACNF はキトサンと同程度の体重増加抑制効果を示した。また, 肝臓および腹腔内脂肪重量は SDACNF およびキトサン投与により, 同程度に増加が抑制された。また, 血清中 T-cho は HFD 群と比較して

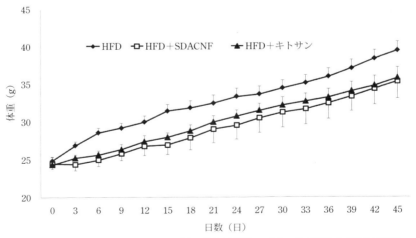

図 15.5 表面脱アセチル化キチン NF 経口投与が肥満モデルの体重増加に及ぼす影響
結果は平均値±標準誤差を示している。HFD：高脂肪食投与群, HFD＋SDACNF：高脂肪食＋SDACNF 投与群, HFD＋キトサン：高脂肪食＋キトサン投与群。文献 22 より改変引用。

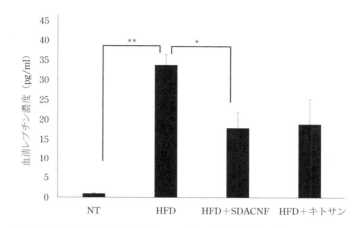

図15.6 表面脱アセチル化キチンNF経口投与が血中レプチン濃度に及ぼす影響
結果は平均値±標準誤差を示している。NT:通常食投与群,HFD:高脂肪食投与群,HFD＋SDACNF:高脂肪食＋SDACNF投与群,HFD＋キトサン:高脂肪食＋キトサン投与群。**:$p < 0.01$,*:$p < 0.05$。文献22より改変引用。

SDACNF投与により低値を示したが,キトサン投与群では有意な減少が見られた。SDACNF群では,血清レプチン濃度はHFD群と比較して有意に減少していた(図15.6)。肝臓の組織学的検索にて,SDACNF投与により脂肪滴蓄積の抑制が確認された。以上の結果から,SDACNFはキトサンと同程度の抗肥満効果を有することが明らかとなった。

15.6 まとめ

これまでに,キチンおよびキトサンの生体機能に関する研究は数多くなされ,たくさんの成果が報告されている。また,中にはその研究成果をもとにして実用化がなされた,あるいは進行中のものもある。その一方で,CNFおよびCSNFの生体機能に関する研究は始まったばかりで,これからの進展が大いに期待される分野である。筆者らの研究からも明らかなように,ナ

ノファイバー化により従来キチンおよびキトサンが有していなかった生体機能を発揮することが明らかになっている。したがって，従来のキチンおよびキトサンの応用分野のみならず，新たな分野への展開も可能となる。しかしながら，医療および食品分野への応用には，長期的な安全性の問題，投与量の問題，人での効果など解決しなければならない課題も山積している。CNFおよびCSNFを利用した製品などの実用化に向けて，ますますの研究の進展が期待されると同時に，安全性などの評価に関しては慎重な検討が必要である。

《参考引用文献》
1) Muzzarelli, R. A. A.: Chitin nanostructures in living organisms. In N. Gupta (Ed.), Chitin: formation and diagenesis, Springer, Dordrecht, 1-34 (2011).
2) Ifuku, S., Nogi, M., et al.. Preparation of chitin nanofibers with a uniform width as alpha-chitin from crab shells, Biomacromolecules, 10, 1584-1588 (2009) .
3) Ifuku S., Saimoto, H.: Chitin nanofibers: preparations, modifications, and applications. Nanoscale, 4, 3308-3318 (2012).
4) Ifuku, S.: Chitin and Chitosan Nanofibers: Preparation and Chemical Modifications, Molecules. 19, 18367-18380 (2014).
5) Azuma, K., Ifuku, S., et al.: Preparation and Biomedical Applications of Chitin and Chitosan Nanofibers, Journal of Biomedical Nanotechnology, 10, 2891-2920 (2014).
6) Muzzarelli, R. A., Mehtedi, M. E., et al.: Emerging Biomedical Applications of Nano-Chitins and Nano-Chitosans Obtained via Advanced Eco-Friendly Technologies from Marine Resources, Marine Drugs 12, 5468-5502 (2014).
7) Ding, F., Deng, H., et al.: Emerging chitin and chitosan nanofibrous materials for biomedical applications, Nanoscale., 6, 9477-9493 (2014).
8) Agarwal, S.; Wendorff J.H., et al.: Use of electrospinning technique for biomedical applications, Polymer, 49, 5603-5621 (2008).
9) Kim, I. Y., Seo, S. J., et al.: Chitosan and its derivatives for tissue engineering applications, Biotechnology Advances, 26, 1-21 (2008).
10) Ito, I., Osaki, T., et al.: Evaluation of the effects of chitin nanofibrils on skin function using skin models, Carbohydrate Polymers, 101, 464-470 (2014).
11) Ito, I., Osaki, T., et al.: Effect of chitin nanofibril combined in rayon animal bedding on hairless mouse skin and on a three dimensional culture human skin model, Journal of chitin and chitosan science, 2, 82-88 (2014).
12) Azuma, K., Izumi, R., et al.: Chitin, chitosan, and its derivatives for wound healing: old and new materials, Journal of Functional Biomaterial, 6, 104-142 (2015).
13) Fan, Y., Saito, T., et al.: Individual chitin nano-whiskers prepared from partially

deacetylated α-chitin by fibril surface cationization, Carbohydrate Polymers, 79, 1046-1051 (2010).
14) Izumi, R., Komada, S., *et al.*: Favorable effects of superficially deacetylated chitin nanofibrils on the wound healing process, Carbohydrate Polymers, 123, 461-467 (2015).
15) Morrison, G., Headon, B., *et al.*: Update in inflammatory bowel disease, Australian Family Physician, 38, 956-961 (2009).
16) Azuma, K., Osaki, T., *et al.*: Anticancer and anti-inflammatory properties of chitin and chitosan oligosaccharides, Journal of Functional Biomaterials, 6, 33-49 (2015).
17) 東　和生, 大崎智弘ほか：潰瘍性大腸炎モデルマウスに対するキチンナノファイバーの効果, キチン・キトサン研究, 19 (1), 5-11 (2013).
18) Azuma, K., Osaki, T., *et al.*: Beneficial and preventive effect of chitin nanofibrils in a dextran sulfate sodium-induced acute ulcerative colitis model, Carbohydrate Polymers., 87, 1399-1403 (2012).
19) Azuma, K., Osaki, T., *et al.*: α-Chitin nanofibrils improve inflammatory and fibrosis responses in mice with inflammatory bowel disease, Carbohydrate Polymers., 90, 197-200 (2012).
20) Azuma, K., Osaki, T., *et al.*: A comparative study analysis of α-chitin and β-chitin nanofibrils by using an inflammatory-bowel disease mouse model, Journal of chitin and chitosan science, 1, 144-149 (2013).
21) Vucenik, I., Stains, J. P.: Obesity and cancer risk: Evidence, mechanisms, and recommendations, Annuals of New York Academy of Science, 1271, 37-43 (2012).
22) 東　和生, 井澤浩則ほか：高脂肪食誘発肥満モデルに対する表面キトサン化キチンナノファイバーの効果, グルコサミン研究, 10, 7-11 (2014).
23) Anraku, M., Fujii, T., *et al.*: Antioxidant effects of a dietary supplement: Reduction of indices of oxidative stress in normal subjects by water-soluble chitosan, Food and Chemical Toxicology, 47, 104-109 (2009).
24) Anraku, M., Michihara, A., *et al.*: The antioxidative and antilipidemic effects of different molecular weight chitosans in metabolic syndrome model rats, Biological and Pharmaceutical Bulletin, 33, 1994-1998 (2010).

第 16 章
キチン・キトサンの獣医臨床領域への適用

16.1 はじめに

　キチン，キトサンはセルロースと同様に自然界に大量に存在しているにもかかわらず，その利用量は年間 1 000 トンにも及ばない。その主な利用用途はキチンを脱アセチル化してキトサンとし，水の浄化に利用されているにすぎない。その原因は，これらの物資の結晶構造がセルロースに比べて強固であり，種々の形状に加工することが困難だったことが挙げられる。近年，科学技術の進歩でキチン，キトサンを加工することができ，種々の生理活性が解明され，医療材料として注目されてきた。

　筆者らは，1989 年よりキチン，キトサンの動物への臨床応用を試み，従来の治療薬では予想できない劇的な創傷治癒過程を多く経験してきた。またそれと平行してこれらの物質が創傷治癒を促進する機序についても研究を進めてきた。今回，これらの物質の臨床ならびに生物活性効果について解説する。

16.2 動物の外傷治療に対するキチン，キトサン製材の開発

　獣医学では，ヒト以外のすべての動物が治療の対象となる。これまで筆者らはキチン，キトサン製材を小動物（犬および猫），大動物（牛および馬）および動物園動物に応用してきた。それらの結果を元に 4 種類の商品，すな

わちスポンジ状キチン（キチパックS：図16.1 a），キチン・ポリエステル不織布複合体（キチパックP：図16.1 b），綿状キトサン（カイトパックC：図16.2 a），乳糖配合微粉末状キトサン（カイトファイン：図16.2 b）を開

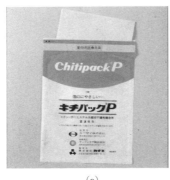

(a)　　　　　　　　　　　　(b)

図16.1　キチン製材
(a) スポンジ状キチン（キチパックS）
(b) キチン・ポリエステル不織布複合体（キチパックP）
これらの製品は1994年，エーザイ（株）より発売された。

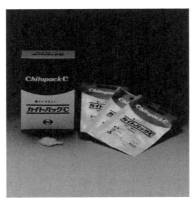
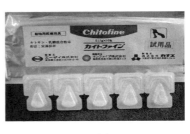

(b)

(a)

図16.2　キトサン製材
(a) 綿状キトサン（カイトパックC）
(b) 乳糖配合微粉末状キトサン（カイトファイン）
カイトパックCは1993年から2000年までエーザイ（株）より発売された。カイトファインは2001年よりエーザイ（株）より発売された。

発し,創傷治療材,創傷被覆材,創腔充填材として利用してきた。

16.2.1 キチン製材 [1,2]

(1) スポンジ状キチン(キチパックS)

キチパックSは,皮膚欠損および創腔充填材として開発された。それらの臨床例を下記に紹介する。

1) 皮膚欠損例

図16.3 aは交通事故により,右前肢の広範囲な皮膚欠損を生じた症例である。このような広範囲な皮膚欠損に対しては,一般に自家皮膚移植,皮膚

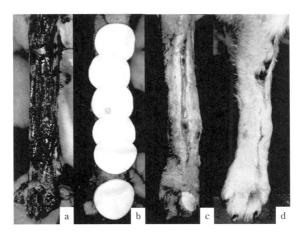

図16.3 交通事故により前肢の重度な挫創
 (a) 犬の交通事故による皮膚,皮下組織,腱鞘,骨の重度の挫創
 (b) 創を洗浄後,スポンジ状キチン(キチパックS)で患部を被覆し,包帯を実施。全身的に抗生物質は使用しているが,局所には抗生物質は使用していない
 (c) 時間とともに,組織が修復され皮膚が良好に再生されてきている
 (d) 最終的に写真に示すように,機能障害を伴わず治癒した。従来の治療とは違い,発毛を伴いながら皮膚が再生するのがキチン使用時の共通した特徴である

● 第 16 章 ● キチン・キトサンの獣医臨床領域への適用

弁移植，人工皮膚移植が適用される．今回，創面を十分に生理食塩水で洗浄後，キチパックSで被覆した（図16.3 b）．2週間後には創はほとんど縮小し（図16.3 c），受創後約1ヶ月でほぼ正常な状態となった（図16.3 d）．キトサン製材に比べて，キチン製材では過度の肉芽組織形成が見られず，スムーズに上皮化が見られるのが特徴である．

2) 組織欠損例

腫瘍摘出術などの手術においては，組織を広範囲に切除することによって組織欠損部（創腔）が生じる．一般的にはこれらの創腔は順次縫合して腔を閉鎖するが，部位によっては困難な場合もある．図16.4 bは肛門周囲腺腫（図16.4 a）を摘出した後の組織欠損が生じた状態である．キチパックSを充填（図16.4 c）し，皮下組織を1層縫合後，皮膚縫合した．術後，特に鎮痛剤を使用しなかったが，ほとんど疼痛を示すことなく完治した（図16.4 d）．キチパックSを使用することにより，創腔を縫合する煩雑さが解

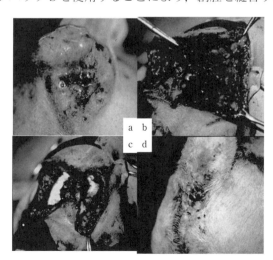

図16.4 スポンジ状キチン（キチパックS）を創腔充填材として使用した症例
(a) 手術前の患部の状態
(b) 肛門周囲腺腫瘍を摘出直後
(c) 創腔にキチパックSを充填した状態
(d) 術後1週間目の患部．感染もなく治癒

消され,手術時間の短縮につながった。またキチンを使用することにより,痛みが緩和されることが明らかとなった。キチン自体が生体内では約1週間で分解され,肉芽組織を誘導するため,理想的な創腔充填材といえる。

(2) キチン・ポリエステル不織布複合体(キチパックP)

ポリエステル不織布にキチン微粒子を含浸させたキチパックPは,組織補強材として使用する。ポリエステル不織布にキチンを含浸させることにより,不織布の基質化が促進されることを実験的に確認しており[3],それに基づいて開発した商品である。図 16.5 は犬の会陰ヘルニア整復術にキチパックPを使用している術中写真である。本製材を使用することにより,従来の整復法に比べて,手術時間が短縮できたことと,ヘルニア再発が減少した[4]。その他の使用としては,胸壁,腹壁,横隔膜の補強材,さらに腱・靭帯の代用としても適用できる。また本材は一時的な皮膚欠損部被覆材として

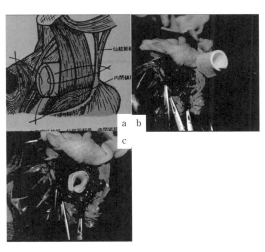

図 16.5 犬の会陰ヘルニアへのキチン・ポリエステル不織布複合体(キチパックP)の応用
(a) キチパックPを用いた会陰ヘルニア整復術の模式図
(b) 会陰ヘルニア部にロール状にしたキチパックPを挿入するところ
(c) キチパックPをヘルニア腔に挿入した状態

も適用可能である。

16.2.2 キトサン製材[2)]

(1) 綿状キトサン（カイトパックC）

カイトパックCは，主に感染創に適用してきた。本材の代表的な使用例を下記に示す。

1) 交通事故による重度皮膚欠損例

図16.6aに交通事故により重度皮膚欠損を生じた猫の患部を示した。中手骨の露出と骨折も併発しており，従来の治療法では断脚を選択する症例である。飼い主が患肢の温存を希望されたため，カイトパックCを用いて実験的治療を試みた。図16.6b～dに治療経過を示す。この症例は機能障害もなく完治した。これまで筆者らが行ってきたキチン，キトサン研究の中において，まさに研究をブレーク・スルーさせてくれた症例である。

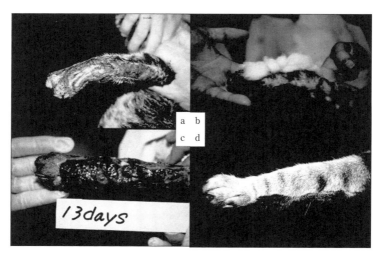

図16.6　綿状キトサン（カイトパックC）を使用して治療した重度皮膚欠損例
　　　　（a）交通事故により重度の皮膚欠損を生じた処置前の患肢
　　　　（b）カイトパックCで患部を被覆
　　　　（c）処置後13日目，旺盛な肉芽組織が形成
　　　　（d）処置後70日目，創は完全に治癒

16.2 動物の外傷治療に対するキチン, キトサン製材の開発

2) 狩猟により外傷を受けた症例

猪猟では, 猪の牙により犬が外傷を受けることがしばしばある (図16.7)。牙自体に泥などが付着しているため, それによる外傷は汚染創となり, これまでは抗生物質による治療が必須であった。創を洗浄後, カイトパックCを少量充填し, 皮膚を縫合するだけで多くの症例が治癒した。表16.1に抗生物質 (従来法) およびカイトパックC (キトサン療法) を用いて治療した結果を示した。従来法では治療回数が平均で12.8回であったのに対して,

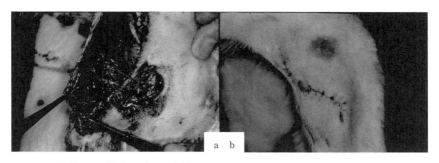

図16.7 猪猟により外傷を受けた症例
(a) 筋肉の断裂を伴う広範な皮下組織の挫創。創腔内は毛・泥, 草により著しく汚染。創腔を洗浄後, カイトパックCを少量挿入後, 皮下組織を縫合
(b) 18日後抜糸。治癒

表16.1 猪猟による外傷に対する治療

	症例	治療回数	治療日
従来法	1	8	1-5, 7, 9 14
	2	2	1, 2
	3	11	1-7, 9, 11, 16, 21
	4	30	1-30
	5	13	1-10, 12, 15, 20
キトサン療法	6	1	1, (5), 18[*]
	7	3	1, 3, 19, 26[*]
	8	1	1, (23)
	9	1	1, 4[*], (20)
	10	1	1, (25)
	11	1	1, (4), 16[*]

( ): 観察のみ, [*]: 抜糸

● 第 16 章 ● キチン・キトサンの獣医臨床領域への適用

キトサン療法では実質 1 回だけの治療で治癒した。

(2) 微粉末状キトサン

1) 膿胸症例

図 16.8 は猫の膿胸症例である。通常は胸腔内の膿汁を除去後，生理食塩水で胸腔洗浄して抗生物質を注入するのが一般的な治療法である。しかし，再発がよく見られる。抗生物質の代わりに微粉末状キトサンを懸濁状態にした溶液（キトサン懸濁液）を胸腔内注入し，経過を観察したところ再発もなく，治癒した。

2) 乳糖配合キトサン製材（カイトファイン）の感染性創傷への応用[5]

微粉末キトサンは不溶性であり，懸濁液として用いられる。その際，均一

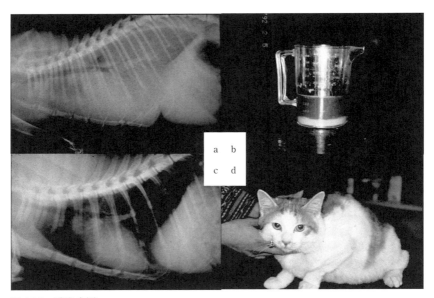

図 16.8 膿胸症例
(a) 処置前の胸部 X 線像。典型的な胸水像を示す
(b) 胸腔穿刺で吸引除去された化膿性胸水。生理食塩水で 2-3 回胸腔洗浄後，800 μg のキトサン懸濁液を胸腔内に注入
(c) 処置後 1 週間目の X 線像。胸腔内に貯留物はなく，完全治癒

16.2 動物の外傷治療に対するキチン，キトサン製材の開発

にキトサン微粒子を分散させることが重要となる．さらに臨床現場で簡単に調整できることが求められる．そのような要望に答えるために，微粉末キトサンと乳糖（ラクトース）の混合物を開発した．本材は「カイトファイン」という名で商品化された．

平成10年12月から平成11年5月までの5ヶ月間，全国17施設（民間動物病院，家畜共済組合診療所，動物園）においてカイトファインの感染創に対する治験を実施した．対象となった症例は，犬44例，猫85例，牛9例，その他の動物14例，合計150例であった（表16.2）．効果判定は，著効：治療開始7日以内に創面，創の容積が50％以上縮小したもの，有効：同様に25％以上縮小したもの，やや有効：同様に25％未満の縮小に止まったもの，無効：全く創面，創容積が縮小しなかったもの，悪化：使用開始後症状が悪化したもの，とした．

効果判定の結果，犬では著効73.8％，有効23.8％と97.6％に効果が認められた．猫では著効74.1％，有効16.5％，牛では著効22.2％，有効55.5％，その他の動物では著効50.0％，有効35.7％であり，どの動物においても高い効果を認めた（表16.3）．

使用した獣医師の満足度は，犬では97.6％，猫では94.1％，牛では100％，

表16.2 供試動物数と外傷の種類

区分	件数	裂創	挫創	咬創	潰瘍	膿瘍	褥創	その他
犬	44	14	6	4	4	8	3	3
猫	85	8	2	35	1	31	1	7
牛	9	2	0	0	5	0	1	1
その他*	14	3	2	3	2	2	1	1

表16.3 効果判定結果

区分	著効	有効	やや有効	無効	悪化
犬	73.1	23.8	2.4	0.0	0.0
猫	74.1	16.5	7.0	2.4	0.0
牛	22.2	55.5	22.2	0.0	0.0
その他*	50.0	35.7	14.3	0.0	0.0
平均	55.0	32.9	11.5	0.6	0.0

*ウサギ(4頭)，バク(2頭)，プレーリードッグ(2頭)，その他は各1頭：ハムスター，鳩，ワラビー，マーラ，カピバラ，シープ，白鳥，リスザル，オオアリクイ

その他の動物では85.7％，と高い信頼度が得られた。

　キトサンの感染創に対する効果について，犬を用いた *in vivo* 実験を行った結果，抗生物質と同様の治癒が得られることが判明した。さらに組織学的には抗生物質で治療した群に比べて，キトサンで治療した群では形成された肉芽組織が血管に富んだ組織であった[6]。またキトサンは生体内で生分解されキトサンオリゴ糖となる。このオリゴ糖にも感染創に対して抗生物質と同等の効果があることがわかった[7]。

(3) 牛へのキチン，キトサン製材の応用

1) 感染性疾患[8]

　牛などの産業動物の治療には，使用する薬剤に制限がある。たとえば乳牛の場合，全身的に抗生物質を使用するとその牛より生産される牛乳の出荷が一定期間禁止される。筆者らは乳牛の感染を伴う創傷に対してカイトパックCあるいはキトサン懸濁液を使用した結果，抗生物質を主体とする従来法以上の治療効果を得ることができた（**表 16.4**）。また治療回数も従来法と有意差は認められなかった（**表 16.5**）。このようにキトサン製材の産業動物への応用は従来の薬物を中心とした治療の代替品として期待される。またこのことは，より安全な畜産製品を我々に提供してくれることとなり，間接的にヒトの健康にも恩恵を与えてくれるものと考える。

表 16.4　キトサン製材の効果

疾患	症例	治癒例	治癒率（％）
感染性蹄皮炎*	148	138	93
趾間腐爛	46	45	98
膿瘍	43	43	100
外傷	17	16	94
関節周囲炎	12	10	82
関節炎	3	2	67
合計	269	254	94

＊蹄底潰瘍を含む

表 16.5 感染性蹄皮炎および趾間腐爛に対する従来法およびキトサン療法の比較

疾患	症例	治癒率（％）	平均治療回数*
感染性蹄皮炎***			
従来法	101	87	2.4 ± 1.6**
キトサン療法	148	93	2.9 ± 2.8
趾間腐爛			
従来法	16	94	2.3 ± 1.4
キトサン療法	46	98	2.8 ± 2.8

```
  *   治癒した症例を対象
 **   平均±標準偏差
***   蹄底潰瘍を含む
```

2）キトサン製材の牛乳房炎への応用[9]

　乳房炎の発生率は全乳牛病傷の 20～25％を占める。その試算損害総額は年間 690 億円と酪農経営を圧迫する重要な疾病である。しかし，本症の予防・治療に関しては十分な解決策がないのが現状である。筆者らは，キトサンの生体反応を期待して，キトサンの乳槽内注入による乳房炎治療効果の可能性を検討した。**表 16.6** に健康牛および慢性型乳房炎に対してキトサン懸濁液 50 mg を乳槽内注入した結果を示した。7 例中 4 例で治癒，2 例は効果がなく，1 例は治癒したがその後再発した。また **表 16.7** に乳汁中体細胞数

表 16.6 実験牛群の区分と乳汁の性状

番号	年齢*	PLテスター	区分	原因菌	転機**
1	7	−	健康牛		
2	5	−	健康牛		
3	4	−	健康牛		
4	7	+++	乳房炎牛	S. aureus	治癒
5	5	+++	乳房炎牛	S. aureus	無効
6	5	++	乳房炎牛	S. aureus	再発
7	4	+++	乳房炎牛	S. epidermis	治癒
8	4	+++	乳房炎牛	S. aureus	治癒
9	4	+++	乳房炎牛	S. epidermis	治癒
10	4	++	乳房炎牛	S. aureus	無効

```
 *   歳
**   治癒：10 日以内に治癒し，かつ 1 ヶ月以上再発しなかったもの
     無効：10 日以内に PL テスターが陰転しなかったもの
     再発：1 ヶ月以内に再発したもの
```

表16.7 乳槽内へのキトサン投与にともなう乳汁中食細胞の変化

		0*	1	3	7
健康牛					
	1	600**	10 300	400	100
	2	300	16 700	2 700	900
	3	700	5 200	2 400	900
平均値		500	10 700***	1 800	600
標準偏差		200	5 800	1 300	500
乳房炎牛					
	4	31 000	26 900	22 800	19 800
	5	15 200	66 400	45 300	37 200
	6	3 300	34 500	17 500	7 700
	7	3 500	9 500	2 300	1 200
	8	5 600	32 800	200	100
	9	5 200	32 000	11 000	16 100
	10	1 700	17 100	19 800	26 600
平均値		9 500	31 300***	17 000	15 500
標準偏差		10 700	18 000	15 200	13 600

* キトサン投与後の日数(0は投与前)
** 乳汁1 mm^{3}中の食細胞数。100個未満の値は四捨五入した
*** 0日の値と比較して5%の危険率で有意に上昇

(9割は多形核白血球:PMN)の変動を示した。健康牛では投与1日目で体細胞数が約20倍と有意に増加し、投与3日目では約3倍、7日目では投与前の値に回復した。乳房炎牛では、乳汁中体細胞数は健康牛と比べて有意に増加していた。投与後1日目では投与前の約4倍に上昇し、その後漸減するが、7日目においても約2倍の体細胞数を示した。乳槽においてもキトサンは体細胞(PMN)を誘導することがわかった。また体細胞1 000個当たりの化学発光能(体細胞の活性化を示す指標)は健康牛では投与1日目に約2倍に上昇し、その後変化は見られなかった。乳房炎牛では、有意な変化は見られなかった。これは乳房炎牛ではすでに体細胞が活性化しているため、それ以上の活性化が見られなかったと考えられる。乳汁中ラクトフェリンについてもキトサンを注入することにより、有意に上昇することを確認している。

以上、乳房炎の予防および治療薬としてキトサンは十分に効果が期待される。今後、症例を追加して行く必要がある。

3）キチン懸濁液の子宮内注入効果 [10]

乳牛において，牛乳を生産するには妊娠をすることが必要不可欠である。しかし，子宮内膜炎などで必ずしも計画的に妊娠をさせることができないことがある。キチン懸濁液を子宮内投与することにより，効率に発情を誘発できることがわかった。

キトサン製材は創傷体積 $1\,cm^3$ 当たりキトサン $1\,mg$ 以下の投与量で十分な効果を確認している。しかし，犬に大量投与すると出血性肺炎を誘導することが判明した [11]。筆者の知る限り，キトサンに対しては犬が最も感受性が高いことがわかった。したがって，キトサンを生体に投与するときは，投与量を十分に検討する必要がある。

16.3　キチン，キトサンの創傷治癒促進機構

著者らはこれまでさまざまな臨床例にキチン，キトサンを使用し，その主な生体反応は以下のとおりである。
① 血管に富んだ旺盛な肉芽組織の形成
② 汚染創に対する劇的効果（特にキトサン）
③ 瘢痕形成抑制
④ 鎮痛効果
⑤ 止血効果

これらの生体反応について，現在までに解明してきたメカニズムを紹介する。

16.3.1　キチン，キトサンに対する組織反応 [3, 12-23]

キチンを犬の皮下組織に埋設すると，約1週間で血管に富んだ旺盛な肉芽組織が形成される。またその初期においては PMN が集簇しているのが観察された。この現象はキチンよりキトサンにおいて強く見られた。これらの物質は最終的には生体内で分解され，消失することが確認された。さらにキチ

ンの方がキトサンに比べて生分解性が速いことも他の実験で確認した。形成された肉芽組織中に多数の多核巨細胞も観察され，投与後2週間で形成された肉芽組織は消失した。すなわち臨床例で観察された生体反応を実験的に証明することができた。またキチン，キトサンにより誘導された肉芽組織はコラーゲンIV型およびエラスチンが豊富であることがわかった。脱アセチル化度と創傷治癒の関係を検討した結果，脱アセチル化度が高いほど，創の引っ張り強度および線維芽細胞の活性化は高かった。

16.3.2 PMNに対する作用 [24-28]

PMNは血管内に存在し，その遊走能によって目的部位に到達後，異物を貪食する。そのとき創傷治癒促進に重要な種々の生理活性物質（プロスタグランデイン：PGE，オステオポンチン：OPNなど）を放出する。PMNは創傷治癒過程において最も初期に活躍する細胞である。

犬および牛のPMNを用いてBoyden chamber法でキチン，キトサン懸濁液に対する遊走活性を検討した結果，キチン，キトサンとも化学運動性および化学走化性を高めた。さらにキチン，キトサンの最小構成単位であるN-アセチルグルコサミン（GlcNAc）およびグルコサミン（GlcN）残基の連結長と遊走活性を調べた結果，GlcNAcでは5量体までは活性を示さず，6量体で活性が認められた。いっぽうGlcNでは5および6量体が最も高く，キトサンの約6倍の活性を示した。

キチン，キトサン微粒子はPMNに貪食される。しかしその程度はザイモザンを100％とするとそれぞれ約30および50％であった。またこの貪食に際しては，血清中の易熱性因子が大きく関与していることが明らかとなった。

PMNとキチン，キトサンを混合培養し，その上清中の生理活性物質であるPGE，LTB，LTCを測定した結果，これらの物質が高濃度に誘導されることがわかった。

16.3.3 線維芽細胞および血管内皮細胞に対する作用 [29-32]

線維芽細胞および血管内皮細胞は創傷治癒過程の肉芽増生期の中心的な細胞として位置付けられる。また線維芽細胞は肉芽増生期には細胞外マトリッ

クスとして重要なコラーゲン合成に関与し，さらに創傷治癒過程の最終過程であるリモデリング期には自らがコラゲナーゼなどのマトリックスメタロプロテアーゼを放出し，過剰な肉芽組織の分解に関与している。

キチン，キトサンおよびそれらのオリゴ糖，単糖は直接的には線維芽細胞および血管内皮細胞の細胞増殖を刺激しないことがわかった。一方，それらのオリゴ糖は血管内皮細胞の遊走活性を増強することが判明した。

in vivo 実験より，キチン，キトサンおよびそのオリゴ糖，単糖はコラーゲン合成に深く関与しているプロリンヒドロキシラーゼ活性を高めることが判明した。またこれらの物質は同時にコラゲナーゼ活性も高めることがわかった。この活性は脱アセチル化度と正の相関があった。このことは *in vitro* 実験でも確認し得た。これらの結果より，キチン，キトサンは生体内で分解されても，それらの分解産物がさらに創傷治癒過程を促進することが明らかとなった。

16.3.4　キチン，キトサンの血液凝固に及ぼす作用 [33]

創傷治癒過程において，血液凝固は損傷時に最初に起こる現象である。血液凝固によりフィブリン網が形成され，各種細胞の足場が築かれる。また血液凝固は血小板の凝集を伴う。この凝集過程において，種々の生理活性物質が放出され，創傷治癒を促進していく。

in vitro 実験の結果，キチン，キトサンは用量依存性に血液凝固時間を短縮した。血漿存在下の血小板（PRP）に対して，キトサンに比べてキチンの方が強い凝集能を示した。また PRP 中にキチン，キトサンを添加することにより，血小板由来 PDGF-AB および TGF-β1 の放出が促進された。

16.3.5　補体活性作用 [34-36]

補体は，生体内では非特異的液性免疫機構として位置付けられる。創傷は手術時にメスで切開する創以外は，すべて少なからず細菌が創内に存在する。その量が多くなれば，感染創となる。

キチン，キトサンは補体を活性化することが *in vivo* および *in vitro* で確認された。補体活性経路には二つの経路がある。すなわち古典経路と副経路で

ある。キチン，キトサンは副経路を活性化することが判明した。またこの活性は，キチン，キトサンが不溶化状態のときに誘導されることがわかった。すなわち可溶性のオリゴ糖や単糖では誘導されなかった。さらにこの活性はアミノ基の数と正の相関関係にあることが明らかとなった。

16.3.6 鎮痛効果[37]

キチン，キトサンを臨床例に用いたとき，痛みを和らげることが一つの特徴である。この点を解明すべく，マウスを用いて，酢酸により誘発した痛みに対するキチン，キトサンの鎮痛効果実験を行った。その結果，キチンは発痛物質であるブラジミニンをキチン粒子自体が吸収することで鎮痛効果を発揮することが明らかとなった。またキトサンは神経終末板を刺激する水素イオンを吸収することで痛みを緩和することが判明した。

以上のキチン，キトサンの創傷治癒促進メカニズムについてキトサンを例

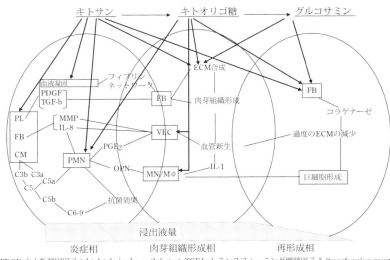

PDGF: 血小板凝固因子 (platelet derived growth factor); TGF-b: トランスフォーミング増殖因子 -b (transforming growth factor-b);PL: 血小板；FB: 線維芽細胞；CM: 補体；MMP: マトリックスメタロプロテアーゼ；PMN: 多形核白血球；IL-8: インターロイキン -8; PGE2: プロスグランディン E2; OPN: オステオポンチン；VEC: 血管内皮細胞；ECM: 細胞外基質；MN: 単球；Mf: マクロファージ；IL-1: インターロイキン -1

図 16.9 キトサンを例にした創傷治癒メカニズム

にとって図 16.9 に示した。

16.4　おわりに

　1989 年より，故南三郎先生と一緒にキチン，キトサンの研究を開始して，今年で 27 年になる。高分子であるキチン，キトサンの獣医臨床応用から始まり，そのメカニズム解析を行ってきた。

　その後，単糖であるグルコサミンに注目し，その軟骨再生効果の研究を行ってきた。数年前より，唯一研究対象としていなかったそれらのオリゴ糖の抗がん作用メカニズム解析へと筆者の対象は変遷してきた。近年，本学工学部の伊福先生がキチンナノファイバーを開発されたことを機に，またキチン，キトサンが私の研究対象となったことは，これらの物資の奥の深さを感じずにはいられない。残念ながら，これまで世に出してきた製品は，発売中止となっている。その理由の一つは，我々がまだ解明していないこれらの物質の本来の性質を十分に解明せずに商品化したことが考えられる。今後，さらにこれらの物質の性質を解明し，息の長い製品を開発していきたいものである。

《参考引用文献》
1) Okamoto, Y., Minami, S., *et al*.: J. Vet. Med. Sci., 55, 743-747(1993).
2) 南　三郎, 江口浩文：ファームプレス, 東京(1995).
3) Okamoto, Y., Minami, S., *et al*.: J. Vet. Med. Sci., 55, 739-742(1993).
4) 南　三郎, 岡本芳晴ほか：日獣会誌, 47, 853-855(1994).
5) 南　三郎, Khanal Doj Raj ほか：日本キチン・キトサン学会, 7, 268-272(2001).
6) Okamoto, Y., Tomita, T., *et al*.: J. Vet. Med. Sci., 57, 765-767(1995).
7) 岡本芳晴, 南　三郎ほか：日獣会誌, 49, 22-24(1996).
8) 南　三郎, 岡本芳晴ほか：日獣会誌, 48, 419-422(1995).
9) 南　三郎, 江川　武ほか：日獣会誌, 50, 143-146(1997).
10) Suzuki, T., Murakami, M., *et al*.: J. Mamm. Ova Res., 15, 157-160(1998).
11) Minami, S., Oh-oka, M., *et al*.: Carbohydr. Polym., 29, 241-246(1996).
12) 中出哲也, 内田佳子ほか：日獣会誌, 49, 249-252(1996).
13) Okamoto, Y., Shibazaki, K., *et al*.: J. Vet. Med. Sci., 57, 851-854(1995).

14) Minami, S., Okamoto, Y., *et al*.: J. Vet. Med. Sci., 57, 377-378(1995).
15) Minami, S., Okamoto, Y., *et al*.: Carbohydr. Polym., 29, 295-299(1996).
16) Minami, S., Masuda, M., *et al*.: Carbohydr. Polym., 33, 285-294(1997).
17) Okamoto, Y., Southwood, L., *et al*.: Carbohydr. Polym., 33, 33-38(1997).
18) Saimoto, H., Takamori, Y., *et al*.: Macromol. Symp., 120, 11-18(1997).
19) Minami, S., Mura-e, R., *et al*.: Carbohydr. Polym., 33, 243-249(1997).
20) Kojima, K., Okamoto, Y., *et al*.: Carbohydr. Polym., 37, 109-113(1998).
21) Kojima. K., Okamoto, Y., *et al*.: Carbohydr. Polym., 46, 235-239(2001).
22) Kojima, K., Okamoto, Y., *et al*.: J. Vet. Med. Sci., 66, 1595-1598(2004).
23) Minagawa, T., Okamura, Y., *et al*.: Carbohydr. Polym., 67, 640-644(2007).
24) Usami, Y., Okamoto, Y., *et al*.: J. Vet. Med. Sci., 56, 761-762(1994).
25) Usami, Y., Okamoto, Y., *et al*.: J. Vet. Med. Sci., 56, 1215-1216(1994).
26) Usami, Y., Okamoto, Y., *et al*.: Carbohydr. Polym., 32, 115-122(1997).
27) Usami, Y., Okamoto, Y., *et al*.: Carbohydr. Polym., 36, 137-141(1998).
28) Usami, Y., Okamoto, Y., *et al*.: J. Biomed. Mater. Res., 42, 517-522(1998).
29) Mori, T., Okumura, M., *et al*.: Biomaterials, 18, 947-951(1997).
30) Okamoto, Y., Inoue, A., *et al*.: Macromol. Biosci., 3, 587-590(2003).
31) Okamoto, Y., Watanabe, M., *et al*.: Biomaterials, 23,1975-1979(2002).
32) Okamura, Y., Nomura, A., *et al*.: Biomacromolecules, 6, 2385-2388(2005).
33) Okamoto, Y., Yano, R., *et al*.: Carbohydr. Polym., 53, 337-342(2003).
34) Minami, S., Suzuki, H., *et al*.: Carbohydr. Polym., 36, 151-155(1998).
35) Suzuki, Y., Okamoto, Y., *et al*.: Carbohydr. Polym., 42, 307-310(2000).
36) Suzuki, Y., Miyatake, K., *et al*.: Carbohydr. Polym., 54, 465-469(2003).
37) Okamoto, Y., Kawakami, K., *et al*.: Carbohydr. Polym., 49, 249-252(2002).

編集委員会

編集委員長
　相羽誠一（産業技術総合研究所）

編集委員
　伊福伸介（鳥取大学大学院工学研究科）
　岡本芳晴（鳥取大学農学部）
　草桶秀夫（福井工業大学環境情報学部）
　作田庄平（東京大学大学院農学生命科学研究科）
　田村　裕（関西大学化学生命工学部）

執筆者

第 1 章　田村　裕・古池哲也（関西大学化学生命工学部）
第 2 章　山根秀樹（京都工芸繊維大学大学院工芸科学研究科）
第 3 章　大川浩作（信州大学学術研究院（先鋭領域融合研究群））
第 4 章　寺田堂彦（富山県工業技術センター）
　　　　小林尚俊（物質・材料研究機構）
第 5 章　戸谷一英（一関工業高等専門学校）
　　　　長田光正（信州大学学術研究院（繊維学系））
第 6 章　森本裕輝（株式会社スギノマシン）
　　　　近藤兼司（富山県工業技術センター）
第 7 章　磯貝　明（東京大学大学院農学生命科学研究科）
第 8 章　伊福伸介（鳥取大学大学院工学研究科）
　　　　上中弘典（鳥取大学農学部）
　　　　阿部賢太郎（京都大学生存圏研究所）
第 9 章　田村　裕・古池哲也（関西大学化学生命工学部）
第10章　服部秀美・石原雅之（防衛医科大学校防衛医学研究センター）
第11章　大西　啓（星薬科大学薬学部）
第12章　安楽　誠（崇城大学薬学部）

第 13 章　佐藤智典（慶應義塾大学理工学部）
第 14 章　林　善彦・柳口嘉治郎・山田志津香
　　　　（長崎大学大学院医歯薬学総合研究科）
第 15 章　東　和生・大﨑智弘・岡本芳晴（鳥取大学農学部）
　　　　斎本博之・伊福伸介（鳥取大学大学院工学研究科）
第 16 章　岡本芳晴（鳥取大学農学部）

索　引

【あ行】

アスコルビン酸 …………… 122, 123
アルギン酸 …… 176, 177, 180, 184, 188
α-キチン ………… 4, 6, 8, 10, 130, 144
アルブミン酸化度……………………
　………… 197, 198, 200, 203, 204
イカ中骨 ………… 75, 80, 82, 83, 84
遺伝子治療……………………………
　………… 209, 227, 228, 229, 230, 235
遺伝子デリバリー ………………209
医療材料 ………………………159
インドキシル硫酸 …… 202, 203, 205
ウォータージェット … 76, 77, 82, 85
ウォータージェット解繊法……………
　………………… 93, 94, 95, 97, 100
エアギャップ ……………………6, 8
曳糸性 ………… 20, 21, 24, 25, 29
AFM画像 ………… 117, 119, 123
N-アセチルグルコサミン ……………
　………………… 75, 76, 78, 81, 88
エリシター ……………………134
エレクトロスピニング ……………31
エレクトロポレーション……………
　………… 232, 233, 234, 235, 236
エンドサイトーシス ……………215

【か行】

会合構造 ……………… 21, 22, 23
会合体 ………………… 57, 67, 68
外傷 …………… 253, 259, 261, 262
潰瘍性大腸炎 ………………… 244
絡み合いの臨界分子量 …………… 56
環境浄化剤 ………………… 103
乾式粉砕 ………… 76, 77, 83, 84
感染創 ………… 258, 261, 262, 267
機械的性質 ……………… 37, 38, 39
擬似体液 ………………… 149
キチナーゼ ………… 76, 77, 78, 89, 91
キチンオリゴ糖 ……… 134, 136, 137
キチンナノファイバー………………
　　125, 129, 134, 239, 240, 241, 242, 244
キトサン ……… 143, 151, 154, 156
キトサン／アニオン性高分子複合体
　………… 178, 179, 183, 187, 190
キトサン／多価アニオン複合体 ……
　………………… 180, 181, 182
キトサン-遺伝子複合体 …… 229, 231
キトビアーゼ ……………… 76, 77, 89
機能性食品 ………………… 247
吸着速度 …………………… 70
凝固液 ………………… 6, 8, 13
銀ナノ粒子 … 169, 170, 171, 172, 173
グルテン ………………… 137

273

形質転換 ……………………… 231, 233
血液凝固 ……………………… 267, 268
血液凝集 ………………… 160, 161, 162
血管新生 …………………………… 268
血管内皮細胞 ………… 266, 267, 268
結晶化度 ……………78, 80, 84, 86, 91
ゲル ………………………………… 129
抗ウイルス ………………………… 173
高温高圧水処理 ………… 75, 77, 80, 90
抗菌 …… 159, 160, 168, 169, 171, 172
抗菌性材料 …………………… 46, 47
高結晶化 …………………………… 100
抗酸化作用 ………………………………
…………… 193, 194, 197, 200, 202, 204
酵素糖化 ……………80, 81, 82, 89, 90
酵素反応の効率 …………………… 104
高分子量キトサン …… 55, 56, 61, 63
コーティング剤 …………………… 102
骨芽細胞 …………………………… 150
小麦粉 …………………………… 137, 138
コロイダルキチン ……………… 77, 80
コンタミネーション ………… 94, 95
コンバージミル ……77, 78, 80, 81, 90

【さ行】

再生療法（医療）… 227, 234, 235, 236
細胞接着 …………………………… 155
細胞内輸送経路 ……………… 215, 220
細胞培養足場材料 …………………… 46
酸加水分解α-キチン ……………… 115
酸化ストレス　193, 197, 200, 202, 203, 204

産業動物 …………………………… 262
三元複合体 …………………210, , 222
酸素バリア性 ……………………… 121
ジーンデリバリーシステム ………………
…………………… 227, 230, 235, 236
止血 …………… 159, 160, 162, 163, 164
湿式解繊処理 ………………76, 77, 85
湿式紡糸 ………7, 8, 13, 20, 21, 25, 28
小動物 ……………………………… 253
徐放剤 ………………………… 41, 43
人工胃液 ……………… 177, 181, 182, 184
人工腸液 ……………… 178, 181, 182, 184
伸張流動 ………………………… 24, 25
水系キトサン濃厚溶液 ……………… 20
スターバースト ……………84, 85, 90
生活習慣病 ………………………… 206
成長促進効果 ………… 134, 136, 137
ゼータ電位 ………………… 229, 231
ゼラチン ……………………………………
…… 7, 8, 9, 10, 11, 147, 149, 154, 156
セルロース ………………39, 40, 41
セルロースナノファイバー ………………
…………………… 125, 129, 130, 131
線維芽細胞 …………… 266, 267, 268
繊維強度 …………………………… 7, 9
繊維形成 ……………………………………
………… 21, 26, 27, 53, 57, 61, 65, 69
繊維直径分布 ………………………… 36
創腔充填材 …………… 255, 256, 257
創傷治癒 …… 159, 164, 165, 167, 239, 241, 242, 243, 253, 265, 266, 267, 268
創傷被覆材 ………………………… 255

【た行】

ターゲティング …………………… 211
大量生産 ……………………………… 96
多形核白血球 ………………… 264, 268
多血小板血漿 ………………………167
多孔質足場材料 ……………………100
多孔質体 ………99, 100, 101, 103, 104
脱アセチル化度 ……………………
　………… 160, 162, 167, 170, 213, 217
多面的作用 …………………… 198, 206
超臨界・亜臨界水 ………… 76, 80
鎮痛 …………………… 256, 265, 268
D-グルコサミン ……………………
　…………… 232, 233, 234, 235, 236
ディープエッチ・レプリカ法 ………
　………………………………87, 88, 89
電圧極性 …………… 62, 66, 69, 71
電界紡糸 ………… 53, 56, 59, 61, 63,
TEMPO …………………… 109, 113
TEMPO 酸化 α-キチン ………… 113
TEMPO 酸化セルロースナノフィブリル
　…………………………… 109, 110
糖修飾キトサン …………… 210, 218
透析患者 …… 197, 198, 202, 204, 205
透明材料 …………………………… 129
ドープ液 ………………………… 5, 6, 8
トリフルオロ酢酸 …………………33
トリポリリン酸 ……………………
　…………… 176, 182, 185, 186, 188

【な行】

ナノキチン ……………………… 112

ナノファイバー … 54, 55, 57, 58, 70,
　76, 82, 86, 89, 91, 93, 94, 96, 100, 105
ナノファイバー収率 …………… 122
ナノ分散化 …………… 112, 116, 117
ナノ粒子 …………………………… 209
肉芽組織 ……………………………
　………… 256, 257, 262, 265, 266, 267
尿毒症物質 ……… 202, 203, 204, 206
ノズル ………………………… 6, 7, 8

【は行】

バイオマテリアル …………………7, 17
ハイドロキシアパタイト … 150, 157
非ウイルスベクター …………… 209
微細繊維不織布 ……………31, 36, 48
ヒドロゲル ……… 143, 144, 151, 157
比表面積 …………………… 70, 71
皮膚保護効果 …………………… 241
肥満 …………………… 247, 248, 249
病害抵抗性 …………… 134, 136, 137
表面構造 …………… 170, 171, 172, 173
表面脱アセチル化キチンナノファイバー …………………………… 242
複合化 …………………………… 44, 46
複合体顆粒 …………… 181, 182, 183
複合体錠 …………… 177, 180, 181
複合体ナノ粒子 ……… 185, 186, 187
部分脱アセチル化 α-キチン 113, 121
プラスミド DNA ………………… 209
分子間架橋 ……………………………36
分子鎖間の相互作用 ………… 57, 69
分子量 ………… 160, 162, 167, 170

索　引

β-キチン ……… 4, 6, 8, 10, 75, 80, 83,
　　　86, 90, 111, 115, 130, 144, 156, 157
β-キチンナノファイバー … 115, 119
ヘキサメチレンジイソシアネート
　　　………………………………36
ベクター …… 227, 228, 229, 230, 236
縫合糸 ……………………… 5, 7, 11, 16
紡糸機 ………………………………7, 13
放出速度 …… 180, 181, 183, 188, 189
補強繊維 …………………… 128, 129
補体 ………………………… 267, 268

【ま行】

マーセル化 ……………………… 130
慢性腎不全 … 197, 198, 202, 203, 204
メカノケミカル粉砕 … 75, 77, 90, 91

【ら行】

力学的強度 ……… 144, 145, 146, 148
力学的性質 ………………… 26, 27, 28
量子ドット ……………………… 232
リン ……………………… 200, 204, 205
レオロジー的性質 …………………21
連続処理 ……………………… 95, 96

キチン・キトサンの最新科学技術
―機能性ファイバーと先端医療材料―

定価はカバーに表示してあります。

2016年7月25日　1版1刷　発行　　　　ISBN978-4-7655-0399-0 C3043

編　者	一般社団法人 日本キチン・キトサン学会
発行者	長　　　滋　彦
発行所	技報堂出版株式会社

〒101-0051　東京都千代田区神田神保町1-2-5
電　話　　営　　業　(03)(5217)0885
　　　　　編　　集　(03)(5217)0881
　　　　　Ｆ　Ａ　Ｘ　(03)(5217)0886
振替口座　00140-4-10
http://gihodobooks.jp/

日本書籍出版協会会員
自然科学書協会会員
土木・建築書協会会員

Printed in Japan

Ⓒ Japanese Society for Chitin and Chitosan, 2016　　装幀　ジンキッズ　印刷・製本　三美印刷
落丁・乱丁はお取り替えいたします。

|JCOPY|〈出版者著作権管理機構　委託出版物〉

本書の無断複写は著作権法上での例外を除き禁じられています。複写される場合は，そのつど事前に，出版者著作権管理機構（電話：03-3513-6969，FAX：03-3513-6979，e-mail: info@jcopy.or.jp）の許諾を得てください。

◆**小社刊行図書のご案内**◆

定価につきましては小社ホームページ（http://gihodobooks.jp/）をご確認ください。

キチン，キトサンのメディカルへの応用

木船紘爾 著
A5・202頁

【内容紹介】キチン，キトサンのメディカルへの応用に関する研究成果をまとめた書。メディカル用としての作製方法，生体材料としての特性，各種の応用方法，今後の展開などについて詳述している。【主要目次】メディカル用キチンおよびキトサンの製造とその成形体の作製方法／キチンのメディカル応用における特性／生体吸収性縫合糸への応用／人工皮膚への応用／人工粘膜への応用／止血剤への応用／人工鼓膜・人工中耳への応用／人工腱・人工靭帯への応用／徐放性抗癌剤への応用／皮膚疾患治療剤への応用

キチン，キトサンのはなし

矢吹 稔 著
B6・140頁

【内容紹介】エビ・カニ・昆虫・カビ・キノコから抽出されるキチン，キトサンが今注目されている。可能性を秘めた魅力ある物質の性質・機能を知り，使いみちを探るとともに，暮らしの中で活躍するようすを紹介。【主要目次】縫合糸や人工皮膚で活躍するキチン／薬の効きめの調整役キチン，キトサン／免疫作用を強めるキトサン／微生物の増殖をはばむキトサン／植物の抵抗力を高めるキチン，キトサン／バイテクの推進役キトサン製品／キトサンを廃水処理に生かす／キチン，キトサンを食べる／キトサンで美しく　他

キチン，キトサンの応用

キチン，キトサン研究会 編
A5・250頁

【内容紹介】医材料・医薬品・生理活性物質への応用，分質の濾過・分別や濃縮用担体としての応用・開発研究など多機能な特質を，利用面を中心に記述。【主要目次】関連化合物の立体配座／ポリガラクトサミン／キチン誘導体の調整・性質／抗菌性とその応用／ファイバー，フィルム等の製造／多孔性ビーズの製造法とその応用／カプセル化細胞培養への応用／Biomedicsとしての応用／キチン誘導体の免疫活性／凝集剤／分離機能膜の製造／DNA，RNAとキトサンとの相互作用／合成酵素遺伝子のクローニングと応用

最後のバイオマス　キチン，キトサン

キチン，キトサン研究会 編
A5・270頁

【内容紹介】最後のバイオマスといわれ，今後さまざまな応用が考えられるキチンおよびキトサンの物性と生物学的背景を詳述。【主要目次】資源としてのバイオポリマー：キチン，キトサン／基本構造と化学修飾／物性・機能と用途／動物におけるキチンの生合成と分解：節足動物の脱皮における役割／菌類におけるキチンとキトサンの生合成／植物キチナーゼと病虫害に対する植物自己防護本能／微生物起源のキチンおよびキトサン分解酵素とその応用／キチン，キトオリゴ糖を認識するレクチン

技報堂出版　TEL 営業 03(5217)0885　編集 03(5217)0881
FAX 03(5217)0886